清華

科技大讲堂丛书

自动化测试项目实战

从入门到精通 微课视频版

卢家涛 ◎著

清華大學出版社
北京

内 容 简 介

本书以当前软件测试人员掌握的主流编程语言 Python 为主，详细介绍了自动化测试的基础知识、进阶知识和项目实战。全书分为 3 部分，共 8 章，分别介绍自动化测试概述，单元自动化测试，接口自动化测试，界面自动化测试，扩展现有自动化测试框架，开发全新自动化测试框架，项目实战，持续集成、持续交付和持续部署等知识，且每个知识点都有相应的实现代码和实例。

本书适合有一定编程基础的测试工程师、自动化测试工程师、测试开发工程师及测试管理者阅读，也可作为全国高等院校或培训机构的教材。

图书在版编目（CIP）数据

自动化测试项目实战：从入门到精通：微课视频版/卢家涛著. —北京：清华大学出版社，2023.1
（清华科技大讲堂丛书）
ISBN 978-7-302-60791-5

Ⅰ. ①自…　Ⅱ. ①卢…　Ⅲ. ①软件工具—自动检测—教材　Ⅳ. ①TP311.561

中国版本图书馆 CIP 数据核字(2022)第 075836 号

责任编辑：陈景辉
封面设计：刘　键
责任校对：郝美丽
责任印制：沈　露

出版发行：清华大学出版社
网　　址：http://www.tup.com.cn，http://www.wqbook.com
地　　址：北京清华大学学研大厦 A 座　　**邮　　编**：100084
社 总 机：010-83470000　　**邮　　购**：010-62786544
投稿与读者服务：010-62776969，c-service@tup.tsinghua.edu.cn
质量反馈：010-62772015，zhiliang@tup.tsinghua.edu.cn
课件下载：http://www.tup.com.cn，010-83470236
印 装 者：三河市龙大印装有限公司
经　　销：全国新华书店
开　　本：185mm×260mm　　**印　　张**：19.75　　**字　　数**：484 千字
版　　次：2023 年 1 月第 1 版　　**印　　次**：2023 年 1 月第 1 次印刷
印　　数：1～2000
定　　价：89.90 元

产品编号：095264-01

前言

自动化测试是软件测试领域的重要组成部分，它已经成为大部分公司选拔软件测试人才的必备技能。

本书主要内容

本书以当前软件测试人员掌握的主流编程语言 Python 为主，详细介绍了自动化测试的基础知识、进阶知识和项目实战。

作为一本关于自动化测试的书籍，本书分为 3 部分，共 8 章。

第 1 部分为基础篇。

第 1 章自动化测试概述，主要介绍自动化测试的定义、分类、目的和实施要素。

第 2 章单元自动化测试。首先介绍单元自动化测试的基础知识，包括代码覆盖方法和代码覆盖率；然后介绍 unittest 和 pytest 框架的使用；最后介绍测试替身，包括 Dummy、Stub、Spy、Mock 和 Fake。

第 3 章接口自动化测试。首先介绍接口自动化测试的基础知识，包括 HTTP、REST、RPC 和 Dubbo；然后介绍查看接口的辅助工具；接着介绍使用 Requests 测试 HTTP 接口以及 Dubbo 接口的测试；最后介绍 HTTP 接口和 Dubbo 接口的 Mock 测试。

第 4 章界面自动化测试。首先介绍查看元素的辅助工具，然后介绍使用 Selenium 测试 Web 应用以及使用 Appium 测试移动应用，最后介绍在界面自动化测试中常用的设计模式——Page Object 设计模式。

第 2 部分为进阶篇。

第 5 章扩展现有自动化测试框架，包括开发 pytest 插件、使用 Requests Hook 以及实现 Selenium 等待条件和事件监听器。

第 6 章开发全新自动化测试框架，包括整体设计、实现测试用例模块、实现测试任务模块、实现测试记录器模块、实现测试执行器模块、实现高级功能、实现框架的执行入口、测试、编写文档、打包、发布和优化建议。

第 3 部分为实战篇。

第 7 章项目实战。首先搭建基础框架，然后使用模块化和函数库重构测试工程，接着使用数据驱动测试和关键字驱动测试进一步完善测试项目，最后使用第三方断言函数库对单元测试框架的断言功能进行增强。

第 8 章持续集成、持续交付和持续部署。首先对持续集成、持续交付和持续部署进行简介；然后使用 Jenkins 实现持续集成、持续交付和持续部署；最后介绍其他常用实践，包括邮件通知、多节点构建和集成第三方测试报告。

本书特色

（1）理论与实战案例结合。知识脉络全面、清晰，学习路线明确，案例丰富，便于读者学习知识点。

（2）内容合理，循序递进。提供基础篇、进阶篇、实战篇的内容，以满足不同层次读者的需求。

（3）视频讲解，强化实操。为第7章中项目案例实操部分配备微课视频讲解，便于读者理解、学习和掌握。

配套资源

为便于教与学，本书配有微课视频（280分钟）和源代码。

（1）获取微课视频方式：读者可以先刮开并扫描本书封底的文泉云盘防盗码，再扫描书中相应的视频二维码，观看视频。

（2）获取源代码和全书网址方式：先扫描本书封底的文泉云盘防盗码，再扫描下方相应的二维码获取。

源代码

全书网址

为防止本书涉及的网址出现失效与更新等问题，本书网址均以电子版形式提供，请读者自行扫码登录。

读者对象

本书适合有一定编程基础的测试工程师、自动化测试工程师、测试开发工程师及测试管理者阅读，也可作为全国高等院校或培训机构的教材。

本书的编写离不开家人、朋友和同事的支持，在此表示衷心的感谢。限于个人水平和时间仓促，书中难免存在疏漏之处，欢迎读者批评指正。

作　者

2022年10月

目录

第1部分 基础篇

第3部分 实战篇

第1部分　基础篇

第1章

自动化测试概述

1.1 自动化测试的定义

在软件测试中,自动化测试是指使用与被测软件分离的软件来控制测试的执行,并将实际结果与预期结果进行比较的过程。

通俗地讲,自动化测试就是使用软件 A 自动测试软件 B。软件 A 既可以是现有的自动化测试框架或工具,也可以是自研的自动化测试框架或工具,甚至可以是一个测试脚本或一段测试代码;软件 B 就是指被测软件。

1.2 自动化测试的分类

自动化测试可以使用不同的维度来进行分类,在本书中,笔者借鉴了软件测试中根据测试阶段来划分测试类型的方式来对自动化测试进行了分类,即将自动化测试分为单元自动化测试、集成自动化测试和系统自动化测试 3 类。

1.2.1 单元自动化测试

单元自动化测试是指通过自动化的方式对单个源代码单元进行测试,以评估其是否符合预期功能目标。这里的“单元”指函数、方法、类、接口或模块等。

说明

在 Python 中,由于方法是“从属于”对象的函数,因此方法这个术语并不是类实例所特有的,其他对象也可以有方法。例如,列表对象有 append()、insert()、remove()等方法。

在实际项目中，单元自动化测试一般由开发人员或白盒测试人员负责。比如一种常见的实践是使用 JUnit 编写单元自动化测试用例，并在将代码提交到公共分支后触发构建和单元自动化测试。

1.2.2 集成自动化测试

集成自动化测试是指通过自动化的方式将多个软件模块组合在一起进行测试，以评估组件是否符合预期功能目标。

在实际项目中，集成自动化测试主要体现为接口自动化测试。接口自动化测试是指通过模拟客户端调用软件系统暴露的 API（Application Programming Interface，应用程序接口），并校验其返回数据是否符合预期结果的过程。

1.2.3 系统自动化测试

系统自动化测试是指通过自动化的方式对一个完整的软件系统进行整体测试，以评估整体是否符合需求规范。

在实际项目中，系统自动化测试主要体现为界面自动化测试。界面自动化测试是指通过模拟用户向被测软件发送鼠标、键盘和手势等界面操作，并校验其界面变化是否符合预期结果的过程。

1.3 自动化测试的目的

站在团队或公司的角度来讲，实施自动化测试无非出于提高软件质量或提高测试效率的目的。

1.3.1 提高软件质量

在提高软件质量方面，自动化测试主要体现在回归测试和每日构建两个场景中。

1. 回归测试

假设在一个测试质量较差的软件版本中，由于多轮的缺陷修复导致测试人员不得不对相同的功能点进行多次回归测试，而这种回归测试的测试用例往往是完全相同或大部分相同的。人在短时间内多次重复相同操作容易产生疲劳，从而增加产生人为操作失误的概率。

而自动化测试就不同了，它可以在多次重复执行相同测试用例的过程中，保证每次执行的准确性，不会出现疲劳而导致失误，因为机器是“不知疲倦”的。

2. 每日构建

在大型软件项目中，多人协同开发是非常常见的，每天都有数十甚至数百个开发人员将多个 PR（Pull Request，拉取请求）提交到公共分支。即使做到了 CI（Continuous Integration，持续集成），也仅能从集成测试的角度来保证核心功能可用。在这种情况下，对于软件系统的整体质量通常是保障不足的，其中一种改善方式就是通过每日构建来保证，因为每日构建是通过完整构建并部署整个软件系统，触发端到端的冒烟自动化测试用例来从系统测试角度保证软件的核心功能可用。

在实际项目中，由于每日构建通常在凌晨定时触发，因此无法由测试人员通过手工测试来介入，从而必须通过自动化测试的方式来验证软件的功能。

1.3.2 提高测试效率

对于使用自动化测试来提高测试效率，往往会有一个常见的误区：因为自动化测试执行速度比手工测试执行速度快，所以自动化测试提高了测试效率。为什么说这是一个误区呢？

例如，某手工测试用例每次执行耗时 10min，转化为自动化测试用例耗时 4h（即 240min）。如果每个版本进行 2～3 轮测试，那么这个软件需要发布 8～12 个版本才能收回成本。以上分析假设了每个版本的每轮测试都要执行该测试用例，因此这种测试用例一定是该软件核心功能的核心场景。另外，这里还没有算自动化测试的执行成本和维护成本，如果把执行成本和维护成本也算上，那么实际收回成本的周期会更长。执行成本是指执行自动化测试的过程中仍然需要测试人员手工介入，比如自动化测试执行完成后，需要由人工来分析测试结果，以判断测试未通过的自动化测试用例是由于软件缺陷导致还是自动化测试用例本身存在缺陷导致。维护成本是指随着软件的版本迭代，为了使自动化测试用例能够适配新版本的软件，需要对自动化测试用例进行修改，这也是需要投入人力的。当然手工测试用例也有维护成本，但相比之下比自动化测试用例的维护成本低很多，比如修改一条手工测试用例与修改一条自动化测试用例相比，前者显然简单、方便得多。

从以上例子可以得出，评估自动化测试能否提高测试效率的核心在于产出是否大于投入，如果产出大于投入，那么自动化测试确实提高了测试效率；反之，如果产出小于投入，那么自动化测试就降低了测试效率，这种情况必须果断放弃实施自动化测试。

因此，要想自动化测试提高测试效率，必须满足如下公式：

前期开发成本＋自动化执行成本＋自动化维护成本＜人工执行成本＋人工维护成本

说明

以上公式忽略了人工编写测试用例成本，因为手工测试用例通常是在决定实施自动化测试之前就存在了，换句话说，在一般情况下，人工编写测试用例成本与是否实施自动化测试没有关系。当然也有极少数例外情况，这种团队或公司会直接采用自动化测试来做新老功能的测试，根本没有手工测试用例。

1.4 自动化测试实施要素

1.4.1 明确目的

做任何事情之前都应该明确其目的，实施自动化测试也不例外。由 1.3 节可知自动化测试的目的在于提高软件质量或测试效率。

1. 以提高软件质量为目的

如果仅出于提高软件质量的目的，那么可能会降低测试效率，因为是否提高测试效率是通过投入产出来计算的，一旦为了提高软件质量而大量投入，就可能造成投入大于产出，从而导致测试效率的降低。不过在对软件质量要求较高的团队或公司中，以降低测试效率为代价来换取软件质量的提高是可取的。

2. 以提高测试效率为目的

如果仅出于提高测试效率的目的，那么是否实施自动化测试就按照投入产出来计算即可。切忌不计算投入产出，而是直接“拍脑袋”认为做自动化测试就一定能提高测试效率，这往往会出现事倍功半的效果。

3. 以同时提高软件质量和测试效率为目的

如果需要同时提高软件质量和测试效率，那么自动化测试必须用于回归测试和（或）每日构建场景（详见 1.3.1 节），如果只用于冒烟测试和（或）兼容性测试，那并不是在提高软件质量，而只可能是提高测试效率罢了。这里笔者强调的是“可能”，因为即使将自动化测试用于冒烟测试和（或）兼容性测试，也需要产出大于投入才能提高测试效率。

1.4.2 制订计划

计划不是万能的，但没有计划是万万不能的。很多团队或公司要求做自动化测试，但仅仅是一句口号，缺乏合理的计划，导致一个月、一个季度甚至一年过去了，自动化测试仍然没有实施起来。那么如何制定自动化测试计划呢？计划一般分为短期计划和长期计划。

1. 短期计划

短期计划比较具体，适用于自动化测试的前期建设阶段。其至少需要包括以下内容。

（1）任务项：任务项是较粗糙的大任务，可以被拆分成小任务。比如制订方案、申请资源、搭建环境、封装公共层函数或方法、实现冒烟测试用例的自动化。

（2）任务子项：较细致的小任务，以便执行落地。对于制订方案来讲，可以拆分成自动化测试框架选型、测试报告框架选型、制定自动化测试流程和规范等；对于搭建环境来讲，可以拆分成搭建被测软件环境和自动化测试执行机环境，还可能涉及 CI/CD 服务器、Git 服务器、函数库私有仓库或 Docker 镜像私有仓库等的搭建。

（3）工作量：以人/天为单位来估算工作量。

（4）预计完成日期：预计完成该任务项或任务子项的日期。

（5）责任人：该任务项或任务子项的责任人。责任人建议不要指定为多个，否则容易出现在执行任务的过程中相互推诿的情况。

（6）执行人：实际参与执行任务的人。

短期计划不宜太长，控制在一个月或一个季度即可。

2. 长期计划

长期计划比较抽象，适用于自动化测试的维护和扩展阶段，并展示自动化测试的持续演

进能力。长期计划通常存在较大变数，不宜制定得特别详细。

由于在短期计划中可能已经完成了冒烟测试用例的自动化，因此在长期计划中需要根据实际情况扩大自动化测试用例的覆盖范围，并需要展示自动化测试的潜力，比如接入Mock测试框架、接入代码覆盖率统计工具和自动化测试的平台化等。

长期计划不宜太短，建议在半年或一年以上。

1.4.3 执行落地

如果仅仅有目的和计划，而不真正执行落地那么完成项目等于空谈。因此，需要有一个执行力较强的人来负责推动计划的落实。在这个过程中，需要及时跟踪自动化测试的实施进度，解决实施过程中产生的问题。通常建议以周为频率统计自动化测试的实施进度，统计指标建议至少包含以下指标。

(1) 代码新增行数：每周新增的代码行数、增长趋势及当前新增代码总行数。

(2) 代码删除行数：每周删除的代码行数、增长趋势及当前删除代码总行数。

(3) 自动化测试用例数量：每周新增的数量、增长趋势及当前总数量。

(4) 自动化测试率：每周自动化测试率及增长趋势。

说明

由于Git、SVN等源代码管理工具将修改一行代码标记为删除并新增一行代码，因此无法统计代码的修改行数，而只能统计新增和删除行数。

以上统计指标既可以作为团队或公司的整体自动化测试实施进度，也可以作为单个产品线或产品的自动化测试实施进度。

另外，在推动计划落实的过程中，可能会发现原本制定的计划与实际情况有偏差，此时需要灵活调整计划，不能死磕到底。

第2章

单元自动化测试

2.1 基础知识

在 1.2.1 节中笔者已经对单元自动化测试做了简介，因此本节不再赘述。本节将介绍两个单元测试中的重要知识，即代码覆盖方法和代码覆盖率，掌握它们有助于加深对单元自动化测试的理解。

从本章开始，笔者会在示例工程中每章新建一个 Python 包，并依次命名为 chapter_02、chapter_03 等。

2.1.1 代码覆盖方法

为了更好地介绍代码覆盖方法，首先在 chapter_02 包中新增 basic_knowledge 包，在 basic_knowledge 包中新增 code_coverage 模块，并编写一个简单的函数作为被测对象，代码如下：

```
def code_coverage(a, b, c, d):
    if a and b:
        print(True)
    if c or d:
        print(False)
```

以上代码中 code_coverage()函数接收 4 个参数，并根据参数的真假决定条件表达式的真假，若条件表达式为真，则打印结果；否则，不做任何操作。

代码覆盖方法常见的有语句覆盖、分支覆盖、条件覆盖、条件-分支覆盖、条件组合覆盖和路径覆盖 6 种，以下分别进行介绍。

1. 语句覆盖

语句覆盖又称行覆盖，是指覆盖源代码的每条可执行语句。因此像空行、注释等不会被计算在内。

以 code_coverage()函数为例，只需要传递一组参数即可达到语句覆盖，参数取值如下：

```
a = True, b = True, c = True, d = False
```

2. 分支覆盖

分支覆盖又称判定覆盖，是指覆盖到每个分支的真和假。比如 if 语句需要考虑条件表达式为真和假两种情况。

以 code_coverage()函数为例，需要传递两组参数才能达到分支覆盖，参数取值如下：

```
a = True, b = True, c = True, d = False
a = True, b = False, c = False, d = False
```

3. 条件覆盖

条件覆盖是指覆盖每个条件的真和假。比如 if 语句的条件表达式包含多个子条件，则需要覆盖每个子条件的真和假。

以 code_coverage()函数为例，需要传递两组参数才能达到条件覆盖，参数取值如下：

```
a = True, b = True, c = True, d = True
a = False, b = False, c = False, d = False
```

4. 条件-分支覆盖

条件-分支覆盖又称为条件-判定覆盖，是指同时满足分支覆盖和条件覆盖的一种代码覆盖方法。

以 code_coverage()函数为例，需要传递两组参数才能达到条件-分支覆盖，参数取值如下：

```
a = True, b = True, c = True, d = True
a = False, b = False, c = False, d = False
```

由于 code_coverage()函数很简单，因此满足条件覆盖的参数组合同样可以满足条件-分支覆盖，但在复杂逻辑中往往满足条件-分支覆盖的参数组合会多于条件覆盖。

5. 条件组合覆盖

条件组合覆盖是指覆盖每个分支中每个条件的每种组合。

从文字描述来看不太容易理解。仍然以 code_coverage()函数为例，首先来看第一个 if 语句，其包含两个子条件 a 和 b，那么一共有 4 种组合，参数取值如下：

```
a = True, b = True
a = True, b = False
a = False, b = True
a = False, b = False
```

同样，另一个 if 语句中的子条件也包括 4 种组合，参数取值如下：

```
c = True, d = True
c = True, d = False
c = False, d = True
c = False, d = False
```

那么，满足条件组合覆盖的参数可以使用 4 种组合，参数取值如下：

```
a = True, b = True, c = True, d = True
a = True, b = False, c = True, d = False
a = False, b = True, c = False, d = True
a = False, b = False, c = False, d = False
```

6. 路径覆盖

路径覆盖是指覆盖所有分支的每种组合，即覆盖所有路径。code_coverage()函数的执行路径如图 2-1 所示。

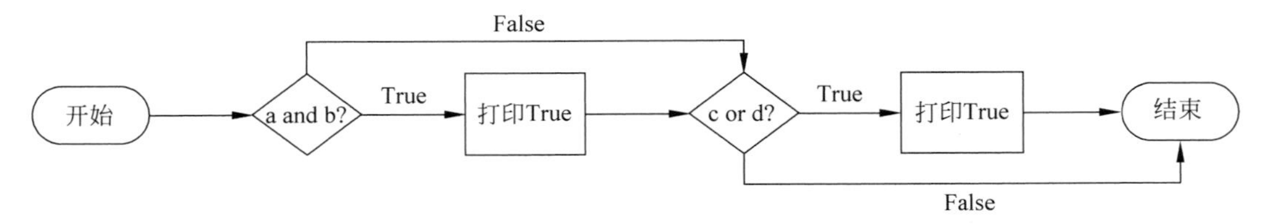

图 2-1 code_coverage()函数的执行路径

从图 2-1 可知，code_coverage()函数执行路径有 4 条，因此可通过 4 组参数进行路径覆盖，参数取值如下：

```
a = True, b = True, c = True, d = False
a = True, b = True, c = False, d = False
a = True, b = False, c = True, d = False
a = True, b = False, c = False, d = False
```

从覆盖程度来讲，语句覆盖是覆盖程度最低的，其次是分支覆盖和条件覆盖，而条件-分支覆盖、条件组合覆盖和路径覆盖的覆盖程度相对较高。

2.1.2 代码覆盖率

代码覆盖率是指执行测试时源代码被执行的程度，即已执行的源代码在源代码总数中的比例，通常以百分比表示。

代码覆盖方法是统计代码覆盖率的基础。以 code_coverage()函数的语句覆盖为例，只需要传递一组参数即可达到完全的语句覆盖(即代码覆盖率为 100%)，参数取值如下：

```
a = True, b = True, c = True, d = False
```

说明

本节使用语句覆盖作为代码覆盖率统计的示例，但代码覆盖率还可以使用其他统计指标，如分支覆盖、圈复杂度等。

由于实际项目的代码量都比较大，因此不可能由人工来统计代码覆盖率，通常需要借助代码覆盖率统计工具来统计。以下笔者使用 Python 的代码覆盖率统计工具 Coverage. py 来演示统计测试 code_coverage()函数时的代码覆盖率。

（1）在控制台执行命令来安装 Coverage. py，命令如下：

```
pip install coverage
```

（2）新增 test_code_coverage 模块，并使用 unittest 编写单元测试用例，代码如下：

```
from unittest import TestCase, main

from chapter_02.basic_knowledge.code_coverage import code_coverage


class TestClass01(TestCase):

    def test_method_01(self):
        code_coverage(True, True, True, False)


if __name__ == '__main__':
    main()
```

说明

有关 unittest 的详细用法详见 2.2 节，本节的目的在于介绍代码覆盖率，因此无须过多关注 unittest。

（3）接着在控制台使用命令执行单元测试用例，命令如下：

```
coverage run -m unittest discover
```

（4）在执行完成后，可以看到工程根目录生成了一个. coverage 文件，该文件存放 Coverage. py 收集的测试结果数据，如图 2-2 所示。

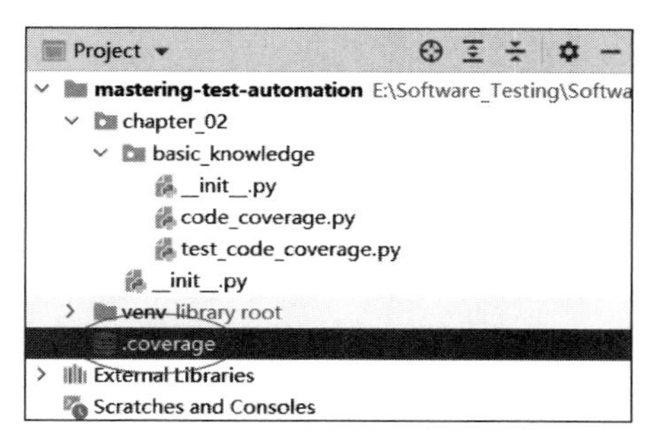

图 2-2　. coverage 文件

（5）在控制台使用命令生成代码覆盖率统计结果，命令如下：

```
coverage report
```

从控制台的输出可以看出 code_coverage 模块的代码覆盖率为 100%，如图 2-3 所示。

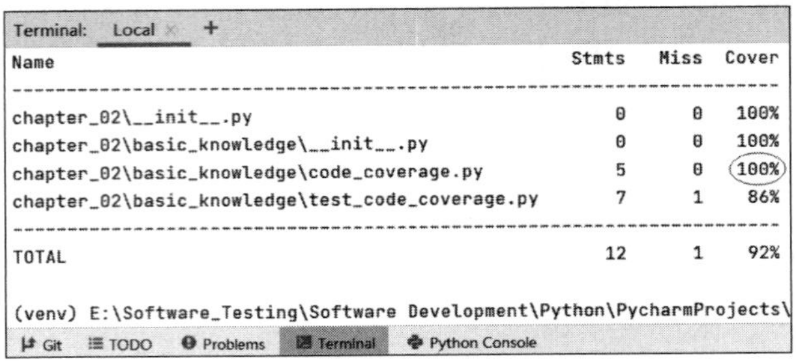

```
Terminal:  Local ×  +
Name                                                  Stmts   Miss  Cover
--------------------------------------------------------------------------
chapter_02\__init__.py                                    0      0   100%
chapter_02\basic_knowledge\__init__.py                    0      0   100%
chapter_02\basic_knowledge\code_coverage.py               5      0   100%
chapter_02\basic_knowledge\test_code_coverage.py          7      1    86%
--------------------------------------------------------------------------
TOTAL                                                    12      1    92%

(venv) E:\Software_Testing\Software Development\Python\PycharmProjects\
Git  TODO  Problems  Terminal  Python Console
```

图 2-3　代码覆盖率统计结果

有关 Coverage. py 的更多用法，请查阅 Coverage. py 的官方文档，地址详见前言二维码。

2.2　使用 unittest 框架

unittest 是一个受启发于 JUnit 的单元测试框架，其属于 Python 标准库的一部分。虽然 unittest 是一个单元测试框架，但它可以通过整合 Requests、Selenium 和 Appium 等实现接口和界面测试，并通过增加校验点(即断言)自动校验测试结果，即实现自动化测试。

2.2.1　第一个 unittest 示例

新增 test_simple_case 模块，编写一个简单的自动化测试用例。

【例 2-1】　编写一个简单的 unittest 自动化测试用例。

```
from unittest import TestCase, main


class TestClass01(TestCase):

    def test_method_01(self):
        self.assertEqual(len('Hello World!'), 12)


if __name__ == '__main__':
    main()
```

unittest 将继承 TestCase 的类(以上代码中的 TestClass01)，且以 test 为前缀的方法(以上代码中的 test_method_01)来识别一个测试用例，并使用断言方法(以上代码中的 assertEqual)来比较实际结果与预期结果。

在控制台输入命令执行该测试用例，命令如下：

```
python chapter_02\learning_unittest\test_simple_case.py
```

以上 test_simple_case 模块的路径是笔者的，读者应根据实际情况进行替换。

执行以上命令后，Python会执行if语句中的代码，即进入unittest测试用例的执行入口（以上代码中的main），执行结果如下：

```
.
----------------------------------------------------------------------
Ran 1 test in 0.000s

OK
```

以上输出结果中的英文句号(.)代表一条自动化测试用例就执行成功了。

2.2.2 命令行和IDE执行

在编写了自动化测试用例后，通常需要使用某种方式来执行它。在2.2.1节中，笔者使用了Python命令行执行unittest测试用例，当然也可以通过IDE来执行。本节将分别详细介绍这两种执行方式。

1. 命令行执行

由于test_simple_case模块显式指定了unittest的执行入口，因此可以使用命令来执行。命令如下：

```
python chapter_02\learning_unittest\test_simple_case.py
```

如果删除其中的if语句，重新执行以上命令，就会发现控制台没有输出任何信息，说明测试用例没有被执行。对于这种情况，可以使用另一种命令方式来执行测试用例，命令如下：

```
python -m unittest chapter_02\learning_unittest\test_simple_case.py
```

其中，-m unittest命令表明Python解释器会将unittest模块当作脚本来运行，这种方式适用于未显式指定unittest执行入口的场景。

unittest除了可以通过模块文件(.py文件)方式指定测试用例，还支持通过模块、类或方法来指定测试用例。命令如下：

```
python -m unittest chapter_02.learning_unittest.test_simple_case
python -m unittest chapter_02.learning_unittest.test_simple_case.TestClass01
python -m unittest chapter_02.learning_unittest.test_simple_case.TestClass01.test_method_01
```

若需要指定多个，比如有test_module_01和test_module_02两个测试模块，则可在模块之间使用空格来分隔。命令如下：

```
python -m unittest test_module_01 test_module_02
```

使用同样方式也可以指定多个测试类或测试方法。

除了以上方式外，unittest的命令行工具还支持通过关键字匹配的方式来指定测试用例，比如要执行名为test_method_01的测试方法，可进行完全匹配，命令如下：

```
python -m unittest -k test_method_01
```

或进行部分匹配，命令如下：

```
python -m unittest -k method
```

如果不指定任何参数，命令如下：

```
python -m unittest
```

或将参数指定为 discover，命令如下：

```
python -m unittest discover
```

此时 unittest 将使用自动发现策略执行当前路径及子路径下的所有测试用例。自动发现策略是查找以 test 为前缀的模块，且继承 TestCase 的类中以 test 为前缀的方法。

另外，还可以使用-f 参数指定第一个测试用例失败时中止测试，或者使用-v 参数输出测试过程的详细信息。有关 unittest 命令行工具的更多用法，可执行命令获取完整的帮助信息，命令如下：

```
python -m unittest -h
```

2. IDE 执行

以使用 PyCharm 为例，PyCharm 内置了执行 unittest 测试用例的功能。

在编写完测试用例后，可直接单击测试代码左侧的箭头，选择 Run 'Unittests in test_si…'选项执行测试用例，如图 2-4 所示。

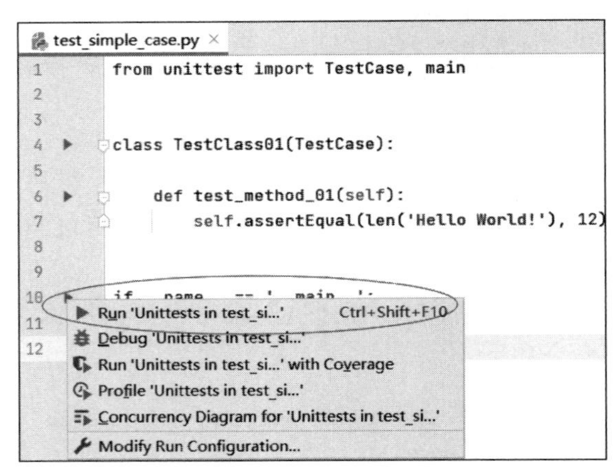

图 2-4 unittest 代码左侧的执行入口

当然也可以按 Ctrl+Shift+F10 组合键来执行。

执行后会自动生成一个运行配置显示在 PyCharm 的右上角，如图 2-5 所示。

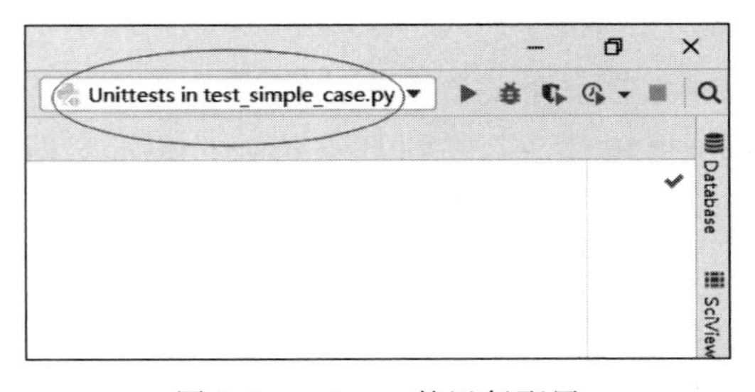

图 2-5 unittest 的运行配置

此时的执行结果跟使用 unittest 命令行执行的结果有所区别，如图 2-6 所示。

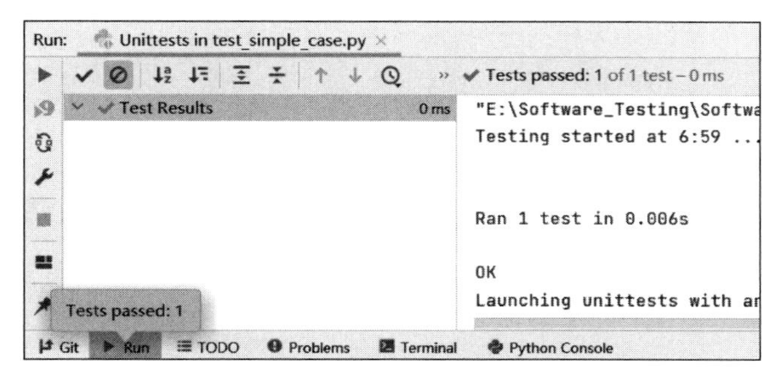

图 2-6　unittest 的 IDE 执行结果

从图 2-6 可以看出，此时的执行结果在左侧区域显示了执行概况，而在右侧区域显示了执行详情。

如果对 PyCharm 自动生成的运行配置不满意，也可以手动增加运行配置或对已有运行配置进行修改，方法是首先单击 Edit Configurations 选项进入运行配置界面，如图 2-7 所示。

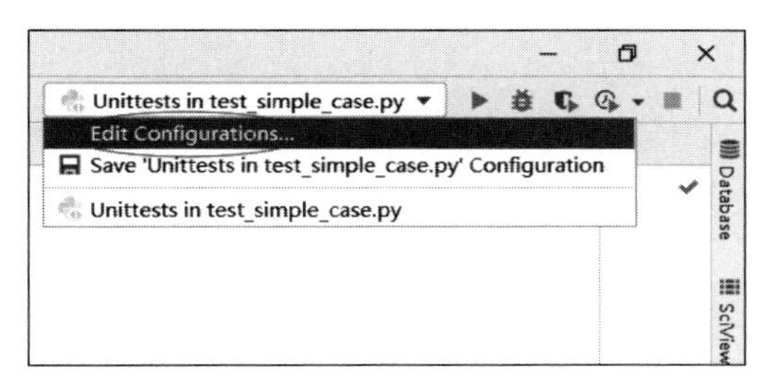

图 2-7　进入运行配置界面入口

在这个界面可以新增或编辑已有运行配置，如图 2-8 所示。

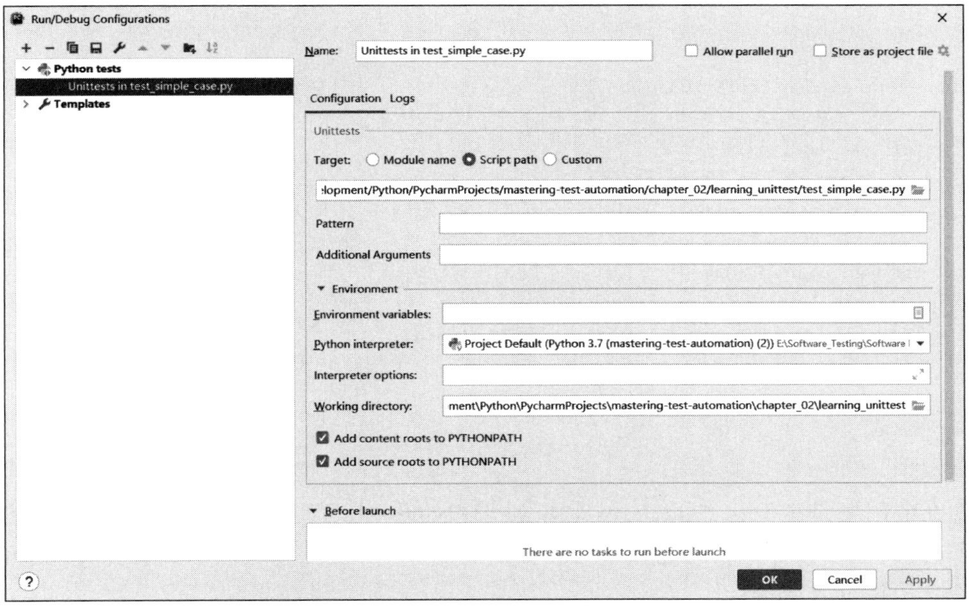

图 2-8　运行配置界面

在这个界面上可以单击左上角的“+”图标新增运行配置，也可以选中已有运行配置进行修改。

2.2.3 初始化和清理操作

为了更好地进行后续章节的知识学习，从本节开始使用一个新的被测对象——Calculator 类，其位于 calculator 模块中，代码如下：

```
class Calculator:

    def add(self, a, b):
        return a + b

    def sub(self, a, b):
        return a - b

    def multi(self, a, b):
        return a * b

    def divide(self, a, b):
        if b == 0:
            raise ValueError('除数不能为零')
        return a / b
```

以上代码实现了一个简单的计算器，其支持两个数的加减乘除。

如果需要对 Calculator 类的加减法进行测试，可以新增 test_calculator 模块，代码如下：

```
from unittest import TestCase, main

from chapter_02.learning_unittest.calculator import Calculator


class TestCalculator(TestCase):

    def test_add(self):
        calculator = Calculator()
        self.assertEqual(calculator.add(1, 2), 3)

    def test_sub(self):
        calculator = Calculator()
        self.assertEqual(calculator.sub(10, 6), 4)


if __name__ == '__main__':
    main()
```

现在的问题是实例化 Calculator 对象属于初始化（前置）操作，且在多个测试方法中都使用了，代码上存在冗余。为此，unittest 提供了 setUp()方法来存放初始化操作，其可在每个测试方法执行之前执行。

【例 2-2】 使用 setUp()方法重构初始化操作。

```
from unittest import TestCase, main

from chapter_02.learning_unittest.calculator import Calculator


class TestCalculator(TestCase):

    def setUp(self):
        print('初始化操作')
        self.calculator = Calculator()

    def test_add(self):
        print('test_add')
        self.assertEqual(self.calculator.add(1, 2), 3)

    def test_sub(self):
        print('test_sub')
        self.assertEqual(self.calculator.sub(10, 6), 4)


if __name__ == '__main__':
    main()
```

为了查看执行效果，笔者加入了一些输出语句。

在控制台执行命令执行该测试用例，命令如下：

```
python -m unittest -k calculator
```

执行结果如下：

```
初始化操作
test_add
.初始化操作
test_sub
.
----------------------------------------------------------------------
Ran 2 tests in 0.001s

OK
```

从以上输出结果可以看出，setUp()方法会在每个测试方法之前被执行一次。

与 setUp()方法对应的是 tearDown()方法，其用于清理操作，即后置操作。在 TestCalculator 类中新增 tearDown()方法，代码如下：

```
def tearDown(self):
    print('清理操作')
```

重新执行测试代码，执行结果如下：

```
初始化操作
```

```
test_add
清理操作
.初始化操作
test_sub
清理操作
.
----------------------------------------------------------------------
Ran 2 tests in 0.002s

OK
```

从以上输出结果可以看出，tearDown()方法与 setUp()方法对应，其会在每个测试方法之后被执行一次。在 unittest 中，这种初始化和清理操作又被称为测试夹具（Test Fixture）。

从消除代码冗余的角度来讲，使用 setUp()方法重构后的测试代码没有问题，但是 Calculator 对象的实例化完全没必要在每个测试方法执行前都实例化一个。如果需要在多个测试方法之间共用数据，可使用 setUpClass()方法，其只会在当前类中被执行一次。为此，笔者删除了 setUp()方法，并新增 setUpClass()方法，代码如下：

```
@classmethod
def setUpClass(cls):
    print('初始化操作')
    cls.calculator = Calculator()
```

请注意，setUpClass()方法是一个类方法（用@classmethod 装饰器修饰），其第一个形参应该是类本身（习惯上用 cls 表示）。为什么 setUpClass()方法需要定义成类方法呢？这就需要从 unittest 的运行机制讲起了：unittest 在执行测试用例时，会为每个测试方法单独实例化一个测试类对象，因此若需保证 setUpClass()方法在多个测试类对象中保证唯一性，必然需要定义成类方法。

重新执行测试代码，执行结果如下：

```
初始化操作
test_add
清理操作
.test_sub
清理操作
.
----------------------------------------------------------------------
Ran 2 tests in 0.001s

OK
```

从以上输出结果可以看出，setUpClass()方法中的代码只会在该类的所有测试方法之前运行一次。

setUpClass()方法也有与之对应的 tearDownClass()方法，其用于类级别的清理操作。

可能读者已经猜到了，如果一个测试模块中有多个测试类，也应该有对应的模块级别初始化和清理操作。unittest 提供了 setUpModule()和 tearDownModule()函数用于模块级别的初始化和清理操作。

以下是笔者重构后的 test_calculator 模块代码,以此展示以上介绍的 6 种初始化和清理操作。

【例 2-3】 同时使用 6 种初始化和清理操作。

```
from unittest import TestCase, main

from chapter_02.learning_unittest.calculator import Calculator


def setUpModule():
    print('测试模块初始化操作')


def tearDownModule():
    print('测试模块清理操作')


class TestCalculator(TestCase):

    @classmethod
    def setUpClass(cls):
        print('测试类初始化操作')
        cls.calculator = Calculator()

    @classmethod
    def tearDownClass(cls):
        print('测试类清理操作')

    def setUp(self):
        print('测试方法初始化操作')

    def tearDown(self):
        print('测试方法清理操作')

    def test_add(self):
        print('test_add')
        self.assertEqual(self.calculator.add(1, 2), 3)

    def test_sub(self):
        print('test_sub')
        self.assertEqual(self.calculator.sub(10, 6), 4)


if __name__ == '__main__':
    main()
```

重新执行测试代码,执行结果如下:

```
测试模块初始化操作
```

```
测试类初始化操作
测试方法初始化操作
test_add
测试方法清理操作
.测试方法初始化操作
test_sub
测试方法清理操作
.测试类清理操作
测试模块清理操作

----------------------------------------------------------------------
Ran 2 tests in 0.002s

OK
```

从以上输出结果可以看出，初始化和清理操作的执行顺序为：模块级初始化操作→类级初始化操作→方法级初始化操作→方法级清理操作→类级清理操作→模块级清理操作。

2.2.4 详解断言

前面章节已经使用过 assertEqual()方法来做实际结果与预期结果的断言，本节先新增一个 test_with_assert 模块，以此还原 assertEqual()方法的用法。

【例 2-4】 使用 assertEqual()方法进行断言。

```
from unittest import TestCase, main

from chapter_02.learning_unittest.calculator import Calculator


class TestWithAssert(TestCase):

    def test_add(self):
        calculator = Calculator()
        self.assertEqual(calculator.add(1, 2), 3)


if __name__ == '__main__':
    main()
```

在控制台输入命令执行该测试代码，命令如下：

```
python -m unittest -k TestWithAssert
```

由于 1 加 2 等于 3，因此断言成功，测试结果通过。

把以上代码中的 3 改为 4，重新执行测试代码，执行结果如下：

```
F
======================================================================
FAIL: test_add (chapter_02.learning_unittest.test_with_assert.TestWithAssert)
----------------------------------------------------------------------
```

```
Traceback (most recent call last):
  File "E:\Software_Testing\Software Development\Python\PycharmProjects\mastering - test - automation\chapter_02\learning_unittest\test_with_assert.py", line 10, in test_add
    self.assertEqual(calculator.add(1, 2), 4)
AssertionError: 3 != 4

----------------------------------------------------------------------
Ran 1 test in 0.001s

FAILED (failures = 1)
```

从上述代码可以看到，测试用例执行失败，且控制台打印了错误信息。为什么会执行失败呢？由于 1 加 2 不等于 4，因此断言失败并抛出了 AssertionError 异常，从而导致用例执行失败。

当断言失败时，可以增加提示信息。在 assertEqual()方法中，提示信息作为第 3 个非必传参数来表示。为此，修改以上代码中的 assertEqual()方法，即增加提示信息。代码如下：

```
self.assertEqual(calculator.add(1, 2), 4, '实际结果不等于 4')
```

重新执行测试代码，可以看到抛出 AssertionError 异常那行的打印结果跟之前有所不同，这次显示了断言失败的提示信息。提示信息如下：

```
AssertionError: 3 != 4 : 实际结果不等于 4
```

增加提示信息会增加断言失败时异常信息的可读性。

与 assertEqual()方法对应的有 assertNotEqual()方法，其用于断言实际结果与预期结果不相等。将以上代码中的 assertEqual()方法替换为 assertNotEqual()方法，代码如下：

```
self.assertNotEqual(calculator.add(1, 2), 4)
```

重新执行测试代码，由于 1 加 2 不等于 4，因此断言成功，测试结果通过。

另外，assertNotEqual()方法同样支持传入第 3 个参数作为断言失败时的提示信息。

以上断言方法都在断言是否相等，unittest 也可以断言大于、大于或等于、小于、小于或等于的场景，代码如下：

```
self.assertGreater(calculator.add(1, 2), 2)
self.assertGreaterEqual(calculator.add(1, 2), 3)
self.assertLess(calculator.add(1, 2), 4)
self.assertLessEqual(calculator.add(1, 2), 3)
```

除了使用两个参数分别表示实际结果与预期结果外，也可以将实际结果与预期结果组合成一个表达式传递给 unittest 进行断言。这种情况可以使用 assertTrue()/assertFalse()方法，代码如下：

```
self.assertTrue(calculator.add(1, 2) == 3)
self.assertFalse(calculator.add(1, 2) == 4)
```

除了简单的数字断言，也可以进行字符串、列表、元组和字典等的断言，代码如下：

```
self.assertEqual('str'.upper(), 'STR')
```

```
actual_list = [1, 2, 3]
self.assertListEqual(actual_list, [1, 2, 3])
actual_tuple = (1, 2, 3)
self.assertTupleEqual(actual_tuple, (1, 2, 3))
actual_dict = {'k_01': 'v_01', 'k_02': 'v_02'}
self.assertDictEqual(actual_dict, {'k_01': 'v_01', 'k_02': 'v_02'})
```

注意：unittest 并没有内置列表、元组和字典的不相等断言方法，即不存在 assertListNotEqual()、assertTupleNotEqual()和 assertDictNotEqual()方法。

另一种常见场景是断言一个容器中包含或不包含某个成员，代码如下：

```
actual_num = 1
self.assertIn(actual_num, [1, 2, 3])
actual_num = 4
self.assertNotIn(actual_num, [1, 2, 3])
```

有时也需要断言测试用例是否抛出异常，比如测试 Calculator 类的除法，需要判断当除数为零时是否抛出指定异常，代码如下：

```
def test_divide(self):
    calculator = Calculator()
    with self.assertRaises(ValueError):
        calculator.divide(10, 0)
```

以上代码中 assertRaises()方法用于断言是否抛出指定异常，并将可能抛出异常的代码用 with 语句包裹。

除了以上介绍的，unittest 的 TestCase 基类中还包含了许多其他断言方法，读者可访问 unittest 官方文档查阅其他断言方法的使用，官方文档地址详见前言二维码。

除了以上介绍的以 assert 为前缀的断言方法，还可以直接使用 fail()方法或直接抛出 AssertionError 异常，它们也会被 unittest 标记为测试用例执行失败，代码如下：

```
def test_fail(self):
    self.fail()


def test_assertion_error(self):
    raise AssertionError
```

2.2.5 组织测试用例

在 2.2.2 节中介绍了使用命令行可以给 unittest 传递各种参数，其中就包括通过模块文件(.py 文件)、模块、类或方法来指定测试用例。但如果指定的测试用例很多，且需要重复执行多次，这就成了一件非常麻烦的事情了。以测试 Calculator 类的加减乘除 4 个方法，并分别测试除法被除数为零和不为零的场景为例。为此新增 test_with_testsuite_01 模块，代码如下：

```
from unittest import TestCase, main
```

```
from chapter_02.learning_unittest.calculator import Calculator


class TestWithTestSuite(TestCase):

    @classmethod
    def setUpClass(cls):
        cls.calculator = Calculator()

    def test_add(self):
        self.assertEqual(self.calculator.add(1, 2), 3)

    def test_sub(self):
        self.assertEqual(self.calculator.sub(3, 2), 1)

    def test_multi(self):
        self.assertEqual(self.calculator.multi(8, 9), 72)

    def test_divide_01(self):
        self.assertEqual(self.calculator.divide(72, 9), 8)

    def test_divide_02(self):
        with self.assertRaises(ValueError):
            self.calculator.divide(10, 0)


if __name__ == '__main__':
    main()
```

以上代码用到了前面介绍的许多知识点，比如类级别的初始化操作、抛出异常的断言等。

此时如果只需要执行测试加减法的测试方法，可以使用命令选择性执行，命令如下：

```
python -m unittest chapter_02.learning_unittest.test_with_testsuite_01.TestWithTestSuite.
test_add chapter_02.learning_unittest.test_with_testsuite_01.TestWithTestSuite.test_sub
```

以上命令仅仅选取了两个测试方法已经非常冗长了，并且如果多次执行还需要重复输入多次，显然不是一种好的实践。

在 unittest 中，更好的方式是使用测试套件来组织测试用例。新增 test_with_testsuite_02 模块，并使用测试套件重新组织测试用例。

【例 2-5】 使用测试套件重新组织测试用例。

```
import sys

sys.path.append(r'E:\Software_Testing\Software Development\Python\PycharmProjects\
mastering-test-automation')
from unittest import TestSuite, TextTestRunner

from chapter_02.learning_unittest.test_with_testsuite_01 import TestWithTestSuite
```

```
def create_suite():
    suite = TestSuite(tests=(TestWithTestSuite('test_add'), TestWithTestSuite('test_sub')))
    return suite


if __name__ == '__main__':
    suite = create_suite()
    runner = TextTestRunner()
    runner.run(suite)
```

以上代码使用了 TestSuite 类来表示测试套件，并将测试用例以元组方式作为构造参数传递给 TestSuite，其中 TestWithTestSuite('test_add')和 TestWithTestSuite('test_sub')分别表示传递 TestWithTestSuite 测试类的 test_add()和 test_sub()测试方法。定义好测试套件后，需要一个测试执行器来执行该测试套件，这里使用的是 unittest 的 TextTestRunner 测试执行器。

使用测试套件组织测试用例后，不能使用-m unittest 方式来执行测试用例，否则 Python 会将 from-import 语句导入的 TestWithTestSuite 类中所有测试用例全部执行完。因此，需要使用直接运行 Python 模块的方式来执行，命令如下：

```
python chapter_02\learning_unittest\test_with_testsuite_02.py
```

说明

由于当前工程根目录不在 Python 的 path 搜索路径中，因此使用了 sys.path.append 来临时增加该路径，否则执行时会显示 ModuleNotFoundError: No module named 'chapter_02'异常信息。其中的 E:\Software_Testing\Software Development\Python\PycharmProjects\mastering-test-automation 是笔者的工程路径，读者需根据实际情况进行替换。

另一个向测试套件中添加测试用例的方式是使用 addTests()方法，代码如下：

```
suite = TestSuite()
suite.addTests((TestWithTestSuite('test_add'), TestWithTestSuite('test_sub')))
```

但如果仅添加单个测试用例，还可使用 addTest()方法，代码如下：

```
suite = TestSuite()
suite.addTest(TestWithTestSuite('test_add'))
suite.addTest(TestWithTestSuite('test_sub'))
```

当测试用例太多时，使用以上方式添加测试用例到测试套件中也是不可取的，更好的方式是使用测试加载器来加载测试用例，在 unittest 中使用 TestLoader 来表示测试加载器。如果需要加载 TestWithTestSuite 类中的所有测试用例，可以将 TestWithTestSuite 类作为参数传递给 loadTestsFromTestCase()方法，代码如下：

```
suite = TestSuite()
loader = TestLoader()
```

```
suite.addTests(loader.loadTestsFromTestCase(TestWithTestSuite))
```

以上代码首先实例化一个测试加载器，然后调用 loadTestsFromTestCase()方法从测试类 TestWithTestSuite 中加载测试用例。

另外，测试套件支持嵌套，即一个测试套件可以包含另一个测试套件，代码如下：

```
def create_suite():
    child_01 = TestSuite()
    child_01.addTest(TestWithTestSuite('test_add'))
    child_02 = TestSuite()
    child_02.addTest(TestWithTestSuite('test_sub'))
    suite = TestSuite()
    suite.addTests((child_01, child_02))
    return suite
```

以上代码中，create_suite()函数返回的是一个包含 child_01 和 child_02 两个测试套件的测试套件 suite。

在实际项目中，一种好的实践是将不同测试场景的测试用例组织成不同的测试套件，以便在不同测试场景下运行，比如定义 smoke_test_suite 用于冒烟测试，定义 regression_test_suite 用于回归测试等。

2.2.6　跳过测试用例

在实际项目中，由于功能未实现或已知缺陷导致的功能不可用，往往需要跳过对应测试用例的执行。

1. 静态跳过

静态跳过是指执行测试用例之前已经明确了该测试用例可以被跳过。比如测试 Calculator 类的求平方根方法，由于 Calculator 类还未实现该方法，所以需要跳过对应的测试方法。为此新增 test_with_skipped 模块，并编写一些测试代码。

【例 2-6】　使用@skip()装饰器跳过测试用例。

```
from unittest import TestCase, main, skip

from chapter_02.learning_unittest.calculator import Calculator


class TestWithSkipped(TestCase):

    @classmethod
    def setUpClass(cls):
        cls.calculator = Calculator()

    def test_add(self):
        self.assertEqual(self.calculator.add(1, 2), 3)

    @skip('求平方根功能还未实现')
```

```
    def test_square(self):
        self.assertEqual(self.calculator.square(4), 2)


if __name__ == '__main__':
    main()
```

以上代码使用了@skip()装饰器修饰一个测试方法，并提供了跳过的原因，即“求平方根功能还未实现”。

输入命令运行测试代码，命令如下：

```
python -m unittest -k TestWithSkipped
```

执行结果如下：

```
.s
----------------------------------------------------------------------
Ran 2 tests in 0.000s

OK (skipped=1)
```

unittest将@skip()装饰器修饰的测试方法的测试结果标记为skipped，且控制台会输出小写s表示跳过。

除了可以跳过测试方法，还可以用@skip()装饰器修饰测试类以跳过该类中的所有测试方法，代码如下：

```
@skip('跳过原因')
class TestClass(TestCase):
```

说明

如果将@skip()装饰器用于修饰初始化方法或函数，那么该初始化方法或函数将被跳过，且其关联的测试用例和清理操作也将被跳过。

2. 动态跳过

动态跳过是指执行测试用例之前不知道该测试用例是否可以被跳过，需要根据条件来动态判断。比如一个测试用例只适用于Windows平台，那么需要根据当前测试用例的运行环境来动态决定是否跳过，代码如下：

```
@skipIf(platform.system() != 'Windows', '不是Windows平台')
def test_windows(self):
    print('只能在Windows平台运行的代码')
```

以上测试用例使用了@skipIf()装饰器来修饰测试方法，其中，第一个参数为跳过条件，第二个参数为跳过原因。当满足条件时，unittest才会跳过该测试用例。

另一个装饰器是@skipUnless()，其作用与@skipIf()相反，即当不满足条件时，跳过测试用例。

不管是@skip()还是@skipIf()或@skipUnless()，它们都是在执行测试用例之前做的判断，有时候需要在测试用例内部做判断是否跳过，这就需要借助 skipTest()方法来实现了，代码如下：

```
def test_method(self):
    divisor = random.randint(0, 100)
    if divisor == 0:
        self.skipTest('除数为零')
    print(100 / divisor)
```

以上代码使用 randint()方法随机获取一个 0～100 的整数作为除数，当除数为零时，跳过测试用例的余下部分。读者可能会有疑问，这种判断放在@skipIf()装饰器中也可以进行，为什么要用 skipTest()方法呢？针对上述示例确实如此，但当获取除数需要多行代码时，显然不再适合放在一个条件表达式中，这时 skipTest()方法就发挥出它的优势了。

2.2.7　预期失败和非预期成功

由于功能未实现或未修复的缺陷导致的功能不可用，除了可以跳过这些测试用例，也可以将这些测试用例标记为预期失败。

比如 2.2.6 节中的 test_square()方法，可将其@skip()装饰器替换为@expectedFailure 装饰器，代码如下：

```
@expectedFailure
def test_square(self):
    self.assertEqual(self.calculator.square(4), 2)
```

执行命令运行测试代码，命令如下：

```
python -m unittest -k TestWithSkipped
```

执行结果如下：

```
.x
----------------------------------------------------------------------
Ran 2 tests in 0.001s

OK (expected failures = 1)
```

unittest 将@expectedFailure 装饰器修饰的测试方法的测试结果标记为预期失败，且控制台会输出小写的 x。

有一种极端情况，当预期失败的测试用例执行成功时，unittest 会将其标记为非预期成功，且控制台会输出小写的 u。

说明

unittest 一共包含 6 种测试结果，除了本节介绍的预期失败(用 x 表示)和非预期成功(用 u 表示)外，还包含前面介绍的成功(用“.”表示)、失败(用 F 表示)和跳过(用 s 表示)，以及未介绍的错误(用 E 表示)。当测试用例抛出了非 AssertionError 异常时，unittest 会将其测试结果标记为错误。

2.2.8 参数化测试

参数化测试是指将逻辑相同但数据不同的测试用例合并到一起，以减少测试代码的冗余。

对于 Calculator 类而言，如果不使用参数化测试，那么测试 1 加 2 和 1 加 3 需要两个测试方法，代码如下：

```
from unittest import TestCase, main

from chapter_02.learning_unittest.calculator import Calculator


class TestWithParameterized(TestCase):

    @classmethod
    def setUpClass(cls):
        cls.calculator = Calculator()

    def test_add_01(self):
        self.assertEqual(self.calculator.add(1, 2), 3)

    def test_add_02(self):
        self.assertEqual(self.calculator.add(1, 3), 4)


if __name__ == '__main__':
    main()
```

1. 使用 subTest()方法

unittest 可使用 subTest()方法提供参数化测试的功能，以下是使用 subTest()方法合并 test_add_01()和 test_add_02()测试方法的示例，代码如下：

```
def test_add_03(self):
    for a, b, c in [(1, 2, 3), (1, 3, 4)]:
        with self.subTest(a = a, b = b, c = c):
            self.assertEqual(self.calculator.add(a, b), c)
```

以上代码将测试用例中的数据进行了分离，并将它们放在一个列表中用于循环遍历。接着使用 subTest()方法接收这些参数，并将它们传递给具体的测试逻辑代码。

2. 使用 parameterized

subTest()方法虽然可以实现参数化测试的功能，但需要借助循环语句，实现起来比较烦琐。一个好的替代方案是使用第三方的参数化测试函数库 parameterized，执行命令可安装该函数库。其命令如下：

```
pip install parameterized
```

接着新增 test_add_04()测试方法,其用于提供与 test_add_03()测试方法相同的参数化功能。其代码如下:

```
@parameterized.expand([
    (1, 2, 3),
    (1, 3, 4)
])
def test_add_04(self, a, b, c):
    self.assertEqual(self.calculator.add(a, b), c)
```

以上代码将测试数据放在了@parameterized.expand()装饰器中,而 test_add_04()方法体中已经删除了循环语句,使得代码更为清晰。

subTest()方法和@parameterized.expand()装饰器除了写法差异外,另外一个不同之处在于:unittest 将前者提供的多组参数认为是同一个测试用例中的不同测试数据(即最终只有一个测试结果),而后者提供的多组参数认为是不同测试用例中的不同测试数据(即有几组数据就有几个测试结果)。

2.2.9 复用已有测试代码

由于编写单元测试用例不一定非要使用单元测试框架,因此在实际项目中可能存在一些不符合 unittest 规范的测试代码,比如直接使用 Python 函数编写测试代码。其代码如下:

```
from chapter_02.learning_unittest.calculator import Calculator


def test_add():
    calculator = Calculator()
    assert calculator.add(1, 2) == 3


if __name__ == '__main__':
    test_add()
```

以上代码编写了一个函数来测试 Calculator 类的加法,并借助 Python 自带的 assert 断言语句进行断言。

为了复用这部分测试代码,unittest 提供了一个 TestCase 的子类 FunctionTestCase,可使用 FunctionTestCase 来替代直接调用 test_add()函数的代码。其代码如下:

```
case = FunctionTestCase(test_add)
runner = TextTestRunner()
runner.run(case)
```

以上代码将 test_add()函数作为参数传递给 FunctionTestCase 的构造方法来构造一个 unittest 测试用例,并使用 TextTestRunner()来运行该测试用例。在 2.2.5 节中,笔者使用 TextTestRunner 来运行测试套件,实际上 TextTestRunner 既可以运行测试套件,也可以直接运行测试用例,本节就是直接运行测试用例的场景。

另外，FunctionTestCase 还支持传递初始化和清理操作，代码如下：

```
case = FunctionTestCase(test_add, setUp = lambda: print('初始化操作'), tearDown = lambda:
print('清理操作'))
runner = TextTestRunner()
runner.run(case)
```

setUp 和 tearDown 参数分别接收一个函数作为初始化和清理操作，为了简便考虑，笔者直接使用了 Lambda 表达式，以提供匿名函数来作为参数。

2.2.10 使用第三方测试报告

unittest 没有自带生成测试报告的功能，如果需要生成测试报告，那么可以使用第三方测试报告。在 unittest 中，较流行的第三方测试报告是 HTMLTestRunner 和 BeautifulReport。

1. HTMLTestRunner

HTMLTestRunner 是最早的 unittest 测试报告之一，由于原作者 Wai Yip Tung 并没有将它适配 Python 3，因此目前实际项目中在用的大多是基于它的修改版本。

HTMLTestRunner 的 GitHub 项目地址详见前言二维码。有兴趣的读者可对该项目做二次开发以适配 Python 3。

2. BeautifulReport

另一个使用广泛的 unittest 测试报告是 BeautifulReport，它支持 Python 3，且测试报告更加美观。

由于 BeautifulReport 没有上传到 PyPI，也没有提供 setup. py 文件，因此须手动下载安装。

说明

PyPI 全称 Python Package Index，即 Python 包索引。PyPI 是一个 Python 存放公共函数库的仓库，使用 pip 安装 Python 第三方依赖时默认是从 PyPI 下载的依赖包。

访问 BeautifulReport 的 GitHub 项目地址，地址详见前言二维码。

下载 ZIP 压缩包，如图 2-9 所示。

下载后是一个名为 BeautifulReport-master 的 ZIP 压缩包，先对其进行解压，然后将解压后的 BeautifulReport-master 目录重命名为 BeautifulReport，并将 BeautifulReport 目录复制到 Python 的 site-packages 目录（实际上也可以将 BeautifulReport 目录复制到 Python 能识别的其他路径）。

说明

site-packages 是 Python 安装第三方依赖包的目录，其通常位于 Python 安装路径的 Lib 目录中，假如 Python 安装在 C:\Program Files 路径，那么 site-packages 目录将位于 C:\Program Files\Python37\Lib 路径中。

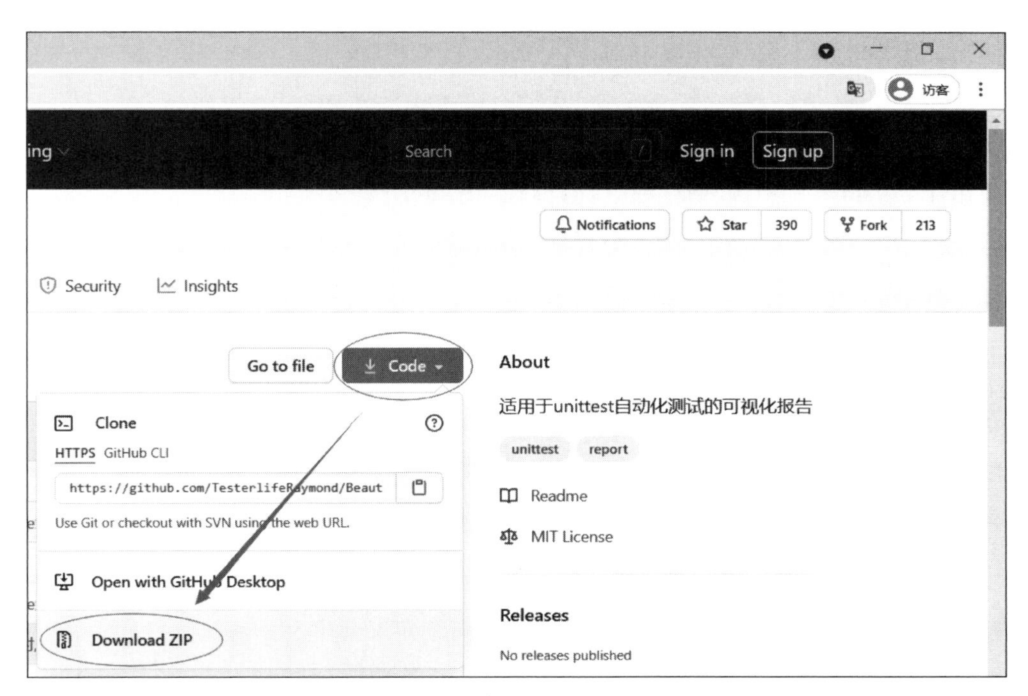

图 2-9　下载 BeautifulReport

接着新增 test_with_report 模块，并编写一些测试用例用于生成测试报告，代码如下：

```
from unittest import TestCase, skip, TestSuite, TestLoader

from BeautifulReport import BeautifulReport


class TestWithReport(TestCase):

    def test_method_01(self):
        pass

    def test_method_02(self):
        pass

    def test_method_03(self):
        self.fail()

    @skip('跳过')
    def test_method_04(self):
        self.fail()


if __name__ == '__main__':
    suite = TestSuite()
    loader = TestLoader()
    suite.addTests(loader.loadTestsFromTestCase(TestWithReport))
```

```
    result = BeautifulReport(suite)
    result.report('unittest 测试报告')
```

以上代码首先编写了 4 个测试方法，然后使用了测试加载器将测试用例加载到测试套件中，最后将测试套件传递给 BeautifulReport 来执行测试用例并生成测试报告。

使用命令运行测试用例，命令如下：

```
python chapter_02\learning_unittest\test_with_report.py
```

执行结果如下：

```
..FS
测试已全部完成，可前往 E:\Software_Testing\Software Development\Python\PycharmProjects\
mastering-test-automation 查询测试报告
```

以上输出的路径是笔者的，读者看到的可能不一样。

此时可以看到工程根目录已经生成了名为 report 的 HTML 测试报告，打开后如图 2-10 所示。

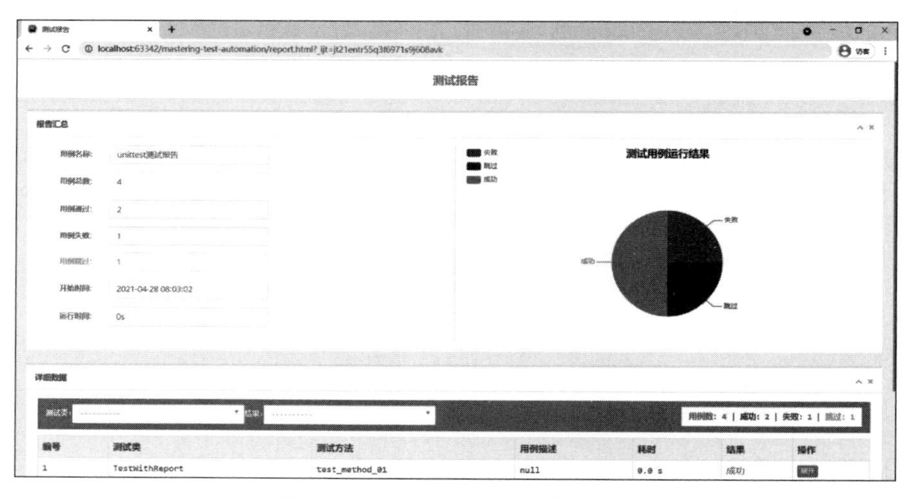

图 2-10 BeautifulReport 测试报告

BeautifulReport 测试报告显示了汇总和详细两个部分，信息量也比较完整。另外，可以看到在代码中传递的“unittest 测试报告”字符串被作为用例名称显示到了测试报告中。

2.3 使用 pytest 框架

pytest 是一个功能丰富的测试框架，它既支持快速编写简单的单元测试代码，也支持通过扩展为应用程序编写复杂的功能自动化测试用例。pytest 的主要特性如下：

（1）直接使用 Python 的 assert 语句进行断言，并提供了断言失败时的详细提示信息。对比 unittest，使用 pytest 则不需要记住一系列的以 assert 为前缀的断言方法。

（2）自动发现测试用例。自动发现策略是首先查找以 test 为前缀或后缀的模块，然后在这些模块中查找以 test 为前缀的函数，或以 Test 为前缀的类，并在类中查找以 test 为前缀的方法。

（3）提供夹具功能。夹具作为一个测试脚手架，用于管理小型或参数化的测试资源，这类测试资源通常会被反复多次使用。

（4）能方便地兼容运行 unittest 和 nose（另一个 Python 测试框架）的测试用例。

（5）使用了插件机制。pytest 拥有丰富的第三方插件和活跃的社区支持。

（6）支持 Python 3.6＋和 PyPy 3。

说明

PyPy 是可用于替代 Python 默认解释器（CPython）、速度更快的 Python 解释器。

2.3.1　第一个 pytest 示例

pytest 与 unittest 不一样，它并不属于 Python 标准库的一部分，因此需要单独安装它。在控制台执行命令可安装 pytest，命令如下：

```
pip install pytest == 6.2.3
```

为了保持示例代码的兼容性，笔者将 pytest 的版本限定为 6.2.3，这是截止笔者写作本书时最新的 pytest 版本。

在工程的 chapter_02 包中新增 learning_pytest 子包，本节的所有 pytest 示例代码将放置在 learning_pytest 子包中。

新增 test_simple_case 模块，并在该模块中新增一个函数。

【例 2-7】　编写一个简单的 pytest 自动化测试用例。

```
def test_func_01():
    assert len('Hello World! ') == 12
```

在控制台通过命令执行该测试用例，命令如下：

```
pytest chapter_02\learning_pytest\test_simple_case.py
```

执行结果如图 2-11 所示。

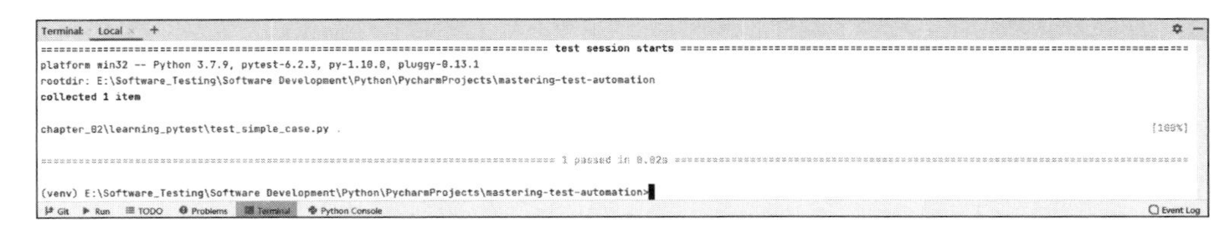

图 2-11　pytest 执行结果

从以上输出结果可以看出，pytest 运行于 Windows 平台的 Python 3.7 环境，且根路径为 E:\Software_Testing\Software Development\Python\PycharmProjects\mastering-test-automation。而 collected 1 item 表示 pytest 发现了一条测试用例，chapter_02\learning_pytest\test_simple_case.py 后面的英文句号（.）表示执行成功，100% 表示执行进度

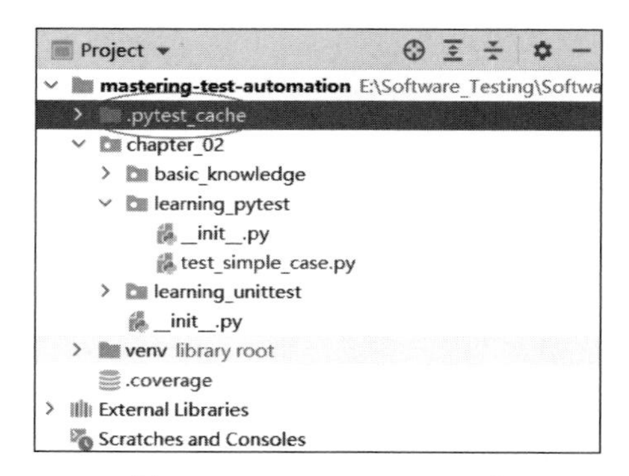

图 2-12 .pytest_cache 目录

为 100%。

另外，执行 pytest 命令后，项目根目录会生成一个.pytest_cache 目录，其中存放了 pytest 的临时文件，如图 2-12 所示。

如果不想看到这么多冗余信息，可以使用-q 参数执行测试用例，命令如下：

```
pytest -q chapter_02\learning_pytest\test_simple_case.py
```

执行结果如图 2-13 所示。

关于命令行的更多用法详见 2.3.2 节。

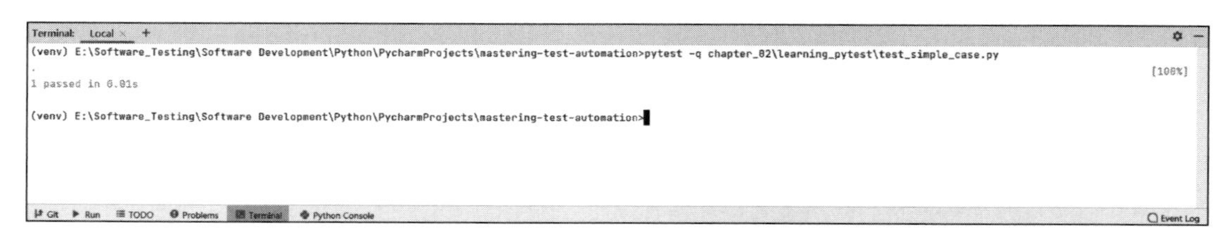

图 2-13 精简版的执行结果

2.3.2 命令行和 IDE 执行

与 unittest 一样，pytest 也支持使用命令行和 IDE 两种方式执行测试用例。

1. 命令行执行

虽然 pytest 可以使用 Python 解释器通过-m pytest 命令来运行测试用例，但是 pytest 内置了可执行程序，因此推荐直接使用该可执行程序来运行测试用例。

在 2.3.1 节中使用了模块文件(.py 文件)方式指定测试用例。pytest 还可以通过指定目录来执行测试用例，命令如下：

```
pytest chapter_02\learning_pytest
```

或使用关键字匹配来执行测试用例，命令如下：

```
pytest -k func_01
```

以上命令会匹配到 2.3.1 节示例中的 test_func_01()测试函数。由于 pytest 的关键字匹配对代码的大小写不敏感，因此使用大写也能匹配到 test_func_01()测试函数，命令如下：

```
pytest -k Func_01
```

关键字匹配还接受一个表达式，比如可以只执行不包含 func_01 的测试用例，命令如下：

```
pytest -k "not func_01"
```

pytest 命令行还可以使用节点 ID 的匹配方式来指定测试用例。节点 ID 是 pytest 在执行测试用例前自动生成到.pytest_cache 目录中的信息，它存放在.pytest_cache\v\cache 目录的 nodeids 文件中，如图 2-14 所示。

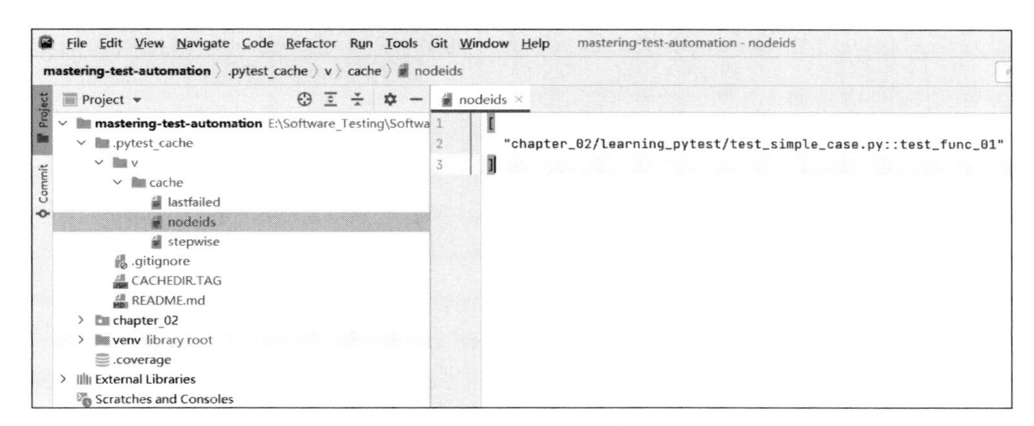

图 2-14 nodeids 文件

由图 2-14 可以看出，节点 ID 使用了双英文冒号"::"将模块文件名称和函数名称进行分隔。节点 ID 还可以使用双英文冒号将测试类和测试方法进行分隔，写法如下：

```
path/to/test_module.py::TestClass::test_method
```

根据以上写法，可使用指定节点 ID 的方式来执行测试用例，命令如下：

```
pytest chapter_02/learning_pytest/test_simple_case.py::test_func_01
```

在 2.3.1 节中，笔者使用了-q(--quiet 的缩写)命令来减少 pytest 的测试输出信息，但若需要增加测试输出信息，可使用-v(--verbose 的缩写)命令。还有一种常见场景是测试用例中包含 print 语句用于输出一些调试信息。在默认情况下，pytest 不会在控制台输出 print 语句的内容，若需显示，则需要使用-s(--capture=no 的缩写)命令来开启该功能。

除了以上介绍的 pytest 命令，还有以下常用命令。

(1) -x：若有一个测试用例失败，则中止测试。

(2) --maxfail=n：若有 n 个测试用例失败，则中止测试。

(3) --lf/--last-failed：重新运行上一次失败的测试用例。如果上一次没有失败的测试用例，就运行全部测试用例。

(4) --ff/--failed-first：重新运行全部测试用例。如果上一次有失败的测试用例，就先运行失败的测试用例。

(5) -m：运行指定标记的测试用例，支持表达式匹配模式。有关标记详见 2.3.8 节。

(6) --markers：显示所有标记。有关标记详见 2.3.8 节。

(7) --fixtures/--funcargs：显示所有夹具，默认不显示以下画线"_"为前缀的夹具，除非使用-v 命令。后续多个小节会对夹具进行详细介绍。

(8) -p：提前加载插件。插件名称支持完整 Python 包名或插件入口点名称。也可以使用该命令禁用插件，比如禁用名为 my_plugin 的插件，则命令为-p no:my_plugin。有关插件详见 5.1 节。

（9）-V/--version：查看 pytest 版本号。

有关 pytest 命令行工具的更多用法，可执行命令获取帮助信息，命令如下：

```
pytest -h
```

最后需要说明的是，如果在模块的执行入口中包含了 pytest 的执行入口，代码如下：

```
from pytest import main


def test_func_01():
    assert len('Hello World!') == 12


if __name__ == '__main__':
    main()
```

那么，可以使用直接运行 Python 模块的方式来执行该测试代码，命令如下：

```
python chapter_02\learning_pytest\test_simple_case.py
```

此时 Python 会将 pytest 测试代码识别为一个 Python 脚本。

pytest 的执行入口也可以传递参数，比如需要输出 print 语句的打印内容，写法如下：

```
main(['-s'])
```

由于 pytest 的执行入口支持传递多个参数，因此此处接收一个字符串列表形式的参数。

2. IDE 执行

pytest 的 IDE 执行方式与 unittest 类似，本节以使用 PyCharm 为例进行介绍。

在编写完测试用例后，可直接单击测试代码左侧的三角按钮，选择 Run '...'选项执行测试用例，如图 2-15 所示。也可以按 Ctrl+Shift+F10 组合键来执行。

执行后会自动生成一个运行配置显示在 PyCharm 的左上角，如图 2-16 所示。

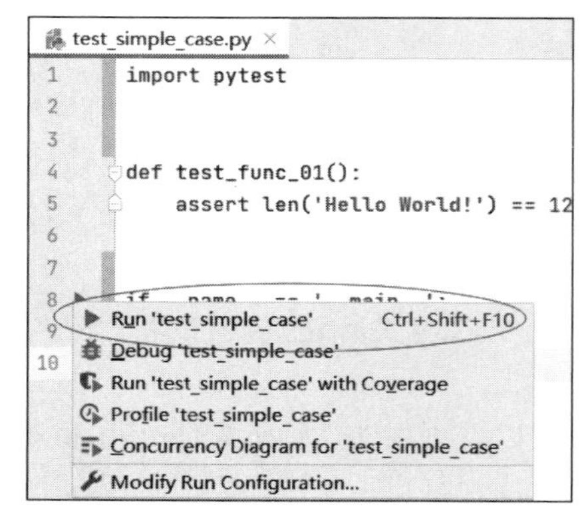

图 2-15 pytest 代码左侧的执行入口

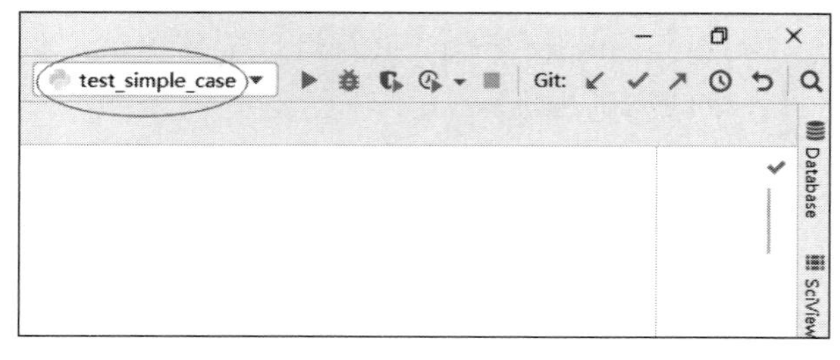

图 2-16 运行配置

读者可能已经发现了此时的运行配置并不是针对 pytest 的，而是针对 Python 脚本的。为了求证这一点，可以单击 Edit Configurations 选项进入运行配置界面进行查看，如图 2-17 所示。

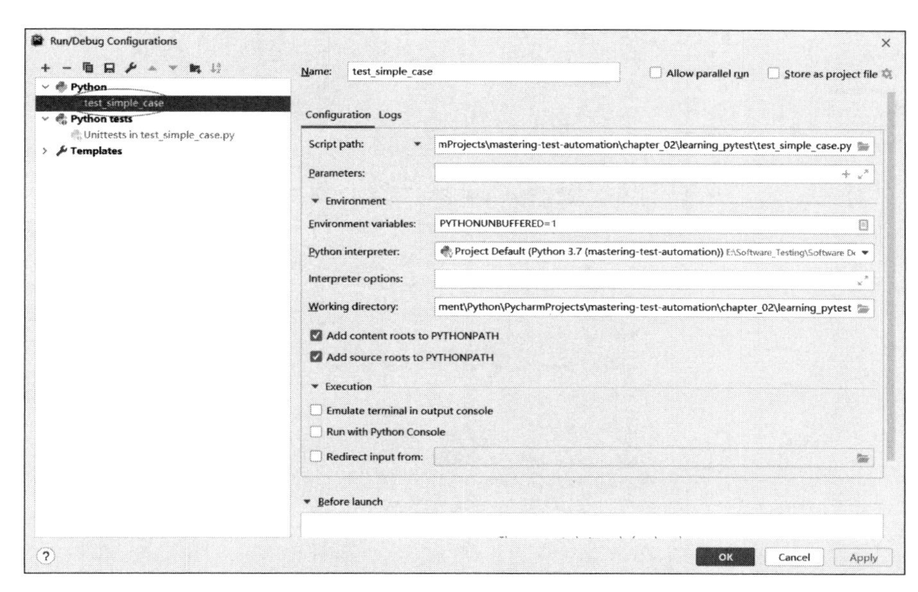

图 2-17 Python 脚本的运行配置

由图 2-17 可以看出，PyCharm 只会将 pytest 测试代码自动识别为 Python 脚本，这里之所以能执行，是因为指定了执行入口。读者可以试验一下，在删除执行入口后，测试代码左侧就没有三角按钮了，即使使用 Ctrl＋Shift＋F10 组合键，测试用例也不会被执行。

那么如何让 PyCharm 把 pytest 的测试代码当做测试代码而不是 Python 脚本来执行呢？方法是：在运行配置界面手动添加一个 pytest 的运行配置。为此单击左上角的“＋”号，选择 Python tests→pytest 选项，如图 2-18 所示。

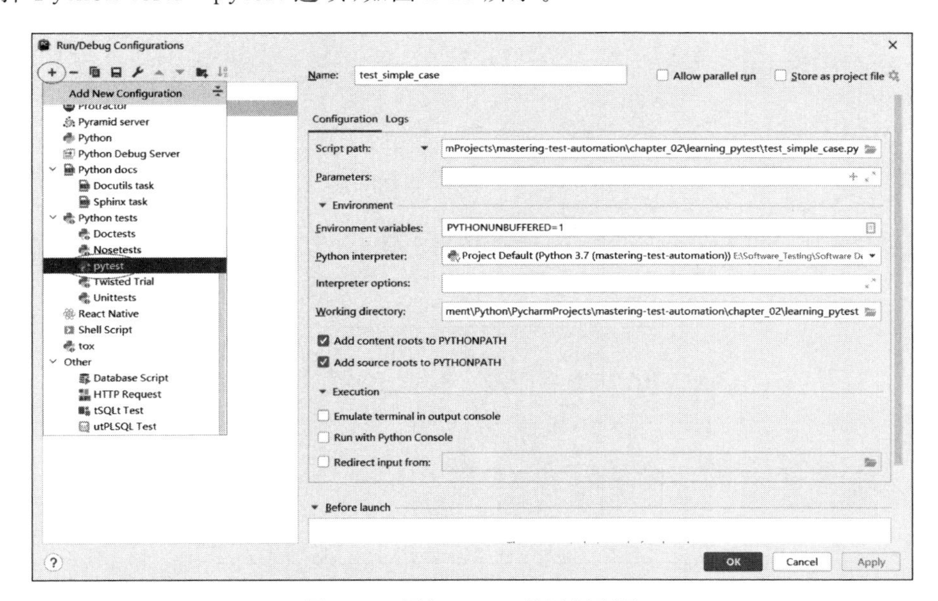

图 2-18 添加 pytest 的运行配置

此时会新增一个 pytest 运行配置，可以修改运行配置的名称和脚本路径，如图 2-19 所示。

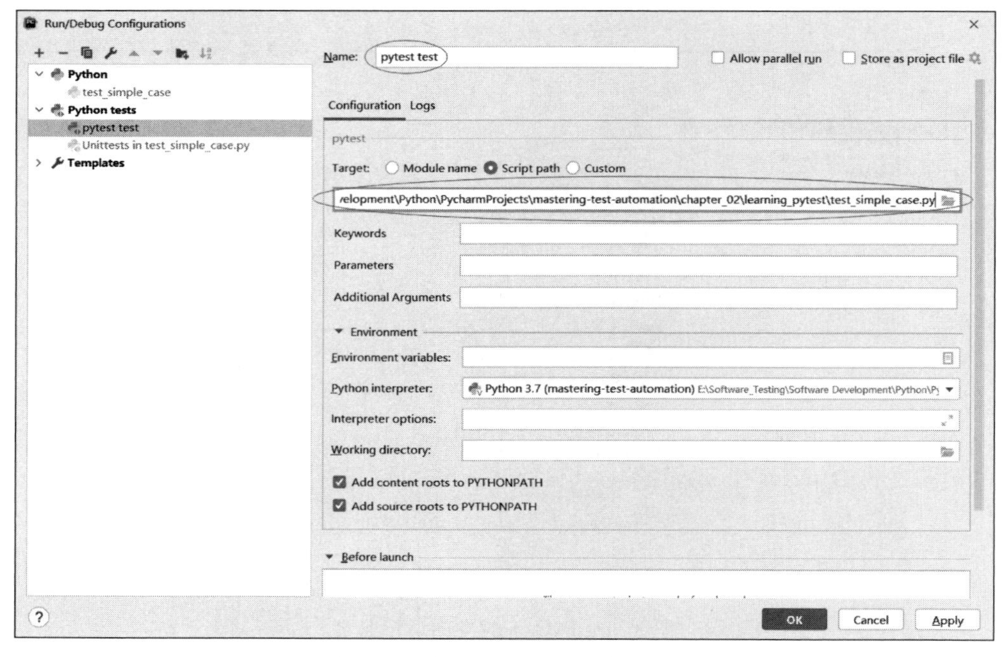

图 2-19 修改 pytest 的运行配置

修改完成后单击 OK 按钮，此时 PyCharm 左上角出现了新增的运行配置，如图 2-20 所示。

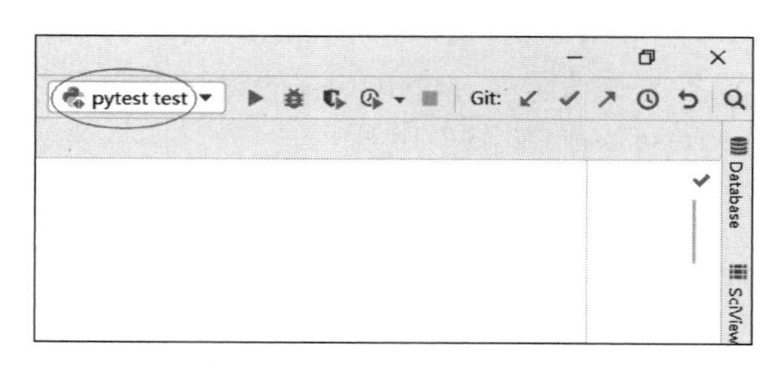

图 2-20 pytest 的运行配置

接着可以单击 PyCharm 左上角的执行图标（箭头）来使用该运行配置了，如图 2-21 所示。

图 2-21 pytest 的执行图标

执行结果如图 2-22 所示。

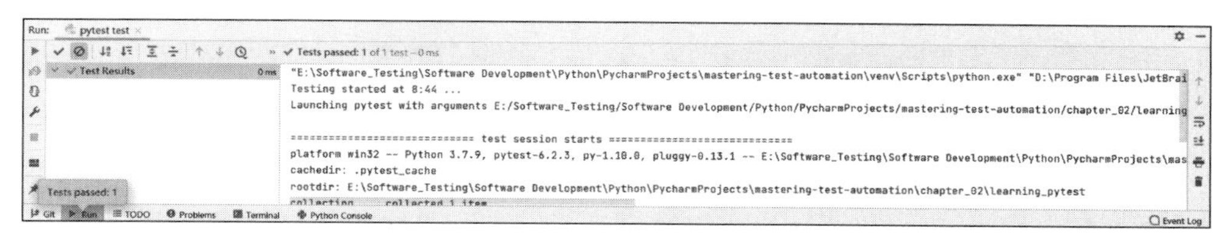

图 2-22　pytest 的 IDE 执行结果

需要注意的是，即使配置了 pytest 运行配置，直接单击测试代码左侧的箭头或使用 Ctrl+Shift+F10 组合键时，PyCharm 仍然会将 pytest 测试代码当作 Python 脚本来执行。

2.3.3　初始化和清理操作

沿用 2.2.3 节中创建的 calculator 模块。如果需要对 Calculator 类的加减法进行测试，可以编写一些符合 pytest 规范的测试代码，代码如下：

```
from pytest import main

from chapter_02.learning_unittest.calculator import Calculator


class TestCalculator:

    def test_add(self):
        calculator = Calculator()
        assert calculator.add(1, 2) == 3

    def test_sub(self):
        calculator = Calculator()
        assert calculator.sub(10, 6) == 4


if __name__ == '__main__':
    main()
```

现在的问题是实例化 Calculator 对象属于初始化（前置）操作，且在多个测试方法中都使用了，代码上存在冗余。在 pytest 中可以使用 XUnit 风格（如 unittest、JUnit 等）或 fixture 来实现测试夹具功能，以减少代码冗余。

1. 使用 XUnit 风格

可使用 setup_method()方法来存放多个测试方法的公共初始化操作，其可在每个测试方法执行前提前执行。为此新增 test_with_xunit 模块，并使用 setup_method()方法重构测试代码。

【例 2-8】 使用 setup_method()方法重构初始化操作。

```
from pytest import main
```

```
from chapter_02.learning_unittest.calculator import Calculator


class TestCalculator:

    def setup_method(self):
        print('初始化操作')
        self.calculator = Calculator()

    def test_add(self):
        print('test_add')
        assert self.calculator.add(1, 2) == 3

    def test_sub(self):
        print('test_sub')
        assert self.calculator.sub(10, 6) == 4


if __name__ == '__main__':
    main()
```

为了查看执行效果，笔者加入了一些打印语句。

在控制台执行命令执行该测试用例，命令如下：

```
pytest -s -q chapter_02\learning_pytest\test_with_xunit.py
```

为了输出 print 语句的打印内容，以上命令使用了-s 命令；为了减少冗余信息，还使用了-q 命令。

执行结果如下：

```
初始化操作
test_add
.初始化操作
test_sub
.
2 passed in 0.01s
```

从以上结果可以看出，setup_method()方法会在每个测试方法之前被执行一次。

与 setup_method()方法对应的是 teardown_method()方法，用于清理操作，即后置操作。在 TestCalculator 类中新增 teardown_method()方法的代码如下：

```
def teardown_method(self):
    print('清理操作')
```

重新执行测试代码，执行结果如下：

```
初始化操作
test_add
.清理操作
初始化操作
test_sub
```

```
.清理操作

2 passed in 0.01s
```

从以上结果可以看出，teardown_method()方法与 setup_method()方法对应，在每个测试方法之后被执行一次。

如果测试代码是放在测试函数而不是测试方法中，那么可以使用 setup_function 和 teardown_function 来设置初始化和清理操作。

从消除代码冗余的角度来讲，使用 setup_method()方法重构后的 test_with_xunit 测试模块没有问题，但是 Calculator 对象的实例化完全没必要在每个测试方法执行前都实例化一个。如果需要在多个测试方法之间共用测试数据，可使用 setup_class()方法。为此笔者删除了 setup_method()方法，并新增 setup_class()方法，代码如下：

```
@classmethod
def setup_class(cls):
    print('初始化操作')
    cls.calculator = Calculator()
```

注意，setup_class()方法是一个类方法（用@classmethod 装饰器修饰），其第一个形参应该是类本身（习惯上用 cls 表示）。为什么 setup_class()方法需要定义成类方法呢？因为 pytest 的运行机制类似于 unittest，其会在执行测试用例时为每个测试方法单独实例化一个测试类对象，因此若需保证 setup_class()方法在多个测试类对象中的唯一性，必然需要定义成类方法。

重新执行测试代码，执行结果如下：

```
初始化操作
test_add
.清理操作
test_sub
.清理操作

2 passed in 0.01s
```

从以上输出结果可以看出，setup_class()方法中的代码只会在该类的所有测试方法之前被运行一次。

setup_class()方法也有与之对应的 teardown_class()方法，其用于类级别的清理操作。

可能读者已经猜到了，如果一个测试模块中有多个测试类，也应该有对应的模块级别初始化和清理操作。pytest 提供了 setup_module()和 teardown_module()函数用于模块级别的初始化和清理操作。

以下笔者重构 test_with_xunit 模块，以展示以上介绍的 8 种初始化和清理操作。

【例 2-9】 使用 8 种初始化和清理操作。

```
from pytest import main

from chapter_02.learning_unittest.calculator import Calculator
```

```
def setup_module():
    print('测试模块初始化操作')


def teardown_module():
    print('测试模块清理操作')


def setup_function():
    print('测试函数初始化操作')


def teardown_function():
    print('测试函数清理操作')


def test_func_01():
    print('test_func_01')


def test_func_02():
    print('test_func_02')


class TestCalculator:

    @classmethod
    def setup_class(cls):
        print('测试类初始化操作')
        cls.calculator = Calculator()

    @classmethod
    def teardown_class(cls):
        print('测试类清理操作')

    def setup_method(self):
        print('测试方法初始化操作')

    def teardown_method(self):
        print('测试方法清理操作')

    def test_add(self):
        print('test_add')
        assert self.calculator.add(1, 2) == 3

    def test_sub(self):
        print('test_sub')
        assert self.calculator.sub(10, 6) == 4


if __name__ == '__main__':
```

```
    main()
```

重新执行测试代码，执行结果如下：

```
测试模块初始化操作
测试函数初始化操作
test_func_01
.测试函数清理操作
测试函数初始化操作
test_func_02
.测试函数清理操作
测试类初始化操作
测试方法初始化操作
test_add
.测试方法清理操作
测试方法初始化操作
test_sub
.测试方法清理操作
测试类清理操作
测试模块清理操作

4 passed in 0.02s
```

从以上输出结果可以看出，初始化和清理操作的执行顺序为：模块级初始化操作→函数/类级初始化操作→方法级初始化操作→方法级清理操作→函数/类级清理操作→模块级清理操作。

2. 使用 fixture

pytest 的 fixture 提供了与传统 xUnit 风格夹具类似但更强大的功能。

以本节开头部分的 pytest 测试代码为例，如果不使用 setup_method()方法，可使用 fixture 来存放多个测试方法的公共初始化操作，其可在每个测试方法被执行时提前执行。为此新增 test_with_fixture 模块，并编写 method_fixture()方法存放多个测试方法的公共初始化操作。

【例 2-10】 使用 fixture 存放多个测试方法的公共初始化操作。

```
import pytest
from pytest import main

from chapter_02.learning_unittest.calculator import Calculator


class TestCalculator:

    @pytest.fixture
    def method_fixture(self):
        print('初始化操作')
        return Calculator()

    def test_add(self, method_fixture):
```

```
        print('test_add')
        assert method_fixture.add(1, 2) == 3

    def test_sub(self, method_fixture):
        print('test_sub')
        assert method_fixture.sub(10, 6) == 4


if __name__ == '__main__':
    main()
```

pytest 的 fixture 实际上是一个@pytest.fixture 装饰器修饰的可调用对象，以上代码中的可调用对象是一个方法。使用 fixture 很简单，只需要在测试方法中加入以 fixture 名称(以上代码中的 method_fixture)为参数名的形参即可，然后就可以在测试方法内部使用它了。

在控制台执行命令执行该测试代码，命令如下：

```
pytest -s -q chapter_02\learning_pytest\test_with_fixture.py
```

执行结果如下：

```
初始化操作
test_add
.初始化操作
test_sub
.
2 passed in 0.02s
```

从以上结果可以看出，这里的 fixture 提供了与 setup_method()方法同样的功能，即在每个测试方法之前执行一次。

fixture 同样提供了 teardown_method()方法的功能，不过需要借助 yield 语句，代码如下：

```
@pytest.fixture
def method_fixture(self):
    print('初始化操作')
    yield Calculator()
    print('清理操作')
```

从以上代码可以看出，要在 fixture 中实现清理操作需要将 return 语句换成 yield 语句，并将用于清理操作的代码放置在 yield 语句之后。

重新执行测试代码，执行结果如下：

```
初始化操作
test_add
.清理操作
初始化操作
test_sub
.清理操作
```

```
2 passed in 0.02s
```

fixture 也可以实现 setup_class()方法的功能，即提供类级别的初始化操作，其只会在同一个类中初始化一次。为此新增 class_fixture()方法，代码如下：

```
@pytest.fixture(scope = 'class')
def class_fixture(self):
    print('初始化操作')
    return Calculator()
```

然后将 test_add()和 test_sub()测试方法的参数改成 class_fixture，重新执行测试代码，执行结果如下：

```
初始化操作
test_add
.test_sub
.
2 passed in 0.02s
```

从以上代码和运行结果可以看出，@pytest.fixture 装饰器通过传递 scope 关键字参数来指定 fixture 的作用域，默认作用域是 function，即测试函数/方法级别。fixture 有以下几种作用域。

(1) function：作用于每个测试函数/方法，默认作用域。

(2) class：作用于每个测试类。

(3) module：作用于每个测试模块。

(4) package：作用于每个测试包。详见 2.3.9 节。

(5) session：作用于整个测试会话。详见 2.3.9 节。

基于以上对 fixture 的描述，很容易想到 fixture 可以完全替代 xUnit 风格的全部初始化和清理操作。以下笔者重构 test_with_fixture 模块来演示这些操作。

【例 2-11】 使用 fixture 替代 xUnit 风格的初始化和清理操作。

```
import pytest
from pytest import main

from chapter_02.learning_unittest.calculator import Calculator


@pytest.fixture(scope = 'module')
def module_fixture():
    print('测试模块初始化操作')
    yield
    print('测试模块清理操作')


@pytest.fixture
def func_method_fixture():
    print('测试函数/方法初始化操作')
    yield
    print('测试函数/方法清理操作')
```

```
def test_func_01(module_fixture, func_method_fixture):
    print('test_func_01')


def test_func_02(module_fixture, func_method_fixture):
    print('test_func_02')


class TestCalculator:

    @pytest.fixture(scope='class')
    def class_fixture(self):
        print('测试类初始化操作')
        yield Calculator()
        print('测试类清理操作')

    def test_add(self, class_fixture, func_method_fixture):
        print('test_add')
        assert class_fixture.add(1, 2) == 3

    def test_sub(self, class_fixture, func_method_fixture):
        print('test_sub')
        assert class_fixture.sub(10, 6) == 4


if __name__ == '__main__':
    main()
```

以上代码删除了 method_fixture，因为它已经被 func_method_fixture 替代，后者将同时应用于测试函数和测试方法。

重新执行测试代码，执行结果如下：

```
测试模块初始化操作
测试函数/方法初始化操作
test_func_01
.测试函数/方法清理操作
测试函数/方法初始化操作
test_func_02
.测试函数/方法清理操作
测试类初始化操作
测试函数/方法初始化操作
test_add
.测试函数/方法清理操作
测试函数/方法初始化操作
test_sub
.测试函数/方法清理操作
测试类清理操作
测试模块清理操作
```

```
4 passed in 0.02s
```

从以上代码和运行结果可以看出，使用 fixture 可以完全替代 xUnit 风格的夹具，并且可以看到测试函数/方法可以传递多个 fixture 作为参数。

不过以上代码有一个问题，那就是 module_fixture 和 func_method_fixture 中的两个 fixture 在测试函数/方法中并没有使用，但也需要在测试函数/方法的参数中显式指定，否则无法进行初始化和清理操作。为了解决这种问题，通常有两种方式：

(1) 使用@pytest.fixture 装饰器的 autouse 参数，并将其值指定为 True。这样设置后，fixture 将不需要显式指定，会由 pytest 自动加载。

(2) 使用模块级全局变量 pytestmark。

如果使用 autouse 参数，那么可以重构 module_fixture()函数，代码如下：

```
@pytest.fixture(scope = 'module', autouse = True)
def module_fixture():
    print('测试模块初始化操作')
    yield
    print('测试模块清理操作')
```

如果使用模块级全局变量 pytestmark，可以在 test_with_fixture 模块中添加 pytestmark 赋值语句，代码如下：

```
pytestmark = pytest.mark.usefixtures('module_fixture')
```

如果需要使用多个 fixture，可以传递多个参数，代码如下：

```
pytestmark = pytest.mark.usefixtures('fixture_01', 'fixture_02')
```

使用以上任何一种方式后，便可以删除 test_func_01 和 test_func_02 中的 module_fixture 参数了。

pytest.mark.usefixtures 还有另一种形式，即作为装饰器为测试类或测试函数/方法指定 fixture，但后者显然不会减少代码冗余，因此这里举例说明其修饰测试类的场景。

【例 2-12】 使用 pytest.mark.usefixtures 修饰测试类。

```
import pytest
from pytest import main


@pytest.fixture
def fixture_01():
    print('fixture_01')


@pytest.fixture
def fixture_02():
    print('fixture_02')


@pytest.mark.usefixtures('fixture_01', 'fixture_02')
class TestClass:
```

```
    def test_method_01(self):
        print('test_method_01')

    def test_method_02(self):
        print('test_method_02')


if __name__ == '__main__':
    main()
```

执行结果如下：

```
fixture_01
fixture_02
test_method_01
.fixture_01
fixture_02
test_method_02
.
2 passed in 0.01s
```

fixture 是 pytest 中的重要概念，除了可以在本节中充当 xUnit 风格夹具的替代，还有很多其他用途，笔者会在后续小节中进行介绍。

2.3.4 详解断言

通常情况下，使用 Python 内置的 assert 语句已经满足日常的断言需求了，如果断言失败，也可以增加失败的提示信息。为此增加 test_with_assert 模块，代码如下：

```
from pytest import main

from chapter_02.learning_unittest.calculator import Calculator


class TestCalculator:

    @classmethod
    def setup_class(cls):
        cls.calculator = Calculator()

    def test_add_success(self):
        assert self.calculator.add(1, 2) == 3

    def test_add_fail(self):
        assert self.calculator.add(1, 2) == 4, '实际结果不等于4'


if __name__ == '__main__':
    main()
```

执行命令执行测试用例，命令如下：

```
pytest -s -q chapter_02\learning_pytest\test_with_assert.py
```

由于 1 加 2 不等于 4，因此 test_add_fail()测试函数执行失败，控制台打印了失败时的提示信息，如图 2-23 所示。

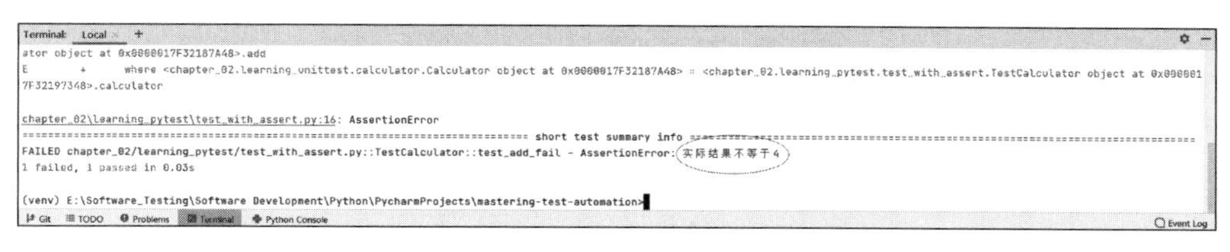

图 2-23 Python 的断言失败提示信息

但对于断言抛出异常的场景并不能直接使用 assert 语句，因此 pytest 也提供了一种类似 unittest 中 assertRaises()的异常断言方法 pytest.raises()，代码如下：

```
def test_divide(self):
    with pytest.raises(ValueError):
        self.calculator.divide(10, 0)
```

从以上代码可以看出，pytest.raises()可以结合 with 语句来使用，并将可能抛出异常的测试代码包裹在 with 语句中。

以上代码还需要添加导入语句，代码如下：

```
import pytest
```

如果需要对抛出的异常做进一步的处理，可以使用 with-as 语句，代码如下：

```
def test_divide(self):
    with pytest.raises(ValueError) as exception:
        self.calculator.divide(10, 0)
    print(exception.value)
```

执行以上测试代码后，控制台会打印“除数不能为零”，说明以上代码获取到了异常的值。

pytest.raises()也支持一个 match 参数，用于匹配异常中的值，代码如下：

```
with pytest.raises(ValueError, match='零') as exception:
```

以上是精确匹配，也可以模糊匹配，代码如下：

```
with pytest.raises(ValueError, match='.*零') as exception:
```

以上两种方式都能断言成功，match 参数实际上调用了 Python 内置的 re 模块 search()函数来匹配，以上“.*”表示匹配任意数量的任意字符(不包括换行符)。

2.3.5 跳过测试用例

与 unittest 一样，pytest 也支持静态和动态跳过测试用例功能，但在具体使用上，pytest

的跳过方式更为灵活多样。

1. 静态跳过

同样以测试 Calculator 类的求平方根方法为例，由于 Calculator 类还未实现该方法，所以需要跳过对应的测试方法。为此新增 test_with_skipped 模块，并编写一些测试代码。

【例 2-13】 使用@pytest. mark. skip 装饰器跳过测试用例。

```
import pytest
from pytest import main

from chapter_02.learning_unittest.calculator import Calculator


class TestWithSkipped:

    @pytest.fixture(scope = 'class')
    def class_fixture(self):
        return Calculator()

    def test_add(self, class_fixture):
        assert class_fixture.add(1, 2)  ==  3

    @pytest.mark.skip
    def test_square(self, class_fixture):
        assert class_fixture.square(4)  ==  2


if __name__  ==  '__main__':
    main()
```

以上代码使用了@pytest. mark. skip 装饰器修饰一个测试方法以表示跳过。

执行命令运行测试代码，命令如下：

```
pytest -s -q chapter_02\learning_pytest\test_with_skipped.py
```

执行结果如下：

```
.s
    1 passed, 1 skipped in 0.02s
```

pytest 将@pytest. mark. skip 装饰器修饰的测试方法的测试结果标记为 skipped，且控制台会打印小写字母 s 表示跳过。

使用@pytest. mark. skip 装饰器时可以增加跳过原因，以使测试用例更为直观，代码如下：

```
@pytest.mark.skip('求平方根功能还未实现')
def test_square(self, class_fixture):
    assert class_fixture.square(4)  ==  2
```

除了可以跳过测试方法，还可以用@pytest. mark. skip 装饰器修饰测试函数或测试类来达到跳过测试函数或测试类的目的。

如果要跳过测试模块，就不能使用@pytest.mark.skip 装饰器了，需要使用 pytestmark 模块级全局变量，代码如下：

```
pytestmark = pytest.mark.skip
```

2. 动态跳过

动态跳过需要根据条件来动态判断是否跳过测试用例，比如一个测试用例只适用于 Windows 平台，那么需要根据当前测试用例的运行环境来动态决定是否跳过，代码如下：

```
@pytest.mark.skipif(platform.system() != 'Windows', reason = '不是 Windows 平台')
def test_windows(self):
    print('只能在 Windows 平台运行的代码')
```

以上测试代码使用了@pytest.mark.skipif 装饰器来修饰测试方法，其第一个参数为跳过条件，第二个参数为跳过原因。只有满足条件时，pytest 才会跳过该测试用例。

除了可以用@pytest.mark.skipif 装饰器有条件地跳过测试方法，还可以用它修饰测试函数或测试类来达到有条件地跳过测试函数或测试类的目的。

如果要有条件地跳过测试模块，就不能使用@pytest.mark.skipif 装饰器了，需要使用 pytestmark 模块级全局变量，代码如下：

```
pytestmark = pytest.mark.skipif(platform.system() != 'Windows', reason = '不是 Windows 平台')
```

不管是@pytest.mark.skip 还是@pytest.mark.skipif，它们都是在执行测试用例之前做的判断，有时候需要在测试用例内部做判断是否跳过，这就需要借助 pytest.skip()函数来实现了，代码如下：

```
def test_method(self):
    divisor = random.randint(0, 100)
    if divisor == 0:
        pytest.skip('除数为零')
    print(100 / divisor)
```

以上代码使用 randint()方法随机获取一个 0～100 的整数作为除数，当除数为零时跳过测试用例的余下部分。

pytest 还支持更细粒度的跳过测试用例，即在参数化测试中跳过部分测试参数，详见 2.3.7 节。

2.3.6 预期失败和非预期成功

在实际项目中，由于功能未实现或未修复的缺陷导致的功能不可用，除了可以跳过这些测试用例，也可以将这些测试用例标记为预期失败。

比如 2.3.5 节中的 test_square()方法，可将其@pytest.mark.skip 装饰器替换为@pytest.mark.xfail 装饰器，代码如下：

```
@pytest.mark.xfail(reason = '求平方根功能还未实现')
```

```
def test_square(self, class_fixture):
    assert class_fixture.square(4) == 2
```

执行命令运行测试代码，命令如下：

```
pytest -s -q chapter_02\learning_pytest\test_with_skipped.py::TestWithSkipped::test_squ
are
```

执行结果如下：

```
x
1 xfailed in 0.03s
```

pytest 将@pytest.mark.xfail 装饰器修饰的测试方法的测试结果标记为预期失败，且控制台会打印小写字母 x。

预期失败与跳过测试用例一样，也支持在测试用例内部触发，但不能使用@pytest.mark.xfail 装饰器，需要使用 pytest.xfail()函数，代码如下：

```
def test_square_too(self, class_fixture):
    if not hasattr(class_fixture, 'square'):
        pytest.xfail('求平方根功能还未实现')
    assert class_fixture.square(4) == 2
```

有一种极端情况，预期失败的测试用例执行成功了，这时 pytest 会将其标记为非预期成功，且控制台会打印大写字母 X。

说明

pytest 一共包含 6 种测试结果，除了本节介绍的预期失败（用 x 表示）和非预期成功（用 X 表示），还包含前面介绍的成功（用“.”表示）、失败（用 F 表示）和跳过（用 s 表示），以及未介绍的错误（用 E 表示）。当测试用例抛出了非 AssertionError 异常时，pytest 会将其标记为错误。

预期失败也支持和参数化测试结合使用，详见 2.3.7 节。

2.3.7 参数化测试

如果对 Calculator 类的加法进行测试，在不使用参数化测试的情况下，要测试 1 加 2 和 1 加 3 需要两个测试方法，代码如下：

```
import pytest
from pytest import main

from chapter_02.learning_unittest.calculator import Calculator


class TestWithParameterized:

    @pytest.fixture(scope = 'class')
```

```
    def class_fixture(self):
        return Calculator()

    def test_add_01(self, class_fixture):
        assert class_fixture.add(1, 2) == 3

    def test_add_02(self, class_fixture):
        assert class_fixture.add(1, 3) == 4


if __name__ == '__main__':
    main()
```

以上代码存放在 test_with_parameterized 模块中。

pytest 通常使用@pytest. mark. parametrize 和@pytest. fixture 装饰器两种方式来实现参数化测试，以减少测试代码的冗余。

1. 使用@pytest. mark. parametrize

@pytest. mark. parametrize 装饰器可以方便地将多组测试数据整合到一起，比如使用@pytest. mark. parametrize 装饰器编写 test_add_03()测试方法以实现 test_add_01()和 test_add_02()两者的功能，代码如下：

```
@pytest.mark.parametrize(
    ('num_01', 'num_02', 'expected'),
    [
        (1, 2, 3),
        (1, 3, 4)
    ]
)
def test_add_03(self, class_fixture, num_01, num_02, expected):
    assert class_fixture.add(num_01, num_02) == expected
```

以上代码的@pytest. mark. parametrize 装饰器中，第一个参数(一个元组)表示测试数据的名称，第二个参数(一个元组组成的列表)表示具体的测试数据。其中，每个元组代表一组测试数据，测试方法执行的次数取决于元组的数量，即取决于列表的长度。

执行命令运行测试代码，命令如下：

```
pytest -s -q chapter_02\learning_pytest\test_with_parameterized.py::TestWithParameterized::
test_add_03
```

执行结果如下：

```
..
2 passed in 0.01s
```

从输出结果可以看出，test_add_03()测试方法被执行了两次，且执行结果都是成功的。

@pytest. mark. parametrize 装饰器可结合 pytest. param()函数和 pytest. mark. skip 跳过部分测试数据，代码如下：

```
@pytest.mark.parametrize(
```

```
    ('num_01', 'num_02', 'expected'),
    [
        (10, 5, 2),
        (10, 4, 2.5),
        pytest.param(10, 0, '报错', marks=pytest.mark.skip('除数为零'))
    ]
)
def test_divide_01(self, class_fixture, num_01, num_02, expected):
    assert class_fixture.divide(num_01, num_02) == expected
```

pytest.param()函数用于处理一组测试数据，并借助 marks 参数传递 pytest.mark.skip 来跳过该组测试数据。如果要根据条件动态跳过，可传递 pytest.mark.skipif。

同样，@pytest.mark.parametrize 装饰器还可以结合 pytest.param()函数和 pytest.mark.xfail 将部分测试数据的执行结果标记为预期失败，代码如下：

```
@pytest.mark.parametrize(
    ('num_01', 'num_02', 'expected'),
    [
        (10, 5, 2),
        (10, 4, 2.5),
        pytest.param(10, 0, '报错', marks=pytest.mark.xfail(reason='除数为零'))
    ]
)
def test_divide_02(self, class_fixture, num_01, num_02, expected):
    assert class_fixture.divide(num_01, num_02) == expected
```

2. 使用@pytest.fixture

@pytest.fixture 装饰器接收一个 params 参数，支持传入一个可迭代对象来实现参数化功能，代码如下：

```
@pytest.fixture(params=[100, 1000, 10000])
def random_randint(request):
    return random.randint(0, request.param)


def test_random_randint(random_randint):
    print(random_randint)
```

对夹具的参数化需要借助 pytest 内置的 request 夹具，该夹具用于提供测试函数/方法的执行信息。此处访问了 request 的 param 属性来获取测试数据。

说明

pytest 内置了很多夹具，要查看完整的夹具清单，可执行 pytest --fixtures 命令。

执行命令运行测试代码，命令如下：

```
pytest -s -q chapter_02\learning_pytest\test_with_parameterized.py::test_random_randint
```

执行结果如下：

```
55
.849
.9659
.
3 passed in 0.02s
```

从以上输出结果可以看出，random_randint 夹具使用了 3 个测试数据来参数化，导致 test_random_randint()测试函数被执行了 3 次。因此对夹具的参数化会连带影响使用该夹具的测试函数。

@pytest.fixture 装饰器也可以结合 pytest.param()函数和 pytest.mark.skip 实现跳过，代码如下：

```
@pytest.fixture(params = [100, 1000, pytest.param(10000, marks = pytest.mark.skip('跳过
'))])
def random_randint(request):
    return random.randint(0, request.param)
```

另外，@pytest.fixture 装饰器也还可以结合 pytest.mark.skipif 和 pytest.mark.xfail 实现动态跳过和预期失败功能，读者可自行试验。

说明

除了使用@pytest.mark.parametrize 和@pytest.fixture 装饰器两种方式来实现参数化测试外，pytest 还支持使用 Hook 回调函数 pytest_generate_tests()实现参数化测试，详见 5.1.1 节。

2.3.8 自定义标记

pytest.mark 是 pytest 中的标记，前面章节已经介绍了几种常用的内置标记，即 pytest.mark.usefixtures、pytest.mark.skip、pytest.mark.skipif、pytest.mark.xfail 和 pytest.mark.parametrize。本节介绍如何自定义标记。

在 2.3.5 节中假设了一种场景，即有部分测试用例只能运行于 Windows 平台，然后对这部分测试用例使用了@pytest.mark.skipif 装饰器来动态判断是否跳过。其实可以给这部分测试用例打标记，然后在执行测试用例时通过标记来指定即可。为此新增 test_with_mark 模块，编写一些测试代码。

【例 2-14】 使用自定义标记。

```
import pytest
from pytest import main


class TestWithMark:

    @pytest.mark.windows
    def test_method_01(self):
```

```
            print('test_method_01')

        @pytest.mark.windows
        def test_method_02(self):
            print('test_method_02')

        def test_method_03(self):
            print('test_method_03')


if __name__ == '__main__':
    main()
```

以上代码使用了@pytest.mark.windows 装饰器修饰了 test_method_01()和 test_method_02()测试方法，以表示它们只能在 Windows 平台运行。

执行命令运行测试代码，命令如下：

```
pytest -s -q -m windows chapter_02\learning_pytest\test_with_mark.py
```

执行结果如图 2-24 所示。

```
Terminal: Local × +
(venv) E:\Software_Testing\Software Development\Python\PycharmProjects\mastering-test-automation>pytest -s -q -m windows chapter_02\learning_pytest\test_with_mark.py
test_method_01
.test_method_02
.
================================ warnings summary ================================
chapter_02\learning_pytest\test_with_mark.py:6
  E:\Software_Testing\Software Development\Python\PycharmProjects\mastering-test-automation\chapter_02\learning_pytest\test_with_mark.py:6: PytestUnknownMarkWarning: Unknown pytest.mar
k.windows - is this a typo?  You can register custom marks to avoid this warning - for details, see https://docs.pytest.org/en/stable/mark.html
    @pytest.mark.windows
Git  TODO  Problems  Terminal  Python Console                                   Event Log
```

图 2-24　使用自定义标记

从图 2-24 可以看出，使用 pytest 命令行的-m 命令可以指定标记来运行测试用例，本例中该标记是 windows，被运行的测试用例是 test_method_01()和 test_method_02()。

pytest 还可以运行不包含指定标记的测试用例，如只运行不包含 windows 标记的测试用例。命令如下：

```
pytest -s -q -m "not windows" chapter_02\learning_pytest\test_with_mark.py
```

说明

pytest 的自定义标记实现原理是借助了 Python 的__getattr__()方法，因为 pytest.mark 实际上是 MarkGenerator 类。当访问 MarkGenerator 类的属性时，如果该属性不存在，那么会使用__getattr__()方法动态生成一个 MarkDecorator 对象。有兴趣的读者可自行查看 MarkGenerator 类的源代码以获取更为详细的实现逻辑。

在图 2-24 中可以看到 pytest 出现了告警，提示需要注册自定义标记。注册自定义标记很简单，只需在配置文件中配置即可。为此在 learning_pytest 包中新增 pytest.ini 文件，并注册自定义标记，文件内容如下：

```
[pytest]
markers = windows
```

重新执行测试代码，可以看到告警信息已经消失了。

2.3.9 跨模块测试数据共享

假设现在有一个测试包 test_pkg，其中包含 test_module_01 和 test_module_02 两个测试模块，它们都会用到同一个夹具。

test_module_01 模块的代码如下：

```
import pytest
from pytest import main

from chapter_02.learning_unittest.calculator import Calculator


@pytest.fixture(scope = 'module')
def calculator():
    return Calculator()


def test_add_01(calculator):
    assert calculator.add(1, 2) == 3


def test_add_02(calculator):
    assert calculator.sub(3, 2) == 1


if __name__ == '__main__':
    main()
```

test_module_02 模块的代码如下：

```
import pytest
from pytest import main

from chapter_02.learning_unittest.calculator import Calculator


@pytest.fixture(scope = 'module')
def calculator():
    return Calculator()


def test_multi(calculator):
    assert calculator.multi(8, 9) == 72


def test_divide_01(calculator):
```

```
    assert calculator.divide(72, 9) == 8


def test_divide_02(calculator):
    with pytest.raises(ValueError):
        calculator.divide(10, 0)


if __name__ == '__main__':
    main()
```

以上 test_module_01 和 test_module_02 测试模块分别测试了 Calculator 类的加减和乘除功能，且会共用 calculator 夹具。

如果仅仅从测试模块角度共享测试数据，那么使用@pytest.fixture 装饰器，并将 scope 参数的值指定为 module 即可，这也是以上代码的实现方式。那么现在的问题是，这两个测试模块都用到了 calculator 夹具，且在每个测试模块中都写一遍，明显存在代码冗余。

在 2.3.3 节中提到了 pytest 夹具可作用于测试包(package)和测试会话(session)。使用这两种方式可以很容易地达到跨模块共享测试数据的目的。为此新增 conftest 模块，编写一个测试包级别的 fixture。

【例 2-15】 使用测试包级别的 fixture。

```
import pytest

from chapter_02.learning_unittest.calculator import Calculator


@pytest.fixture(scope = 'package')
def calculator():
    return Calculator()
```

conftest 模块是 pytest 中的配置模块，由 pytest 自动识别和加载。加入以上代码后，test_module_01 和 test_module_02 测试模块中的 calculator 夹具便可以删除了。

当然也可以将 scope 参数的值指定为 session，这样 calculator 夹具在测试会话级别只会初始化一次，也可以达到跨模块共享测试数据的目的。

conftest 模块中的夹具可以被子包中的 conftest 模块的同名夹具覆盖。比如 test_pkg 中存在子包 test_sub_pkg，且其中又包含 conftest 模块，代码如下：

```
import pytest


class NewCalculator:

    def square(self, a):
        return a ** 0.5


@pytest.fixture
def calculator():
```

```
    return NewCalculator()
```

以上代码创建了一个新的计算器,用于计算一个数的平方根；并且新增了一个同名的calculator 夹具,该夹具返回一个 NewCalculator 对象。

同时 test_sub_pkg 包中还包含 test_module_03 测试模块,代码如下：

```
from pytest import main


def test_square(calculator):
    assert calculator.square(4) == 2


if __name__ == '__main__':
    main()
```

此时 test_pkg 包的文件结构如图 2-25 所示。

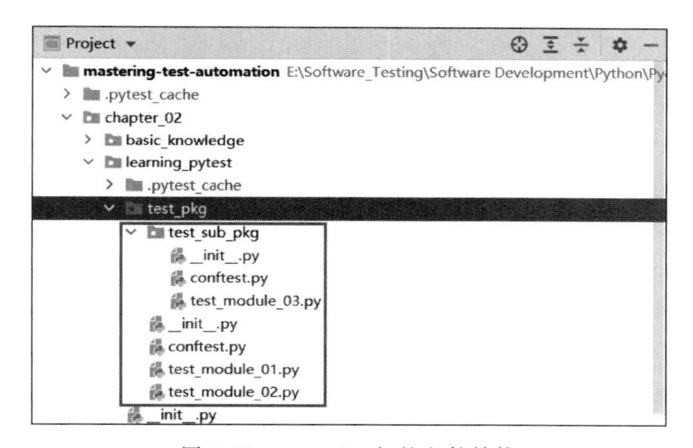

图 2-25 test_pkg 包的文件结构

由于 test_sub_pkg 包的 conftest 模块中存在一个同名的夹具 calculator,因此在 test_module_03 测试模块中引用 calculator 夹具时会使用 test_sub_pkg 包 conftest 模块中的 calculator 夹具,而不是 test_pkg 包 conftest 模块中的 calculator 夹具,即子包的夹具覆盖了父包的同名夹具。根据同样的思路,很容易想到测试模块中的同名夹具也会覆盖 conftest 模块中的 calculator 夹具,比如 test_sub_pkg 包中存在 test_module_04 测试模块,代码如下：

```
import pytest
from pytest import main


class NewNewCalculator:

    def cube(self, a):
        return a ** (1.0 / 3.0)
```

```
@pytest.fixture
def calculator():
    return NewNewCalculator()


def test_cube(calculator):
    assert calculator.cube(8) == 2


if __name__ == '__main__':
    main()
```

以上代码创建了一个新的计算器，用于计算一个数的立方根；并且新增了一个同名的 calculator 夹具，该夹具返回一个 NewNewCalculator 对象。此时 test_cube()测试函数引用的 calculator 夹具就是当前模块中定义的 calculator 夹具，而非 conftest 模块中定义的。

还有一种常见的夹具覆盖场景是在@pytest.mark.parametrize 装饰器中使用。比如在 test_module_04 测试模块中有一个 test_parametrize()测试函数，代码如下：

```
@pytest.mark.parametrize(
    ('calculator'),
    [
        ('覆盖 calculator 夹具')
    ]
)
def test_parametrize(calculator):
    assert calculator == '覆盖 calculator 夹具'
```

以上代码在为 test_parametrize()测试函数传递参数化数据时，使用了与 calculator 夹具同名的参数名，因此导致 calculator 夹具被该同名参数覆盖了。

2.3.10 并行执行

由于 pytest 并没有内置并行执行测试用例的功能，当测试用例规模较大时，执行效率显然是难以接受的。为了并行执行测试用例，pytest 需要借助 pytest-xdist 插件。

执行命令安装 pytest-xdist，命令如下：

```
pip install pytest-xdist
```

新增 test_with_pytest_xdist 测试模块，并新增两个测试函数用于演示并行执行，代码如下：

```
from time import sleep

from pytest import main


def test_func_01():
    sleep(1)
def test_func_02():
```

```
        sleep(2)


if __name__ == '__main__':
    main()
```

如果不使用并行执行,直接使用命令执行是串行执行的,命令如下:

```
pytest -q chapter_02\learning_pytest\test_with_pytest_xdist.py
```

在笔者的计算机上执行时间为3s多,因此以上两测试函数是串行执行的。

接着使用pytest-xdist来并行执行测试用例。在命令中加入-n参数可以指定并行执行的进程数量,命令如下:

```
pytest -n 2 -q chapter_02\learning_pytest\test_with_pytest_xdist.py
```

此时执行结果显示只用了2s多,因此以上两测试函数是并行执行的。

为了避免在每次执行时都输入并行执行的命令,可以在pytest.ini配置文件中进行配置,文件内容如下:

```
[pytest]
addopts = -n 2
```

进行以上配置后,在命令行中就不需要再指定-n命令了。

除了可以并行执行测试用例外,pytest-xdist还有很多其他功能,比如使用SSH或Socket连接远程主机以将测试用例分发到远程主机来执行。有关pytest-xdist的更多使用,读者可查阅官方文档,地址详见前言二维码。

2.3.11 兼容unittest测试用例

为了让使用unittest的用户平稳过渡到pytest,pytest兼容unittest的测试用例运行。为此新增test_with_unittest模块,并编写一个简单的unittest测试用例,代码如下:

```
from unittest import TestCase, main


class TestWithUnittest(TestCase):

    def test_method_01(self):
        self.assertEqual(len('unittest'), 8)


if __name__ == '__main__':
    main()
```

可使用pytest命令运行测试代码,命令如下:

```
pytest -q chapter_02\learning_pytest\test_with_unittest.py
```

除了直接执行unittest测试用例外,还可以将pytest的夹具运用于unittest测试用例中。比如使用@pytest.mark.usefixtures 装饰器将 pytest 夹具用于 unittest 测试类。

【例 2-16】 将 pytest 夹具运用于 unittest 测试用例。

```
from unittest import TestCase, main

import pytest


@pytest.fixture
def pytest_fixture():
    print('初始化操作')
    yield
    print('清理操作')


@pytest.mark.usefixtures('pytest_fixture')
class TestWithUnittest(TestCase):

    def test_method_01(self):
        self.assertEqual(len('unittest'), 8)

    def test_method_02(self):
        self.assertTrue(len('unittest') == 8)


if __name__ == '__main__':
    main()
```

执行命令运行测试代码，命令如下：

```
pytest -s -q chapter_02\learning_pytest\test_with_unittest.py
```

执行结果如下：

```
初始化操作
.清理操作
初始化操作
.清理操作

2 passed in 0.02s
```

从以上输出结果可以看出，pytest 的夹具已经成功运用到 unittest 测试用例中了。

2.3.12 使用第三方测试报告

pytest 没有自带生成测试报告的功能。如果需要生成测试报告，那么可以使用第三方测试报告插件来实现。在 pytest 中，较流行的第三方测试报告插件有 pytest-html 和 allure-pytest。

1. pytest-html

使用 pytest-html 非常简单。

(1) 执行命令安装 pytest-html，命令如下：

```
pip install pytest-html
```

(2) 新增一个测试模块 test_with_report 用于生成测试报告,代码如下:

```
import pytest
from pytest import main



def test_func_01():
    pass


def test_func_02():
    pass


def test_func_03():
    pytest.fail()


@pytest.mark.skip('跳过')
def test_func_04():
    pytest.fail()


if __name__ == '__main__':
    main()
```

(3) 执行命令运行该测试模块,命令如下:

```
pytest -q chapter_02\learning_pytest\test_with_report.py --html=report.html
```

其中,--html=report.html 命令指定了测试报告文件为 report.html。

执行完成后,pytest-html 会在工程根目录生成 report.html 文件,打开后如图 2-26 所示。

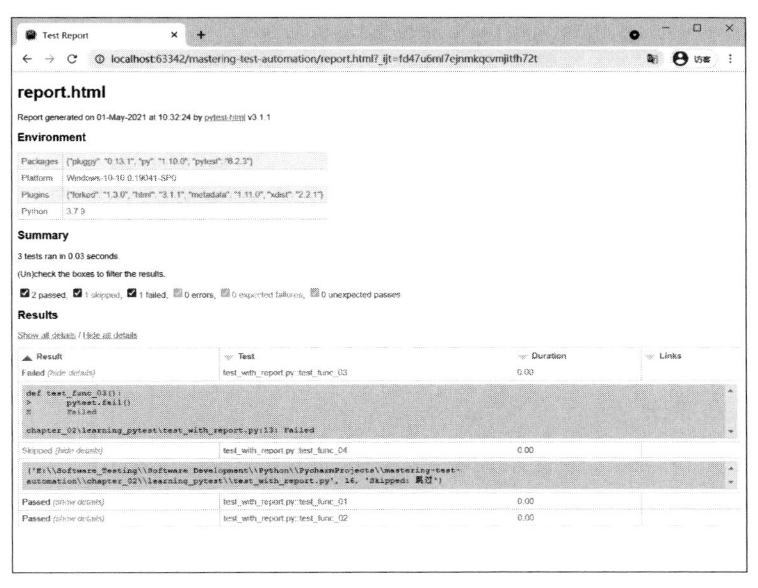

图 2-26 pytest-html 测试报告

pytest-html 测试报告显示了测试报告生成的时间、环境（Environment）、概要（Summary）和具体结果（Results），还可以对具体结果进行筛选、展开详情和隐藏详情等操作。

此处有一个问题，pytest-html 默认生成的测试报告是不包含样式文件（CSS 文件）的，因此不适合使用邮件来发送测试报告。要生成单页的 HTML 测试报告，需增加--self-contained-html 参数，命令如下：

```
pytest -q chapter_02\learning_pytest\test_with_report.py --html=report.html --self-contained-html
```

以上--self-contained-html 命令指定了将样式包含在 HTML 文件中，而不是在独立的 CSS 文件中。

有关 pytest-html 的更多使用，读者可查阅官方文档，地址详见前言二维码。

2. allure-pytest

Allure 是一个强大的第三方测试报告框架，其支持多种语言和多种测试框架。可使用 allure-pytest 将 Allure 集成到 pytest 中以生成测试报告。

执行命令安装 allure-pytest，命令如下：

```
pip install allure-pytest
```

接着可执行命令运行测试代码并将测试结果保存到工程根目录的 allure_results 文件夹中，命令如下：

```
pytest -q chapter_02\learning_pytest\test_with_report.py --alluredir=allure_results
```

生成测试数据后，还需要生成测试报告。为了在本地生成测试报告，需要安装 Allure 命令行工具。

首先访问 Allure 命令行工具的下载地址（地址详见前言二维码）。下载后将其解压到指定目录，笔者解压到了 D:\Program Files 目录。最后需要将 Allure 命令行工具的 bin 目录路径加入系统环境变量 Path 中，如图 2-27 所示。

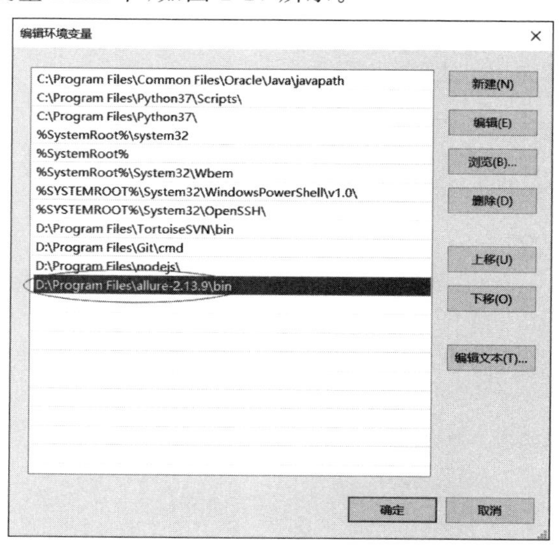

图 2-27 Allure 命令行工具环境变量

执行命令生成并在默认浏览器中打开测试报告，命令如下：

```
allure serve "E:\Software_Testing\Software Development\Python\PycharmProjects\mastering-
test-automation\allure_results"
```

Allure 测试报告如图 2-28 所示。

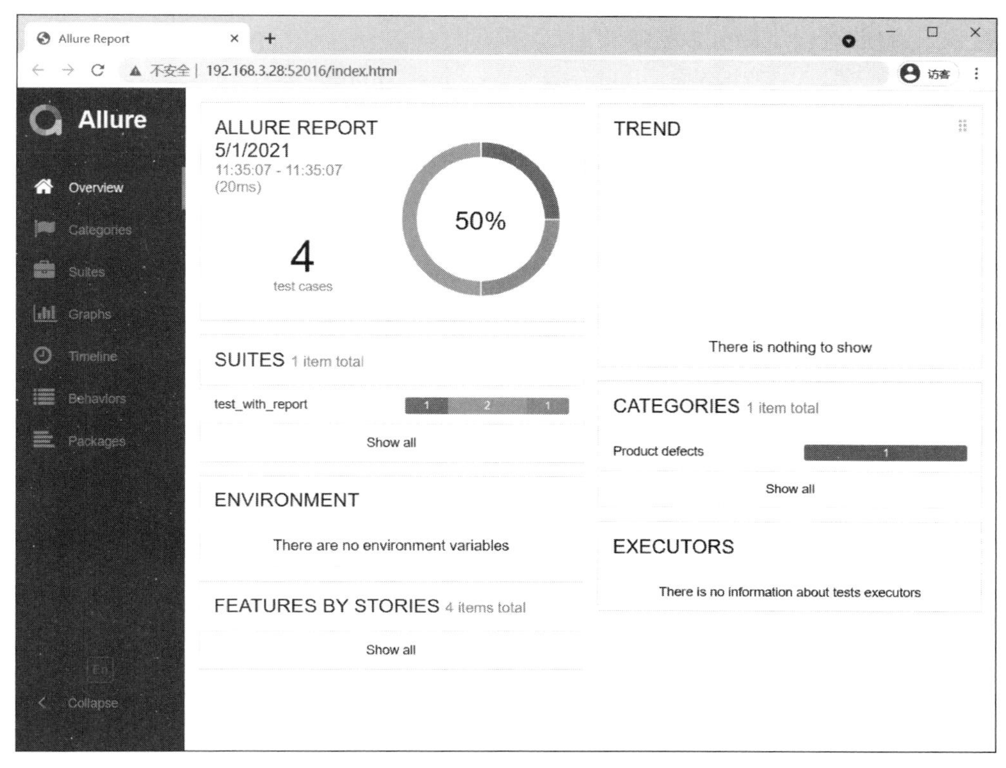

图 2-28 Allure 测试报告

Allure 测试报告无论从美观度还是信息量上都超过了 pytest-html 测试报告，因此在实际项目中，笔者推荐使用 Allure 测试报告。

有关 pytest 集成 Allure 的更多使用，读者可查阅官方文档，地址详见前言二维码。

2.4 测试替身

测试替身(Test Double)是指出于测试目的用于代替真实对象的替身对象。测试替身包括以下 5 种。

(1) Dummy：虚拟。仅作为参数传递但不实际使用的虚拟对象，该虚拟对象没有任何实现，仅起到“占位”的作用。

(2) Stub：桩。提供最小实现，即不提供返回值(无返回值的场景)或提供硬编码的返回值(有返回值的场景)。

(3) Spy：间谍。一种特殊的 Stub。它除了响应调用外，还记录调用信息以供后续使用，比如记录调用次数。

（4）Mock：模仿。一般使用 Mock 工具或框架来提供测试替身功能，根据不同的配置可表现为 Dummy、Stub 或 Spy 的行为。

（5）Fake：伪装者。提供真实对象的便捷实现，比如在测试环境使用 SQLite 或 H2 数据库的内存模式代替生产环境的 MySQL 数据库。

本节会实现一个 Python 应用程序 user_app 以演示以上 5 种测试替身的使用，该应用程序提供了对用户的增、删、改、查功能。

在 chapter_02 包中新增 test_double 子包，在 test_double 子包中新增 user_app 模块，并在该模块中定义一个 User 类以备后续使用，代码如下：

```
class User:

    def __init__(self, id_card, name):
        self.id_card = id_card
        self.name = name

    @property
    def id_card(self):
        return self.id_card

    @id_card.setter
    def id_card(self, id_card):
        self.id_card = id_card

    @property
    def name(self):
        return self.name

    @name.setter
    def name(self, name):
        self.name = name
```

以上代码使用了@property 和@属性.setter 装饰器来实现类的 Getter 和 Setter 方法，即实现了实例属性的获取值和赋值操作。

接着编写一个抽象类 UserService，其提供了对用户的增、删、改、查功能，代码如下：

```
class UserService(ABC):

    @abstractmethod
    def get_all_users(self):
        pass

    @abstractmethod
    def get_user(self, id_card):
        pass

    @abstractmethod
    def add_user(self, user: User):
        pass
```

```
    @abstractmethod
    def modify_user(self, user: User):
        pass

    @abstractmethod
    def delete_user(self, id_card):
        pass
```

以上代码中的 UserService 类通过继承 abc 模块的 ABC 类来定义一个抽象类,并使用@abstractmethod 装饰器定义抽象方法。其中的 add_user()和 modify_user()方法形参被限定为只能接受 User 类型的对象。

user_app 模块还提供了一个 UserClient 类,其作为一个客户端调用 UserService 类提供的服务(即对用户增、删、改、查的功能),代码如下:

```
class UserClient:
    instance_count = 0

    def __init__(self, user_service: UserService):
        if user_service is None:
            raise ValueError('UserService 为空')
        self.user_service = user_service
        UserClient.instance_count += 1

    @staticmethod
    def get_instance_count():
        return UserClient.instance_count

    def get_all_users(self):
        users = self.user_service.get_all_users()
        if users is None:
            raise RuntimeError('用户为空')
        return users

    def get_user(self, id_card):
        user = self.user_service.get_user(id_card)
        if user is None:
            raise RuntimeError('用户为空')
        return user

    def add_user(self, user: User):
        return self.user_service.add_user(user)

    def modify_user(self, user: User):
        return self.user_service.modify_user(user)

    def delete_user(self, id_card):
        return self.user_service.delete_user(id_card)
```

以上代码对用户的增、删、改、查功能进行了进一步封装,并定义了一个类属性 instance_count 用于记录类的实例数量,且提供了 get_instance_count()静态方法用于获取 instance_ count 的值。

2.4.1 使用 Dummy

由于 UserService 抽象类还没有一个实现类可供 UserClient 类调用，如果此时要对 UserClient 类的 get_instance_count()方法进行单元测试，那么它的返回值将永远是 0。不过测试 get_instance_count()方法并不关心 UserService 抽象类的内部实现逻辑，只需要 UserService 类型的对象作为构造方法的参数来实例化 UserClient 类即可，因此符合使用 Dummy 的条件。为此编写一个 UserService 抽象类的空实现 UserServiceImpl 类，代码如下：

```
class UserServiceImpl(UserService):

    def get_all_users(self):
        pass

    def get_user(self, id_card):
        pass

    def add_user(self, user: User):
        pass

    def modify_user(self, user: User):
        pass

    def delete_user(self, id_card):
        pass
```

接着使用 UserServiceImpl 类来实例化 UserClient 便可以测试 get_instance_count()方法了。为此新增 test_user_app 测试模块，代码如下：

```
from chapter_02.test_double.user_app import UserClient, UserServiceImpl


def test_func_01():
    assert UserClient.get_instance_count() == 0
    UserClient(UserServiceImpl())
    assert UserClient.get_instance_count() == 1
```

使用命令执行测试用例，命令如下：

```
pytest -q chapter_02\test_double\test_user_app.py
```

执行结果为通过，符合预期。

以上 UserServiceImpl 类扮演了 Dummy 的角色。

2.4.2 使用 Stub

若继续使用 UserServiceImpl 类对 UserClient 类的其他方法进行单元测试，比如 get_

all_users()方法，由于UserServiceImpl采用了空实现，返回值将永远是None，导致get_all_users()方法抛出异常。为了让UserClient类的get_all_users()方法不抛出异常，需要将UserServiceImpl类中的get_all_users()方法实现为Stub，即提供硬编码的返回值，代码如下：

```
def get_all_users(self):
    return list()
```

接着新增test_func_02()测试函数，对UserClient类的get_all_users()方法进行单元测试，代码如下：

```
def test_func_02():
    client = UserClient(UserServiceImpl())
    assert len(client.get_all_users()) == 0
```

重新执行测试代码，执行结果为通过。

以上UserServiceImpl类扮演了Stub的角色。

2.4.3　使用Spy

由于使用了测试替身来代替真实的UserService实现类，那么如何证明单元测试的代码真正调用了测试替身呢？可以将Stub进行改造，加入记录调用信息的代码供后续使用，改造后的Stub就是本节的Spy。为此修改UserServiceImpl类，加入了一个类属性count，其用于记录get_all_users()方法的调用次数，并新增一个get_count()静态方法用于返回count的值，代码如下：

```
class UserServiceImpl(UserService):
    count = 0

    @staticmethod
    def get_count():
        return UserServiceImpl.count

    def get_all_users(self):
        UserServiceImpl.count += 1
        return list()

    def get_user(self, id_card):
        pass

    def add_user(self, user: User):
        pass

    def modify_user(self, user: User):
        pass

    def delete_user(self, id_card):
        pass
```

新增 test_func_03()测试函数对 UserClient 类的 get_all_users()方法进行单元测试，并验证调用次数以证实其对测试替身进行了调用，代码如下：

```
def test_func_03():
    client = UserClient(UserServiceImpl())
    assert UserServiceImpl.get_count() == 1
    client.get_all_users()
    assert UserServiceImpl.get_count() == 2
```

重新执行测试代码，执行结果为通过。由于 test_func_02()测试函数已经对 UserServiceImpl 类的 get_all_users()方法进行了一次调用，因此在 test_func_03()测试函数中调用次数的初始化值为 1，而不是 0。

以上 UserServiceImpl 类扮演了 Spy 的角色。

2.4.4 使用 Mock

本节只介绍单元测试的 Mock，有关接口测试的 Mock 详见 3.5 节。

Python 有很多单元测试的 Mock 测试工具或框架，比如 unittest 的 mock 模块、pytest 的 pytest-mock 插件等。本节以 pytest-mock 插件为例介绍单元测试的 Mock。

执行命令安装 pytest-mock 插件，命令如下：

```
pip install pytest-mock
```

在 2.4.1～2.4.3 节中，笔者围绕对 UserServiceImpl 类的不断完善来实现 Dummy、Stub 和 Spy 的功能，但如果使用 pytest-mock 插件，那么可以直接抛弃掉 UserServiceImpl 类。

为了不被已有的代码影响，笔者暂时注释掉 test_func_01()、test_func_02()和 test_func_03()这 3 个测试函数。

1. 实现 Dummy

pytest-mock 插件中有一个 mocker 夹具，使用它的 stub()方法可轻松模拟一个 UserService 的实现类。为此新增 test_func_04()测试函数，代码如下：

```
def test_func_04(mocker):
    assert UserClient.get_instance_count() == 0
    UserClient(mocker.stub())
    assert UserClient.get_instance_count() == 1
```

从以上代码可以看出，在使用了 mocker 夹具后，根本不需要再使用类似 UserServiceImpl 的空实现类了。

以上的 pytest-mock 实现了 Dummy 的功能。

2. 实现 Stub

要实现 Stub，则需要提供空返回值或硬编码的返回值，这里需要用到 MagicMock 类，其 return_value 参数可指定返回值。为此新增 test_func_05()测试函数，代码如下：

```
def test_func_05(mocker):
    service = mocker.stub()
```

```
    service.get_all_users = MagicMock(return_value=list())
    client = UserClient(service)
    assert len(client.get_all_users()) == 0
```

以上代码使用了 MagicMock 类，其属于 unittest 的 mock 模块，因此还需要增加导入语句，代码如下：

```
from unittest.mock import MagicMock
```

从上述代码可以看出，pytest-mock 插件底层实际上是依赖于 unittest 的 mock 模块。

以上的 pytest-mock 实现了 Stub 的功能。

3. 实现 Spy

以上实现的 Dummy 和 Stub 功能都使用到了 mocker 夹具的 stub()方法，但要实现 Spy 功能需要换用 spy()方法，代码如下：

```
def test_func_06(mocker):
    service = mocker.spy(UserService, 'get_all_users')
    service.get_all_users = MagicMock(return_value=list())
    client = UserClient(service)
    service.get_all_users.assert_not_called()
    client.get_all_users()
    service.get_all_users.assert_called_once()
```

spy()方法的第一个参数是要模拟的对象，第二个参数是该对象中的方法名。这里仍然使用 MagicMock 类来模拟 get_all_users()方法的返回值。在验证调用次数的环节分别使用了 assert_not_called()和 assert_called_once()方法，它们分别表示调用了 0 次和 1 次。

说明

如果对比 test_func_03()测试函数，读者会发现 test_func_03()测试函数中的调用次数是 1 次和 2 次。这是为什么呢？因为 test_func_02()和 test_func_03()测试函数中的 UserServiceImpl 类是 UserService 的同一个实现类。而 test_func_05()和 test_func_06()测试函数中的模拟对象不是模拟的同一个 UserService 实现类，因此不会出现调用次数叠加的情况。

2.4.5　使用 Fake

Fake 提供了类似于真实对象的测试替身，因此在 5 种测试替身中，它与真实对象的相似度最高。在实际项目中，常见的场景是在测试环境使用轻量级数据库（如 SQLite、H2 等）的内存模式代替生产环境的中大型数据库（如 MySQL、SQL Server 等）。

本节首先将 user_app 实现为一个完整的应用程序，然后再介绍如何使用 Fake。

回顾当前 user_app 已实现的功能，包含以下组件：

(1) User 类：表示一个用户。

(2) UserService 类：表示一个服务，其提供了对用户的增、删、改、查功能。

（3）UserClient 类：表示一个客户端，其使用了 UserService 提供的各种用户操作。

（4）UserServiceImpl 类：UserService 的实现类，提供具体的用户操作实现逻辑。

在实际项目中，用户数据往往需要存储在数据库中，且为了方便与数据库的交互，通常需要使用 ORM(Object Relational Mapping，对象关系映射)框架。

本节使用了 Docker 来运行一个 MySQL 容器，有关 Docker 和 MySQL 的环境搭建，详见电子版附录 A.1 节和附录 A.2 节。

接着使用 Python 流行的 ORM 框架 SQLAlchemy 来为用户建模，以便其与数据库交互。

执行命令安装 SQLAlchemy，命令如下：

```
pip install sqlalchemy
```

执行命令安装 PyMySQL，命令如下：

```
pip install pymysql
```

PyMySQL 提供了操作 MySQL 数据库的驱动能力。

接着改造 User 类，改造后的代码如下：

```
from sqlalchemy import Column, Integer, String
from sqlalchemy.ext.declarative import declarative_base

Base = declarative_base()
DB_URL = 'mysql+pymysql://root:123456@192.168.3.102:13306/demo'


class User(Base):
    __tablename__ = 'user'

    id = Column(Integer, primary_key=True)
    id_card = Column(String(20))
    name = Column(String(20))

    def __str__(self):
        return '{id: ' + str(self.id) + ', id_card: ' + self.id_card + ', name: ' + self.
name + '}'
```

以上代码使用了 SQLAlchemy 的 API 来构建 User 类。首先使用 declarative_base()函数创建一个 DeclarativeMeta 元类，然后将 User 类继承至该元类。这里 User 类被建模为一张数据库表，其表名为__tablename__属性指定的值，而其他属性(id、id_card 和 name)被 SQLAlchemy 识别为表字段。以上代码 DB_URL 中的用户名、密码、IP、端口和数据库名为笔者的，读者应根据实际情况进行替换。

另一个需要改造的是 UserServiceImpl 类，改造后的代码如下：

```
class UserServiceImpl(UserService):

    def __init__(self):
        engine = create_engine(DB_URL)
```

```
        Base.metadata.create_all(engine)
        self.session = sessionmaker(engine)

    def get_all_users(self):
        with self.session() as session:
            results = session.query(User).all()
            session.commit()
            results = [str(result) for result in results]
        return results

    def get_user(self, id_card):
        with self.session() as session:
            result = session.query(User).filter(User.id_card == id_card).one_or_none()
            session.commit()
            result = str(result) if result else None
        return result

    def add_user(self, user: User):
        with self.session() as session:
            result = session.query(User).filter(User.id_card == user.id_card).one_or_
none()
            if result:
                raise RuntimeError('用户已存在')
            session.add(user)
            session.commit()

    def modify_user(self, user: User):
        with self.session() as session:
            result = session.query(User).filter(User.id_card == user.id_card).one_or_
none()
            if not result:
                raise RuntimeError('用户不存在')
            result.name = user.name
            session.commit()

    def delete_user(self, id_card):
        with self.session() as session:
            session.query(User).filter(User.id_card == id_card).delete()
            session.commit()
```

在改造后的 UserServiceImpl 类构造方法中，首先使用 sessionmaker 类创建一个数据库引擎，然后分别进行初始化数据库和创建数据库会话的操作。在增、删、改、查方法中使用了 SQLAlchemy 的以下 API。

(1) query：执行数据库查询操作。

(2) all：将结果作为列表返回。

(3) commit：提交数据库修改操作。

(4) filter：过滤数据库查询结果。

(5) one_or_none：返回一个结果或返回 None。

(6) add：执行数据库插入操作。

（7）delete：执行数据库删除操作。

有关 SQLAlchemy 详细用法，读者可参阅官方文档，地址详见前言二维码。

另外，以上代码用到的 create_engine()方法和 sessionmaker 类需要额外导入，代码如下：

```
from sqlalchemy import create_engine
from sqlalchemy.orm import sessionmaker
```

至此，user_app 应用程序的实现就完成了。

由于 User 类和 UserServiceImpl 类都被修改了，因此 test_func_01() ～ test_func_06()这 6 个测试函数已经无法使用，笔者暂时注释掉它们。

新增 test_func_07()测试函数，代码如下：

```
def test_func_07():
    client = UserClient(UserServiceImpl())
    # 测试 add_user 和 get_all_users 方法
    user = User(id_card='510105199612278838', name='张三')
    client.add_user(user)
    user = User(id_card='510105199612276891', name='李四')
    client.add_user(user)
    assert client.get_all_users() == [
        '{id: 1, id_card: 510105199612278838, name: 张三}',
        '{id: 2, id_card: 510105199612276891, name: 李四}'
    ]
    # 测试 modify_user 和 get_user 方法
    user = User(id_card='510105199612278838', name='张三(新)')
    client.modify_user(user)
    assert client.get_user('510105199612278838') == '{id: 1, id_card: 510105199612278838,
name: 张三(新)}'
    # 测试 delete_user 方法
    client.delete_user('510105199612278838')
    with pytest.raises(RuntimeError, match='用户为空'):
        client.get_user('510105199612278838')
```

接着笔者使用 SQLite 数据库的内存模式来代替 MySQL，以实现 Fake 的功能。有关 SQLite 的环境搭建，详见电子版附录 A.3 节。

SQLite 数据库搭建好之后，直接将 DB_URL 的值修改为 sqlite://即可，此时 SQLite 使用的是内存模式。

修改后重新执行测试代码，可以看到执行结果仍然为通过。

说明

由于 Python 内置了操作 SQLite 的 API，因此不需要像使用 MySQL 那样单独安装一个依赖包（如 PyMySQL）。

第3章

接口自动化测试

接口自动化测试是集成自动化测试的主要体现。在实际项目中，较流行的接口是基于HTTP的REST接口和基于RPC的Dubbo接口。

3.1 基础知识

3.1.1 HTTP和REST

HTTP的全称为Hypertext Transfer Protocol，即超文本传输协议。在TCP/IP分层模型中，HTTP属于应用层协议。HTTP采用CS(Client/Server，客户端/服务端)模型，即客户端连接服务端发送请求后，需要等待直到收到服务端的响应。另外，HTTP是无状态的，即后续的请求如果需要用到前面的数据(状态)，那么必须重传。

HTTPS是HTTP通过SSL/TLS加密而成的。与HTTP相比，HTTPS的安全性更高，但传输速度更慢。

1. HTTP消息体

以访问笔者官网(网址详见前言二维码)为例来看一个HTTP消息的结构，HTTP请求的消息如下：

```
GET http://www.lujiatao.com/ HTTP/1.1
Host: www.lujiatao.com
Connection: keep-alive
Pragma: no-cache
Cache-Control: no-cache
Upgrade-Insecure-Requests: 1
User-Agent: Mozilla/5.0 (Windows NT 10.0; Win64; x64) AppleWebKit/537.36 (KHTML, like Gecko)
Chrome/89.0.4389.114 Safari/537.36
```

```
Accept: text/html, application/xhtml + xml, application/xml; q = 0.9, image/avif, image/webp, image/apng, * / * ;q = 0.8,application/signed - exchange;v = b3;q = 0.9
Accept - Encoding: gzip, deflate
Accept - Language: zh - CN,zh;q = 0.9,en;q = 0.8
```

HTTP 响应的消息如下：

```
HTTP/1.1 200 OK
Server: nginx/1.19.6
Date: Wed, 05 May 2021 07:34:28 GMT
Content - Type: text/html
Content - Length: 895
Last - Modified: Sun, 14 Mar 2021 08:04:52 GMT
Connection: keep - alive
ETag: "604dc3a4 - 37f"
Accept - Ranges: bytes

<! DOCTYPE html >< html lang = """>< head >< meta charset = "utf - 8">< meta http - equiv = "X - UA - Compatible" content = "IE = edge">< meta name = "viewport" content = "width = device - width, initial - scale = 1">< link rel = "icon" href = "favicon.ico">< title >卢家涛</title >< link href = "/css/app.bfbdc5aa.css" rel = "preload" as = "style">< link href = "/css/chunk - vendors.e17c3475.css" rel = "preload" as = "style">< link href = "/js/app.aa6644b9.js" rel = "preload" as = "script">< link href = "/js/chunk - vendors.d61eecd2.js" rel = "preload" as = "script">< link href = "/css/chunk - vendors.e17c3475.css" rel = "stylesheet">< link href = "/css/app.bfbdc5aa.css" rel = "stylesheet"></head >< body >< noscript >< strong > We're sorry but 卢家涛 doesn't work properly without JavaScript enabled. Please enable it to continue.</strong ></noscript >< div id = "app"></div >< script src = "/js/chunk - vendors.d61eecd2.js"></script >< script src = "/js/app.aa6644b9.js"></script ></body ></html >
```

HTTP 的请求消息和响应消息具有类似的结构，它们包括以下三部分。

（1）请求行/响应行：HTTP 请求消息的第一行被称为起始行或请求行，它包括请求方法（以上示例的 GET）、请求 URL 和 HTTP 版本（以上示例的 HTTP/1.1）。HTTP 响应消息的第一行被称为状态行或响应行，它包括 HTTP 版本（以上示例的 HTTP/1.1）、状态码（以上示例的 200）和状态文本（以上示例的 OK）。

（2）请求头/响应头：HTTP 请求头/响应头即请求消息/响应消息中的 Headers，它们位于第一行之后和空行之前，并以“名称：值”对的形式出现。对于以上示例，Host：www.lujiatao.com 到 Accept-Language：zh-CN，zh；q=0.9，en；q=0.8 之间的所有内容都是请求头，而 Server：nginx/1.19.6 到 Accept-Ranges：bytes 之间的所有内容都是响应头。

（3）请求体/响应体：HTTP 请求体/响应体即请求消息/响应消息中的 Body，它们位于空行之后。对于以上示例，请求体是空的（即空行之后没有内容），而响应体是一个 HTML 文本。

2. HTTP 请求方法

HTTP 请求方法用于描述对给定资源执行的期望操作，包括以下 9 种请求方法。

（1）GET：GET 方法用于获取指定资源，可理解为“读取”资源。在 GET 方法的 URL 中可以携带参数。

（2）HEAD：与 GET 方法一样，HEAD 方法也用于获取指定资源，但 HEAD 方法的响应消息没有响应体。

(3) POST：POST 方法用于创建指定资源，比如常见的提交表单或上传文件等操作。POST 方法既可以在 URL 中携带参数，也可以在请求体中携带数据。

(4) PUT：PUT 方法用于修改指定资源，通常是将资源进行整体替换。PUT 方法是幂等的，即同样的请求调用一次与调用多次的效果是一样的。

(5) PATCH：PATCH 方法也用于修改指定资源，但通常是将资源进行局部修改。PATCH 方法和 POST 方法一样，它们都是非幂等的。

(6) DELETE：DELETE 方法用于删除指定的资源。

(7) OPTIONS：OPTIONS 方法一般用于检测服务器支持的请求方法。在 OPTIONS 方法的响应消息中包含一个名为 Allow 的响应头，该响应头的值表示了服务器支持的 HTTP 方法。

(8) TRACE：TRACE 方法主要用于调试或测试，是对服务器的一种连通性测试方法。

(9) CONNECT：CONNECT 方法一般用于代理服务器。比如目标服务器使用了 HTTPS 进行数据传输，若客户端（比如浏览器）使用代理服务器，那么客户端会首先使用 CONNECT 方法向代理服务器发送目标服务器的 IP 地址、端口和身份认证信息，在代理服务器与目标服务器建立连接后再进行后续的数据传输。

3. HTTP 状态码

由于 HTTP 状态码存在于 HTTP 响应消息中，因此又被称为 HTTP 响应码。

HTTP 状态码由 3 位数字组成，其中第一位数字代表当前响应的类型，共包含 5 种类型。

(1) 1××：表示一些提示性的响应信息。这类响应通常无须过多关注。

(2) 2××：表示请求成功。例如，200 OK（请求成功）、201 Created（请求成功并创建了一个资源）、204 No Content（请求成功但响应体为空）。

(3) 3××：表示重定向。例如，302 Found（资源被重定向到其他地址）、304 Not Modified（资源未修改，客户端应使用缓存）。

(4) 4××：表示客户端错误。例如，400 Bad Request（请求的语义或参数错误）、401 Unauthorized（未进行身份认证）、403 Forbidden（禁止访问资源）、404 Not Found（请求的资源不存在）、405 Method Not Allowed（不支持的请求方法）。

(5) 5××：表示服务器错误。例如，500 Internal Server Error（服务器发生了无法处理的内部错误）、502 Bad Gateway（网关无法得到应用服务器的正确响应）、503 Service Unavailable（服务器还未准备好处理该请求）、504 Gateway Timeout（网关等待应用服务器的响应超时）。

4. REST 和 REST 接口

(1) REST。

REST（Representational State Transfer，表现层状态转换）是使用了 HTTP 子集的一种软件架构风格，其被设计用于代替 SOAP（Simple Object Access Protocol，简单对象访问协议）。在这种架构风格中，用户通过资源标识符及对资源的操作（如 GET、POST 等）使资源的表现形式（状态）被转换，并呈现给最终用户以供使用。REST 最初源于 Roy T. Fielding 在 2000 年发表的博士论文 *Architectural Styles and the Design of Network-based Software Architectures*，有兴趣的读者可查阅该论文。

（2）REST 接口。

本节的重点聚焦到 REST 接口上。

REST 接口是指遵循 REST 架构风格的接口，这种接口也被称为 RESTful 接口或 RESTful API。

如果服务器的主域名为 www.example.com，那么 REST 接口的基 URL 一般为 http(s)://api.example.com 或 http(s)://www.example.com/api。考虑到接口的更新换代，一般还需要加入接口的版本（如 v1、v2 等），此时 REST 接口的 URL 演变为 http(s)://api.example.com/v1 或 http(s)://www.example.com/api/v1。

接着需要在 URL 中体现要操作的资源。资源应该使用名词来表示，且由于资源可以有多个，因此通常使用名词的复数形式来表示资源。例如，/users 表示用户资源，/users/1 表示用户 ID 为“1”的用户资源。加入资源后，REST 接口的完整 URL 已经被构建完成，完整 URL 如下：

```
http(s)://api.example.com/v1/users
http(s)://api.example.com/v1/users/1
```

或者如下：

```
http(s)://www.example.com/api/v1/users
http(s)://www.example.com/api/v1/users/1
```

在 REST 接口中，对资源的操作需要使用部分 HTTP 请求方法来表示，针对不同的操作对应的 HTTP 请求方法如下所述。

① 获取资源：使用 GET 请求，服务器应该返回 0 个、1 个或多个资源。

② 创建资源：使用 POST 请求，指示服务器创建一个资源。

③ 修改资源：使用 PUT 或 PATCH 请求，PUT 请求用于整体修改资源，而 PATCH 请求同于局部修改资源。

④ 删除资源：使用 DELETE 请求，指示服务器删除一个资源。

REST 接口的 7 个完整示例如表 3-1 所示。

表 3-1　REST 接口的 7 个完整示例

请求示例	说明	响应体示例	状态码

GET /users	查询全部用户，服务器应该返回一个用户列表	[{
		"id": 1,
		"idCard": "510105199612278838",
		"name": "张三"
		}, {
		"id": 2,
		"idCard": "510105199612276891",
		"name": "李四"
		}, {
		...
		}]
			200

续表

请求示例	说明	响应体示例	状态码

GET /users/1	查询用户 ID 为 1 的用户，服务器应该返回一个用户	{
		"id": 1,
		"idCard": "510105199612278838",
		"name": "张三"
		}
			200

GET
/users?page = 2&per_page = 10
	根据过滤条件查询用户，服务器应该返回一个用户列表	[{
		"id": 11,
		"idCard": ...,
		"name": ...
		}, {
		...
		}, {
		"id": 20,
		"idCard": ...,
		"name": ...
		}]
			200

POST /users
{
"idCard": "510105199612278838",
"name": "张三"
}
	创建一个用户，服务器应该返回该创建的用户	{
		"id": 1,
		"idCard": "510105199612278838",
		"name": "张三"
		}
			201

PUT /users/1
{
"idCard": "51010519961227883X",
"name": "张三(新)"
}
	整体修改一个用户，服务器应该返回修改后的用户	{
		"id": 1,
		"idCard": "51010519961227883X",
		"name": "张三(新)"
		}
			200

PATCH /users/1
{
"name": "张三(新)"
}
	局部修改一个用户，服务器应该返回修改后的用户	{
		"id": 1,
		"idCard": "510105199612278838",
		"name": "张三(新)"
		}
			200

DELETE /users/1	删除一个用户，服务器应该返回为空		204

在实际项目中，通常还会将数据封装到 data 中，并提供 code 和 message 字段以增加返回数据的实用性。比如重新封装 GET /users/1 请求的响应体，内容如下：

```
{
    "code": 1,
    "message": "成功",
    "data": {
        "id": 1,
```

```
            "idCard": "510105199612278838",
            "name": "张三"
        }
    }
```

3.1.2 RPC和Dubbo

1. RPC

RPC(Remote Procedure Call，远程过程调用)协议是计算机通信协议，它允许本地计算机上的应用程序调用远程计算机上的应用程序，且这个远程调用过程类似于本地调用。RPC的优势在于为开发人员屏蔽了远程调用的底层技术细节，让开发人员将精力聚焦于上层业务逻辑。在面向对象编程的应用程序中，RPC通常体现为RMI(Remote Method Invocation，远程方法调用)。RPC有很多具体的实现形式，常见的有如下5种。

(1) NFS(Network File System，网络文件系统)。NFS被设计用于跨计算机、操作系统、网络结构和传输协议的文件共享，这种可移植性底层是基于RPC来实现的。

(2) Java RMI(Java Remote Method Invocation，Java远程方法调用)。Java RMI允许在一个JVM中运行的应用程序调用另一个JVM中运行的应用程序提供的方法，因此它实现了Java应用程序之间的远程通信功能。

(3) JSON-RPC(JavaScript Object Notation-Remote Method Invocation，JavaScript对象表示法-远程方法调用)。JSON-RPC是一种无状态、轻量级的RPC实现，它使用JSON作为数据格式。

(4) XML-RPC(Extensible Markup Language-Remote Method Invocation，可扩展标记语言-远程方法调用)。XML-RPC是使用XML作为数据格式、HTTP作为传输机制的RPC实现。

(5) Apache Dubbo(以下简称为Dubbo)。其是一个高性能、轻量级的开源Java微服务框架。

2. Dubbo和Dubbo接口

Dubbo是一个高性能、轻量级的开源Java微服务框架，它是一个RPC的实现框架。Dubbo提供了以下六大核心能力。

(1) 面向接口代理的高性能RPC调用：基于代理的高性能远程调用能力，服务以接口为粒度，为开发人员屏蔽了远程调用的底层细节。

(2) 智能负载均衡：内置了多种负载均衡策略，可智能感知下游节点的健康状况，从而显著减少调用延迟，以提高系统的吞吐量。

(3) 服务自动注册及发现：支持多种类型的注册中心，可实时感知服务实例的上下线。

(4) 高度可扩展能力：遵循“微内核＋插件”的设计原则，所有核心能力如协议、网络传输及序列化等被设计为扩展点，平等对待内置实现和第三方实现。

(5) 运行期间流量调度：内置条件、脚本等路由策略，通过配置不同的路由策略，可轻松实现灰度发布、同机房优先等功能。

(6) 可视化的服务治理与运维：提供丰富的服务治理和运维工具——随时查询服务元数据、服务健康状态及调用统计，并可以实时下发路由策略及调整配置参数。

Dubbo的基本架构如图3-1所示。

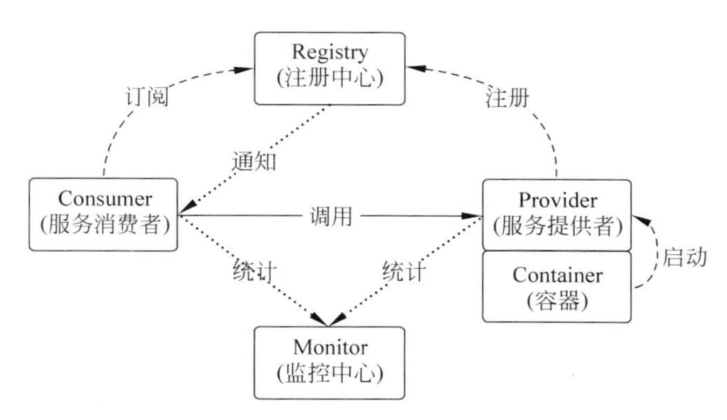

图3-1　Dubbo的基本架构

注：虚线表示初始化；实线表示同步调用；点线表示异步调用

首先，由容器启动服务提供者，并将服务提供者注册到注册中心，即向注册中心声明可以提供的服务。然后，服务消费者向注册中心请求需要使用的服务，注册中心将可用的服务返回给服务消费者。由于当可用的服务发生变化时，注册中心需要通知服务消费者，因此服务消费者对于注册中心来说是一个订阅者的角色，而注册中心对于服务消费者来说是一个发布者的角色。最后，服务消费者调用服务提供者提供的服务完成应用程序的请求。对于监控中心而言，需要同时统计服务消费者和服务提供者的调用信息(包括调用次数和调用时间)。另外，注册中心和监控中心都是可选的，服务消费者可以直连服务提供者。

以上都是对Dubbo框架的介绍，那么Dubbo接口又是什么呢？在Dubbo框架中，服务提供者将接口暴露为可远程调用的服务，因此Dubbo接口本质上就是Java接口，只是这些接口需要通过Dubbo框架暴露给服务消费者以供调用。

3.2　查看接口的辅助工具

3.2.1　浏览器开发者工具

使用开发者工具可以方便地看到当前浏览器中的HTTP请求和响应数据，提供开发者工具的主要浏览器包括Chrome、Edge、Safari和Firefox等。

以Chrome为例，在Windows计算机中使用F12键或Ctrl+Shift+I组合键打开开发者工具在Network标签页可看到HTTP请求和响应数据，如图3-2所示。

说明

如果读者使用的是笔记本计算机，通常就需要使用fn+F12组合键才能打开开发者工具。另外，在macOS计算机中，需要将Ctrl+Shift+I组合键换为option(alt)+command+I组合键。

图 3-2 使用 Chrome 开发者工具查看 HTTP 请求数据

3.2.2 HTTP 代理和调试工具

浏览器开发者工具只能针对 Web 网页发起的 HTTP 请求进行数据展示，其无法显示手机端发起的 HTTP 请求数据。因此如果需要查看多个端（如 Web 网页、手机等）的 HTTP 请求数据，需要使用专业的 HTTP 代理工具，如 Fiddler、Charles 和 Burp Suite 等。这类工具通常还带有调试功能，如拦截请求、篡改响应等。

目前，Fiddler 已经分为 Fiddler Everywhere、Fiddler Classic、Fiddler Jam、FiddlerCap 和 FiddlerCore 5 个版本，本节以 Fiddler Everywhere 为例介绍如何查看 HTTP 请求数据。

首先，访问 Fiddler 官方网站下载 Fiddler Everywhere（地址详见前言二维码）。

说明

下载 Fiddler Everywhere 时需填写邮箱地址并选择国家，还需要选择 I accept the Fiddler End User License Agreement 选项，读者按照自身情况填写即可。

下载后是一个 .exe 安装文件，直接双击安装即可。安装完成后，Fiddler Everywhere 会自动打开并要求登录，读者可使用已有账户或创建新账户来进行登录。

如果使用 Fiddler Everywhere 查看 Web 网页的 HTTP 请求数据，就不需要额外的配置操作，直接在浏览器中访问网页即可在 Fiddler Everywhere 中查看到数据，如图 3-3 所示。

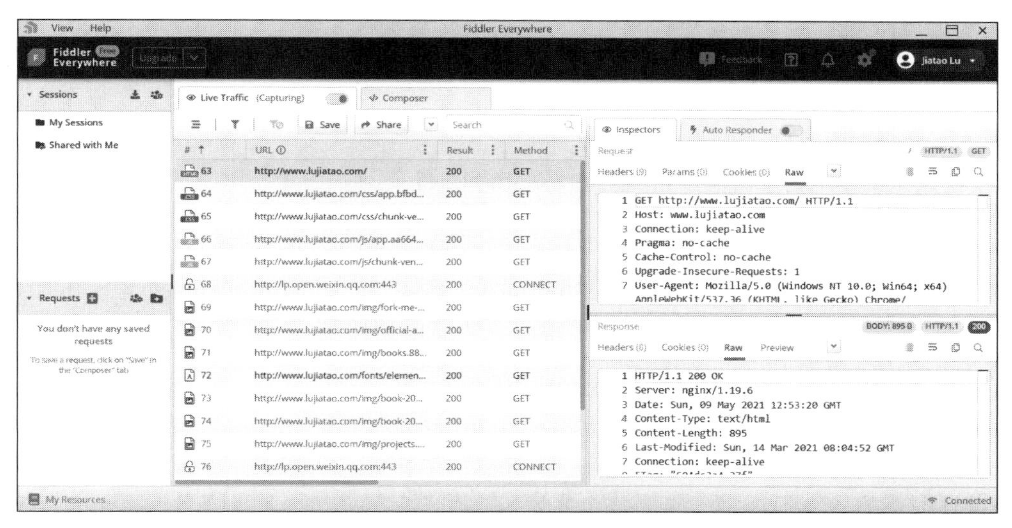

图 3-3　使用 Fiddler Everywhere 查看 HTTP 请求数据

由于本节并不是介绍如何使用 Fiddler Everywhere 查看 HTTP 请求数据的详细指南，因此如果读者需要使用它来查看 HTTPS 请求数据或手机的 HTTP(S)请求数据，需要进行额外配置。配置方法可查阅官方文档，查看 HTTPS 请求数据的配置方法官方文档地址详见前言二维码。

另外，查看 Android 和 iOS 设备 HTTP(S)请求数据的配置方法也请参考官方文档，官方文档地址详见前言二维码。

3.3　使用 Requests 测试 HTTP 接口

在 Python 中，Requests 是最流行的 HTTP 函数库，本节将介绍使用 Requests 来对 HTTP 接口进行测试。

Requests 支持 Python 2.7/3.5＋及 PyPy，其主要特性如下所述。

（1）自动创建连接池和设置 Connection 为 keep-alive。

（2）将 Cookie 通过“键-值”对的形式进行持久化，以便在多个请求之间共用会话。

（3）类似于浏览器的 SSL/TLS 验证机制。

（4）自动进行内容的解码和解压缩。

（5）支持 Basic 和 Digest 身份认证机制。

（6）Unicode 编码的响应体。

（7）支持 HTTP 和 HTTPS 代理。

（8）支持 Multipart 类型的文件上传，支持流媒体下载。

（9）支持设置请求超时时间。

（10）支持分块传输。

本节会使用到两个示例：Web应用程序httpbin.org和IMS(Inventory Management System,库存管理系统)。前者由Requests的作者Kenneth Reitz提供,后者是笔者开发的一个用于学习自动化测试的项目。

3.3.1 简单请求和响应

在使用Requests之前需要先安装它,安装命令如下：

```
pip install requests
```

在chapter_03包中新增learning_requests子包,在learning_requests子包中新增simple_request_and_response模块,然后编写一些简单的请求。

【例3-1】 编写一些简单的请求。

```
import requests

response_01 = requests.get('https://httpbin.org/get')
response_02 = requests.post('https://httpbin.org/post')
response_03 = requests.put('https://httpbin.org/put')
response_04 = requests.patch('https://httpbin.org/patch')
response_05 = requests.delete('https://httpbin.org/delete')
print(response_01.request.method, response_02.request.method, response_03.request.method,
response_04.request.method,response_05.request.method)
```

以上代码在导入了requests模块后,直接调用其中的函数便可以执行GET、POST、PUT、PATCH和DELETE请求。在Requests中,HTTP响应被表示为一个Response对象,访问request属性可以得到响应的请求信息。以上代码在获得该请求信息后从中又提取了HTTP请求方法。

执行以上代码,执行结果如下：

```
GET POST PUT PATCH DELETE
```

当然还可以从Response对象中获取状态码、响应头和响应体。比如提取response_01状态码、响应头和响应体,代码如下：

```
print(f'状态码:{response_01.status_code}')
print(f'响应头:{response_01.headers}')
print(f'响应体:{response_01.json()}')
```

执行结果如下：

```
状态码:200
响应头:{'Date': 'Mon, 10 May 2021 22:50:42 GMT', 'Content-Type': 'application/json',
'Content-Length': '307', 'Connection': 'keep-alive', 'Server': 'gunicorn/19.9.0',
'Access-Control-Allow-Origin': '*', 'Access-Control-Allow-Credentials': 'true'}
响应体:{'args': {}, 'headers': {'Accept': '*/*', 'Accept-Encoding': 'gzip, deflate',
'Host': 'httpbin.org', 'User-Agent': 'python-requests/2.25.1', 'X-Amzn-Trace-Id':
'Root=1-6099b8c2-26e8ec416670ffff528aaee5'}, 'origin': '222.209.71.15', 'url':
'https://httpbin.org/get'}
```

从以上代码和输出可以看出，分别访问 Response 对象的 status_code 和 headers 属性可以获取状态码和响应头，而调用 Response 对象的 json()方法可以获取响应体的 JSON 表示形式。

除了调用 Response 对象的 json()方法，还可以访问它的 text 属性以直接获取响应体的文本表示形式，代码如下：

```
print(response_01.text)
```

执行结果如下：

```
{
  "args": {},
  "headers": {
    "Accept": "*/*",
    "Accept-Encoding": "gzip, deflate",
    "Host": "httpbin.org",
    "User-Agent": "python-requests/2.25.1",
    "X-Amzn-Trace-Id": "Root=1-6099bd5b-3ce8749f1aad443f3528ca14"
  },
  "origin": "222.209.71.15",
  "url": "https://httpbin.org/get"
}
```

说明，Requests 会自动解码服务器的响应内容，但有时候不一定能处理正确，可以自己手动处理编码问题，代码如下：

```
response.encoding = 'utf-8'
print(response.text)
```

以上代码首先把响应内容设置为 UTF-8 编码，然后再获取响应体。

3.3.2　构建请求参数

1. 构建 URL 参数

URL 参数常用于 GET 请求的参数携带。

新增 build_request_param 模块，编写构建 URL 参数的代码。

【例 3-2】　编写构建 URL 参数的代码。

```
import requests

response = requests.get('https://httpbin.org/get?key=value')
print(response.json())
```

以上代码直接将 URL 参数添加在 URL 后面，这也是使用浏览器直接访问 GET 请求的方式。执行结果如下：

```
{'args': {'key': 'value'}, 'headers': {'Accept': '*/*', 'Accept-Encoding': 'gzip, deflate',
'Host': 'httpbin.org', 'User-Agent': 'python-requests/2.25.1', 'X-Amzn-Trace-Id':
```

```
'Root = 1 - 6099c6ca - 2f24cd593d9b6d486486f5b9 '}, 'origin': '222.209.71.15', 'url':
'https://httpbin.org/get?key = value'}
```

从以上输出结果可以看出，httpbin.org 对带 URL 参数的请求做了特殊处理，即将请求传入的参数用 args 原样返回给调用者。

虽然可以直接将 URL 参数添加到 URL 中，但是更通用的方式是使用 params 参数将 URL 参数添加到请求中，代码如下：

```
my_params = {
    'key': 'value'
}
response = requests.get('https://httpbin.org/get', params = my_params)
```

此时可以调用 Response 对象的 url 属性查看构建后的 URL，代码如下：

```
print(response.url)
```

执行结果如下：

```
https://httpbin.org/get?key = value
```

从以上代码和输出可以看出，使用 params 参数构建的 URL 参数与直接将 URL 参数添加到 URL 后面的效果是一样的。不过推荐使用 params 参数的形式，这样便于将 URL 与参数解耦，方便自动化测试用例的维护。

2. 构建请求体参数

以 POST 请求为例介绍请求体参数的构建。常见的构建请求体参数有使用表单和 JSON 两种方式。

如果使用表单方式构建请求体参数，那么需要将数据传递给 data 参数，代码如下：

```
my_datas = {
    'key': 'value'
}
response = requests.post('https://httpbin.org/post', data = my_datas)
print(response.json())
```

执行结果如下：

```
{'args': {}, 'data': '', 'files': {}, 'form': {'key': 'value'}, 'headers': {'Accept': '*/
*', 'Accept - Encoding': 'gzip, deflate', 'Content - Length': '9', 'Content - Type':
'application/x - www - form - urlencoded', 'Host': 'httpbin.org', 'User - Agent': 'python -
requests/2.25.1', 'X - Amzn - Trace - Id': 'Root = 1 - 6099cbc1 - 1257865c33309bfd7ea2eeac'},
'json': None, 'origin': '222.209.71.15', 'url': 'https://httpbin.org/post'}
```

从以上输出结果可以看出，httpbin.org 对表单参数也做了特殊处理，即将请求传入的参数用 form 原样返回给调用者。

如果使用 JSON 方式构建请求体参数，那么需要将数据传递给 json 参数，代码如下：

```
my_json = {
    'key': 'value'
}
```

```
response = requests.post('https://httpbin.org/post', json=my_json)
print(response.json())
```

执行结果如下：

{'args': {}, 'data': '{"key": "value"}', 'files': {}, 'form': {}, 'headers': {'Accept': '*/*', 'Accept-Encoding': 'gzip, deflate', 'Content-Length': '16', 'Content-Type': 'application/json', 'Host': 'httpbin.org', 'User-Agent': 'python-requests/2.25.1', 'X-Amzn-Trace-Id': 'Root=1-6099ccde-7a06a7b213cb935122e1da43'}, 'json': {'key': 'value'}, 'origin': '222.209.71.15', 'url': 'https://httpbin.org/post'}

httpbin.org 将 json 参数用 data 原样返回给了调用者。

3. 自定义请求头

除了常见的 URL 形式或请求体形式的参数携带，有时需要将参数以自定义请求头的方式传递，例如，传递一个名称为 key，值为 value 的请求头，代码如下：

```
my_headers = {
    'key': 'value'
}
response = requests.post('https://httpbin.org/post', headers=my_headers)
print(response.json())
```

执行结果如下：

{'args': {}, 'data': '', 'files': {}, 'form': {}, 'headers': {'Accept': '*/*', 'Accept-Encoding': 'gzip, deflate', 'Content-Length': '0', 'Host': 'httpbin.org', 'Key': 'value', 'User-Agent': 'python-requests/2.25.1', 'X-Amzn-Trace-Id': 'Root=1-6099ce05-0702cbd92292679d2faf7199'}, 'json': None, 'origin': '222.209.71.15', 'url': 'https://httpbin.org/post'}

httpbin.org 将自定义的请求头附加到 headers 中，并返回给调用者。

说明

请求头的名称对字母的大小写不敏感，如 User-Agent 和 user-agent 表示的是一样的。

以上示例中的返回值都是经过 httpbin.org 特殊处理的，实际项目的返回值肯定是不同的，这点需要读者特别注意。另外，对于文件上传的参数构建会有所区别，详见 3.3.6 节。

3.3.3 操作 Cookie

客户端(比如浏览器)在与服务器的交互过程中，为了验证客户端的合法性，当客户端与服务器建立连接并认证通过后，服务器会将会话 ID 放在响应头的 Set-Cookie 中，客户端在获取会话 ID 后，在后续请求中将会话 ID 通过 Cookie 的形式携带并发送回服务器。

在 Requests 中，访问 Response 对象的 cookies 属性可以获取 Cookie，而 Cookie 由一个 RequestsCookieJar 对象表示。新增 operate_cookie 模块，并以登录 IMS 为例演示 Cookie 的获取。

【例 3-3】 获取登录 IMS 的 Cookie。

```
import requests
from requests.cookies import RequestsCookieJar

body = {
    'username': 'admin',
    'password': 'admin123456'
}
response = requests.post('http://ims.lujiatao.com/api/login', data=body)
cookie = response.cookies
assert isinstance(cookie, RequestsCookieJar)
print(f'Cookie:{cookie.items()}')
```

执行以上代码，执行结果如下：

```
Cookie:[('JSESSIONID', 'BE96D3C41CA7644F438C5B1AC07439D5')]
```

以上代码调用了 RequestsCookieJar 对象的 items()方法来获取全部 Cookie。

说明

会话 ID 是由服务器根据一定算法生成的，因此读者看到的会话 ID 会与笔者的不同。

当然也可以只获取 Cookie 的全部键或全部值，分别使用 keys()和 values()方法即可，代码如下：

```
print(f'Cookie Keys:{cookie.keys()}')
print(f'Cookie Values:{cookie.values()}')
```

执行结果如下：

```
Cookie Keys:['JSESSIONID']
Cookie Values:['BE96D3C41CA7644F438C5B1AC07439D5']
```

还可以获取指定的 Cookie 值，代码如下：

```
print(f'会话 ID:{cookie.get("JSESSIONID")}')
```

执行结果如下：

```
会话 ID:BE96D3C41CA7644F438C5B1AC07439D5
```

以上代码是调用 get()方法来获取指定的 Cookie 值，也可以直接以字典形式来访问，代码如下：

```
print(f'会话 ID:{cookie["JSESSIONID"]}')
```

一旦获取到 Cookie 后，就可以在后续请求中将 Cookie 作为 cookies 参数传递给其他请求了，比如登录 IMS 后获取物品分类，代码如下：

```
requests.get('http://ims.lujiatao.com/api/goods-category', cookies=cookie)
```

当然在获取了 Cookie 后，也可对 Cookie 进行修改后再使用。修改 Cookie 需要使用

RequestsCookieJar 对象的 set()方法,代码如下:

```
cookie.set('key', 'value')
print(f'新 Cookie:{cookie.items()}')
```

执行以上代码,执行结果如下:

```
新 Cookie:[('key', 'value'), ('JSESSIONID', 'BE96D3C41CA7644F438C5B1AC07439D5')]
```

当 Cookie 作为 cookies 参数传递时,可使用字典来代替 RequestsCookieJar 对象,代码如下:

```
dict_cookie = {
    'JSESSIONID': cookie.get('JSESSIONID')
}
requests.get('http://ims.lujiatao.com/api/goods-category', cookies=dict_cookie)
```

3.3.4 详解 request()函数

由于 requests 模块的 get()、post()、put()、patch()、delete()、head()和 options()函数都是对 request()函数的进一步封装,因此有必要详细了解 request()函数的使用。

在 3.3.1 节中,笔者使用 get()函数向 httpbin.org 发起了一个 GET 请求,代码如下:

```
requests.get('https://httpbin.org/get')
```

但也可直接使用 request()函数来替代 get()函数,代码如下:

```
requests.request('get', 'https://httpbin.org/get')
```

从以上代码可以看出,通过将请求方法以字符串形式传递给 request()函数的第一个参数可以替代 get()函数。同理,也可以使用同样方式替代 post()、put()、patch()、delete()、head()和 options()函数。

request()函数支持许多参数,但除了 method 和 url 外,其他都是非必填参数。具体详见表 3-2。

表 3-2 request()函数参数

参数名称	参数含义	必填
method	HTTP 请求方法,支持 GET、POST、PUT、PATCH、DELETE、HEAD、OPTIONS 和 TRACE。对大小写不敏感,即传入 get、Get 或 GET 都表示 GET 请求	是
url	请求的 URL	是
params	URL 查询参数,通常使用字典类型,也可使用列表(列表元素为元组)等	否
data	请求体,通常使用字典类型,也可使用列表(列表元素为元组)等。Content-Type 默认为 application/x-www-form-urlencoded	否

续表

参数名称	参数含义	必填
json	请求体，通常使用字典类型，也可使用可序列化的 Python 对象。Content-Type 默认为 application/json	否
headers	请求头，使用字典类型	否
cookies	Cookie，使用字典类型或 CookieJar 类型对象。当然也可以使用 RequestsCookieJar 类型对象，因为 RequestsCookieJar 是 CookieJar 的子类	否
files	待上传的文件，Content-Type 为 multipart/form-data。详见 3.3.6 节	否
auth	身份认证数据，可使用元组类型或可调用对象，如('username', 'password')	否
timeout	请求超时时间(单位为秒)，可使用浮点类型或元组类型。若使用浮点类型，则表示总超时时间；若使用元组类型，则表示连接和读取超时时间，比如：(connect_timeout, read_timeout)。总时间超时、连接超时和读取超时分别会抛出 Timeout、ConnectTimeout 和 ReadTimeout 异常	否
allow_redirects	是否允许重定向，使用布尔类型，默认为 True	否
proxies	代理服务器，使用字典类型，比如{'http': 'http_target_url', 'https': 'https_target_url'}或{'http_src_url': 'http_target_url'}	否
stream	是否立即下载响应内容，使用布尔类型，默认为 False	否
verify	服务端安全验证，使用布尔类型(是否验证服务器的 TLS 证书)或字符串类型(CA bundle 文件路径)，默认为 True	否
cert	客户端安全验证，使用字符串类型(SSL 客户端证书. pem 文件的路径)或元组类型。元组类型如('/path/to/filename. cert', '/path/to/filename. key')	否
hooks	设置请求的 Hook 回调函数，详见 5.2 节	否

查看 request()函数的源代码后发现，它的实现很简单，除去注释内容后，就只有 3 行代码，代码如下：

```
def request(method, url, **kwargs):
    with sessions.Session() as session:
        return session.request(method=method, url=url, **kwargs)
```

从以上代码可以看出，request()函数实际上是将发送请求的动作交给了 Session 对象的 request()方法。关于 Session 详见 3.3.5 节。

3.3.5 使用会话

如果直接使用 get()、post()等函数发送请求，每个请求都需要建立和断开会话，这无形之中增加了系统开销。更好的方式是在多个请求中共用会话，在 Requests 中的会话用 Session 对象来表示。

仍然以登录 IMS 为例，看看在不使用会话的情况下请求的调用耗时。为此新增 use_session 模块，代码如下：

```
import time

import requests
```

```
body = {
    'username': 'admin',
    'password': 'admin123456'
}
start = time.time()
for i in range(10):
    response = requests.post('http://ims.lujiatao.com/api/login', data=body)
    cookie = response.cookies
    requests.get('http://ims.lujiatao.com/api/goods/all', cookies=cookie)
print(f'耗时:{time.time() - start}')
```

/goods/all 接口用于获取 IMS 中的全部商品。多次执行以上代码，在笔者的计算机上耗时基本维持在 1.3～1.5s。

接着使用会话做同样的操作，观察耗时情况，代码如下：

```
start = time.time()
for i in range(10):
    with Session() as session:
        response = session.post('http://ims.lujiatao.com/api/login', data=body)
        cookie = response.cookies
        session.get('http://ims.lujiatao.com/api/goods/all', cookies=cookie)
print(f'耗时:{time.time() - start}')
```

以上代码使用了 with…as 语句将使用会话的代码进行了包裹，以便使用完后可以自动断开会话。

要执行以上代码，还需要增加导入语句，代码如下：

```
from requests import Session
```

多次执行以上代码，在笔者的计算机上耗时基本维持在 1.2～1.4s。因此使用会话的耗时低于不使用会话的耗时，即使用会话提高了多个请求的执行效率。

除了提高效率，使用会话的另一个重要作用是共用数据，最常见的是共用 Cookie。在以上共用会话的代码中，可以省略操作 Cookie 的部分，修改后 with…as 语句中的代码如下：

```
session.post('http://ims.lujiatao.com/api/login', data=body)
session.get('http://ims.lujiatao.com/api/goods/all')
```

重新执行以上代码，执行结果仍然是成功的，因此使用会话后不再需要显式保存和传递 Cookie，即 Cookie 在会话中被自动共用了。

另一种数据共用是直接在 Session 对象中设置会话级默认数据，这样会话中的每个请求都默认携带该数据，代码如下：

```
with Session() as session:
    session.headers = {
        'key_01': 'value_01'
    }
    response = session.post('http://ims.lujiatao.com/api/login', data=body)
    first = response.request.headers['key_01']
    response = session.get('http://ims.lujiatao.com/api/goods/all')
    second = response.request.headers['key_01']
```

```
assert first == second
```

对于会话中的具体请求而言，其传入的参数优先级更高，可以覆盖会话级默认数据，为此在以上 with...as 语句中增加 request_headers 作为具体请求的请求头来演示这个过程，代码如下：

```
request_headers = {
    'key_01': 'value_01_new',
    'key_02': 'value_02',
}
response = session.get('http://ims.lujiatao.com/api/goods/all', headers=request_headers)
print(response.request.headers)
```

重新执行测试代码，执行结果如下：

```
{'key_01': 'value_01_new', 'key_02': 'value_02', 'Cookie': 'JSESSIONID=22872B2AA4E7B8A4AA6B6605C09065D2'}
```

从以上输出可以看出，当会话中的具体请求传入的数据与默认数据相同时，会覆盖默认数据(以上输出中的'key_01': 'value_01_new')；当不相同时，就追加传入的数据(以上输出中的'key_02': 'value_02')。

3.3.6 上传和下载文件

文件的上传和下载是应用程序的常见功能，因此必须掌握如何通过接口来上传和下载文件。

1. 上传文件

最常见的是 Multipart 类型的文件上传一般通过表单提交，其 Content-Type 为 multipart/form-data，示例表单代码如下：

```
<form action="/upload" method="POST" enctype="multipart/form-data">
    <input type="file" name="my-file"/>
    <input type="submit"/>
</form>
```

在 Requests 中，可以使用 files 参数模拟文件的上传，代码如下：

```
import requests

requests.post('http://your-ip:your-port/upload', files={'my-file': open('path/to/file', 'rb')})
```

注意：建议使用二进制方式打开文件，因为 Requests 会尝试自动设置 Content-Length，其值为文件中的字节数，如果以文本方式打开可能会出错。

以上代码中的 your-ip、your-port 和 path/to/file 分别表示服务器的 IP 地址、端口号和待上传文件的全路径，读者应根据实际情况进行替换。my-file 对应的是表单中 input 标签的 name 属性值。

可以为待上传的文件提供更多信息，如文件名、Content-Type 和自定义的请求头等，代码如下：

```
request_headers = {
    'key_01': 'value_01',
    'key_02': 'value_02',
}
requests.post('http://your-ip:your-port/upload',
              files = {'my-file': ('my-filename.png', open('path/to/file', 'rb'), '
image/png', request_headers)})
```

以上代码将文件名指定为 my-filename.png，将 Content-Type 指定为 image/png，并提供了两个自定义的请求头 key_01 和 key_02。

除了单个文件上传，Requests 也支持多个文件上传，代码如下：

```
files = [
    ('my-file', open('path/to/file_01', 'rb')),
    ('my-file', open('path/to/file_02', 'rb')),
]
requests.post('http://your-ip:your-port/upload', files = files)
```

2. 下载文件

下载文件需要访问 Response 对象的 content 属性，以便以二进制形式获取响应体。

以下载 httpbin.org 的收藏夹图标(favicon.ico)为例，代码如下：

```
response = requests.get('https://httpbin.org/static/favicon.ico')
with open(r'E:\favicon.ico', 'wb') as file:
    file.write(response.content)
```

执行以上代码后，E 盘根目录会生成一个 favicon.ico 文件。

对于大文件的下载建议使用分段传输，代码如下：

```
response = requests.get('https://httpbin.org/static/favicon.ico', stream = True)
with open(r'E:\favicon.ico', 'wb') as file:
    for chunk in response.iter_content(chunk_size = 128):
        file.write(chunk)
```

使用分段传输时，需将请求的 stream 参数指定为 True，并使用 iter_content()方法来迭代 Response 对象的二进制内容。另外还可以使用 iter_content()方法的 chunk_size 参数来设置分段大小，默认的分段大小为 1。

以上代码虽然实现了分段传输，但是有一个问题：延迟下载响应内容(即 stream 参数指定为 True)后，Requests 并不会自动释放连接。为了解决这个问题，可以手动调用 Response 对象的 close()方法，但更好的方式是使用 with...as 语句自动释放连接，代码如下：

```
with requests.get('https://httpbin.org/static/favicon.ico', stream = True) as response:
    with open(r'E:\favicon.ico', 'wb') as file:
        for chunk in response.iter_content(chunk_size = 128):
            file.write(chunk)
```

3.4 测试 Dubbo 接口

在开始测试 Dubbo 接口之前，请先搭建好 IMS Dubbo 环境，详见电子版附录 A.4 节。

说明

IMS(Inventory Management System，库存管理系统)是笔者开发的一个用于学习自动化测试的项目，分为 Spring Cloud 和 Dubbo 两个版本，前者已经部署到公网(网址详见前言二维码)，而后者需要读者自己部署。

有多种方式可以对 Dubbo 接口进行测试，包括使用 Java API、Spring XML、Spring 注解、Spring Boot、泛化调用和 Python 客户端等。那么这些方式应该如何选择呢？

(1) Dubbo 接口对测试人员公开：测试人员能获得 Dubbo 接口相关依赖时，推荐使用 Java API 或 Spring(Spring XML、Spring 注解或 Spring Boot)来测试 Dubbo 接口。

(2) Dubbo 接口对测试人员隐藏：测试人员不能获得 Dubbo 接口相关依赖时，推荐使用泛化调用来测试 Dubbo 接口。

(3) 使用其他语言来测试 Dubbo 接口：比如若使用 Python 来测试 Dubbo 接口，则需要使用 Python 客户端。

3.4.1 使用 Java API

由于本节需要使用到 Java，因此笔者首先创建了一个新的 Maven 工程 mastering-test-automation-for-dubbo。然后修改工程的 pom.xml 文件引入相关依赖，依赖如下：

```
<dependencies>
    <dependency>
        <groupId>org.apache.dubbo</groupId>
        <artifactId>dubbo</artifactId>
        <version>2.7.11</version>
    </dependency>
    <dependency>
        <groupId>org.apache.dubbo</groupId>
        <artifactId>dubbo-configcenter-zookeeper</artifactId>
        <version>2.7.11</version>
    </dependency>
    <dependency>
        <groupId>com.lujiatao</groupId>
        <artifactId>ims-api</artifactId>
        <version>1.0.0</version>
    </dependency>
</dependencies>
```

以上配置中，dubbo 是 Dubbo 框架的基础依赖，dubbo-configcenter-zookeeper 是 Dubbo Zookeeper 注册中心的依赖，而 ims-api 是 IMS 的 Dubbo 接口。

待依赖下载完成后，读者可以先熟悉一下 IMS 的 Dubbo 接口源代码。其中，只有 GoodsCategoryService(物品类别)、GoodsService(物品)和 UserService(用户)3 个简单的接口，如图 3-4 所示。

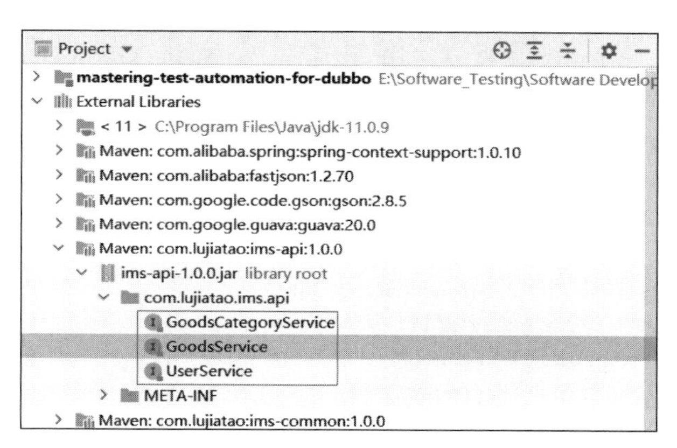

图 3-4 IMS 的 Dubbo 接口

接着笔者以测试 GoodsService 接口的 getById()方法为例介绍 Dubbo 接口的测试，该方法用于根据物品 ID 获取物品。为此先在/src/test/java 目录创建 com. lujiatao. dubbo 包，并新增 JavaAPI 类。

说明

根据 Maven 工程的规范，测试代码应该存放在/src/test/java 目录，非测试代码应该存放在/src/main/java 目录。

使用 Java API 测试 Dubbo 接口可以看作是模拟一个服务消费者来调用服务提供者提供的 Dubbo 接口，而服务消费者本质上属于一个应用程序，因此首先需要配置该应用程序。在 Dubbo 中，使用 ApplicationConfig 类来配置应用程序的代码如下：

```
ApplicationConfig applicationConfig = new ApplicationConfig();
applicationConfig.setName("JavaAPI");
```

以上代码将应用程序的名称配置为 JavaAPI。

然后需要配置注册中心。为了防止超时，笔者将超时时间设置为 10s(10000ms)，代码如下：

```
RegistryConfig registryConfig = new RegistryConfig();
registryConfig.setTimeout(10000);
registryConfig.setAddress("zookeeper://192.168.3.102:10003");
```

由于 IMS 使用 ZooKeeper 作为注册中心，因此以上代码使用了 zookeeper 作为注册中心地址的前缀，而 192.168.3.102 和 10003 是笔者搭建的注册中心 IP 地址和端口，读者应根据实际情况进行替换。

接着创建 Dubbo 接口引用的环节，需要使用到 ReferenceConfig 类，代码如下：

```
ReferenceConfig<GoodsService> referenceConfig = new ReferenceConfig<>();
```

```
referenceConfig.setApplication(applicationConfig);
referenceConfig.setRegistry(registryConfig);
referenceConfig.setInterface(GoodsService.class);
referenceConfig.setVersion("1.0.0");
```

ReferenceConfig 是一个泛型类，由于这里要测试 GoodsService 接口，因此将 GoodsService 作为类型形参传递给 ReferenceConfig。另外需要使用之前创建的应用程序和注册中心配置，并且还需要设置接口及其版本号。

最后调用 ReferenceConfig 对象的 get()方法获取到目标接口 GoodsService，然后调用其中的 getById()方法，代码如下：

```
GoodsService goodsService = referenceConfig.get();
Goods goods = goodsService.getById(1);
Gson gson = new GsonBuilder().create();
System.out.println(gson.toJson(goods));
```

以上代码使用到了 Gson，其用于将对象序列化为 JSON。

运行 JavaAPI 类，执行结果如下：

```
{"id":1,"brand":"HUAWEI","model":"Mate 40","desc":"","count":0,"goodsCategoryId":1,
"createTime":"2021-05-19 08:51:14","updateTime":"2021-05-19 08:51:14"}
```

由于 IMS 每次启动时会重新初始化数据库，因此读者看到的 createTime 和 updateTime 会与上述结果不一致。

有时出于测试目的，希望绕开注册中心直接调用 Dubbo 接口，这种方式被称为点对点直连。点对点直接需要删除配置注册中心的代码，并调用 ReferenceConfig 对象的 setUrl()方法设置直连 URL 即可。

【例 3-4】 Dubbo 接口的点对点直接。

```
package com.lujiatao.dubbo;

import com.google.gson.Gson;
import com.google.gson.GsonBuilder;
import com.lujiatao.ims.api.GoodsService;
import com.lujiatao.ims.common.entity.Goods;
import org.apache.dubbo.config.ApplicationConfig;
import org.apache.dubbo.config.ReferenceConfig;

public class JavaAPI {

    public static void main(String[] args) {
// 配置应用程序
        ApplicationConfig applicationConfig = new ApplicationConfig();
        applicationConfig.setName("JavaAPI");
// 创建 Dubbo 接口引用
        ReferenceConfig<GoodsService> referenceConfig = new ReferenceConfig<>();
        referenceConfig.setApplication(applicationConfig);
        referenceConfig.setUrl("dubbo://192.168.3.102:10001");
        referenceConfig.setInterface(GoodsService.class);
```

```
        referenceConfig.setVersion("1.0.0");
// 调用 Dubbo 接口
        GoodsService goodsService = referenceConfig.get();
        Goods goods = goodsService.getById(1);
        Gson gson = new GsonBuilder().create();
        System.out.println(gson.toJson(goods));
    }

}
```

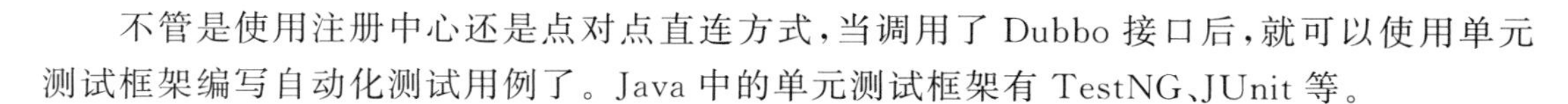

不管是使用注册中心还是点对点直连方式，当调用了 Dubbo 接口后，就可以使用单元测试框架编写自动化测试用例了。Java 中的单元测试框架有 TestNG、JUnit 等。

3.4.2　使用 Spring XML

使用 XML 是 Spring 的传统配置方式，因此也可以使用这种方法来配置一个调用 Dubbo 接口的测试应用程序。

首先创建 XML 配置文件，为此在/src/test 目录中新增 resources 目录，在 resources 目录中新增 consumer.xml 配置文件，文件内容如下：

```
<?xml version = "1.0" encoding = "UTF - 8"?>
< beans xmlns = "http://www.springframework.org/schema/beans"
       xmlns:xsi = "http://www.w3.org/2001/XMLSchema - instance"
       xmlns:dubbo = "http://dubbo.apache.org/schema/dubbo"
       xsi:schemaLocation = "http://www.springframework.org/schema/beans
       http://www.springframework.org/schema/beans/spring - beans.xsd
       http://dubbo.apache.org/schema/dubbo
       http://dubbo.apache.org/schema/dubbo/dubbo.xsd">

    < dubbo:application name = "SpringXML"/>
    < dubbo:registry timeout = "10000" address = "zookeeper://192.168.3.102:10003"/>
    < dubbo:reference id = "goodsService" interface = "com.lujiatao.ims.api.GoodsService"
version = "1.0.0"/>

</beans >
```

以上配置可以看成 3.4.1 节中的 XML 配置版本，其中也配置了应用程序名称、注册中心超时时间和地址、接口及其版本号。另外，配置中的 id 用于在代码中引用该接口。

以上配置完成后，就可以在 com.lujiatao.dubbo 包中新增 SpringXML 类用于 Dubbo 接口测试了。

【例 3-5】　使用 Spring XML 进行 Dubbo 接口测试。

```
package com.lujiatao.dubbo;

import com.google.gson.Gson;
import com.google.gson.GsonBuilder;
import com.lujiatao.ims.api.GoodsService;
import com.lujiatao.ims.common.entity.Goods;
```

```
import org.springframework.context.support.ClassPathXmlApplicationContext;

public class SpringXML {

    public static void main(String[ ] args) {
        ClassPathXmlApplicationContext context = new ClassPathXmlApplicationContext ( "
consumer.xml");
        context.start();
        GoodsService goodsService = (GoodsService) context.getBean("goodsService");
        Goods goods = goodsService.getById(1);
        Gson gson = new GsonBuilder().create();
        System.out.println(gson.toJson(goods));
        context.close();
    }

}
```

以上代码使用了 ClassPathXmlApplicationContext 来加载 XML 配置，它是 Spring 中的一种应用程序上下文。getBean()方法用于获取一个 Bean(以上示例的 GoodsService)，其参数 goodsService 对应 XML 配置中的 id。另外在使用应用程序上下文时，需使用 start()和 close()方法来分别执行启动和关闭操作。

XML 配置同样支持点对点直连，为此删除注册中心的相关配置。内容如下：

```
<dubbo:registry timeout = "10000" address = "zookeeper://192.168.3.102:10003"/>
```

接着增加直连 URL，内容如下：

```
<dubbo:reference url = "dubbo://192.168.3.102:10001" id = "goodsService" interface = "com.
lujiatao.ims.api.GoodsService"
                 version = "1.0.0"/>
```

3.4.3 使用 Spring 注解

对于 XML 中的部分配置可以使用 Properties 来替代，Dubbo 会默认加载 dubbo.properties 配置文件。可被替代的 XML 配置如下：

```
<dubbo:application name = "SpringXML"/>
<dubbo:registry timeout = "10000" address = "zookeeper://192.168.3.102:10003"/>
```

为了替代以上 XML 配置，在/src/test/resources 目录中新增 dubbo.properties 配置文件，文件内容如下：

```
dubbo.application.name = SpringXML
dubbo.registry.timeout = 10000
dubbo.registry.address = zookeeper://192.168.3.102:10003
```

在将应用程序和注册中心的配置换成使用 Properties 配置文件后，还可以直接使用注解在 Java 类中替换 XML 配置中的 Dubbo 接口引用部分。为此新增 Consumer 类，代码如下：

```
package com.lujiatao.dubbo;

import com.lujiatao.ims.api.GoodsService;
import org.apache.dubbo.config.annotation.DubboReference;
import org.apache.dubbo.config.spring.context.annotation.EnableDubbo;
import org.springframework.context.annotation.Bean;
import org.springframework.context.annotation.Configuration;

@Configuration
@EnableDubbo
public class Consumer {

    @DubboReference(version = "1.0.0")
    private GoodsService goodsService;

    @Bean("goodsService")
    public GoodsService getGoodsService() {
        return goodsService;
    }

}
```

以上代码中的@Configuration 注解用于修饰一个 Spring 配置类，而@EnableDubbo 注解用于使 Dubbo 组件成为一个 Spring Bean。

说明

如果 Properties 配置文件名称不是 dubbo.properties，就需要显式引入该配置文件，比如配置文件名为 my-dubbo.properties，则需要使用@PropertySource("/my-dubbo.properties")注解来修饰 Consumer 类。

接着新增 SpringAnnotation 类用于 Dubbo 接口的调用。

【例 3-6】 使用 Spring 注解进行 Dubbo 接口测试。

```
package com.lujiatao.dubbo;

import com.google.gson.Gson;
import com.google.gson.GsonBuilder;
import com.lujiatao.ims.api.GoodsService;
import com.lujiatao.ims.common.entity.Goods;
import org.springframework.context.annotation.AnnotationConfigApplicationContext;

public class SpringAnnotation {

    public static void main(String[ ] args) {
        AnnotationConfigApplicationContext context = new AnnotationConfigApplicationContext
(Consumer.class);
        context.start();
        GoodsService goodsService = (GoodsService) context.getBean("goodsService");
```

```
        Goods goods = goodsService.getById(1);
        Gson gson = new GsonBuilder().create();
        System.out.println(gson.toJson(goods));
        context.close();
    }

}
```

以上代码跟3.4.2节中的SpringXML类很相似，唯一不同的是应用程序上下文的初始化方式，这里使用的是AnnotationConfigApplicationContext类。

若需使用点对点直连，则需要修改Consumer类中的@DubboReference注解，新增url参数，代码如下：

```
@DubboReference(url = "dubbo://192.168.3.102:10001", version = "1.0.0")
```

然后删除dubbo.properties文件中的注册中心相关配置即可。

3.4.4 使用Spring Boot

Spring Boot可以看成对Spring的一个开箱即用的封装，它同时也是构建Spring微服务的基础，因此使用它来调用Dubbo接口是目前最常见的方式。

要使用Spring Boot调用Dubbo接口，首先需要在pom.xml文件中增加相关的依赖，依赖如下：

```
<dependency>
    <groupId>org.apache.dubbo</groupId>
    <artifactId>dubbo-spring-boot-starter</artifactId>
    <version>2.7.11</version>
</dependency>
<dependency>
    <groupId>org.springframework.boot</groupId>
    <artifactId>spring-boot-starter</artifactId>
    <version>2.3.8.RELEASE</version>
    <exclusions>
        <exclusion>
            <groupId>ch.qos.logback</groupId>
            <artifactId>logback-classic</artifactId>
        </exclusion>
    </exclusions>
</dependency>
```

dubbo-spring-boot-starter是Dubbo的Spring Boot配置依赖，而spring-boot-starter是Spring Boot的基础依赖。以上配置排除了logback-classic依赖，否则在Spring Boot启动时会抛出IllegalArgumentException异常，并提示LoggerFactory is not a Logback LoggerContext but Logback is on the classpath.。

另外，由于spring-boot-starter与dubbo的snakeyaml依赖版本有冲突，需要把dubbo中的snakeyaml依赖排除掉。mastering-test-automation-for-dubbo工程的完整依赖如下：

```
<dependencies>
    <dependency>
        <groupId>org.apache.dubbo</groupId>
        <artifactId>dubbo</artifactId>
        <version>2.7.11</version>
        <exclusions>
            <exclusion>
                <groupId>org.yaml</groupId>
                <artifactId>snakeyaml</artifactId>
            </exclusion>
        </exclusions>
    </dependency>
    <dependency>
        <groupId>org.apache.dubbo</groupId>
        <artifactId>dubbo-configcenter-zookeeper</artifactId>
        <version>2.7.11</version>
    </dependency>
    <dependency>
        <groupId>com.lujiatao</groupId>
        <artifactId>ims-api</artifactId>
        <version>1.0.0</version>
    </dependency>
    <dependency>
        <groupId>org.apache.dubbo</groupId>
        <artifactId>dubbo-spring-boot-starter</artifactId>
        <version>2.7.11</version>
    </dependency>
    <dependency>
        <groupId>org.springframework.boot</groupId>
        <artifactId>spring-boot-starter</artifactId>
        <version>2.3.8.RELEASE</version>
        <exclusions>
            <exclusion>
                <groupId>ch.qos.logback</groupId>
                <artifactId>logback-classic</artifactId>
            </exclusion>
        </exclusions>
    </dependency>
</dependencies>
```

接着在 com.lujiatao.dubbo 包中新增 SpringBoot 类用于 Dubbo 接口测试。

【例 3-7】 使用 Spring Boot 进行 Dubbo 接口测试。

```
package com.lujiatao.dubbo;

import com.google.gson.Gson;
import com.google.gson.GsonBuilder;
import com.lujiatao.ims.api.GoodsService;
import com.lujiatao.ims.common.entity.Goods;
import org.apache.dubbo.config.annotation.DubboReference;
```

```
import org.springframework.boot.SpringApplication;
import org.springframework.boot.autoconfigure.SpringBootApplication;
import org.springframework.context.ConfigurableApplicationContext;
import org.springframework.context.annotation.Bean;

@SpringBootApplication
public class SpringBoot {

    @DubboReference(version = "1.0.0")
    private GoodsService goodsService;

    public static void main(String[ ] args) {
        ConfigurableApplicationContext context = SpringApplication.run(SpringBoot.class,
args);
        GoodsService goodsService = (GoodsService) context.getBean("goodsService");
        Goods goods = goodsService.getById(1);
        Gson gson = new GsonBuilder().create();
        System.out.println(gson.toJson(goods));
    }

    @Bean("goodsService")
    public GoodsService getGoodsService() {
        return goodsService;
    }

}
```

以上代码可以看成 3.4.3 节中的 SpringAnnotation 和 Consumer 类的合并版本。不同之处在于应用程序上下文的初始化方式，这里使用的是 ConfigurableApplicationContext 类。

仅仅有以上代码还无法启动该 Spring Boot 应用程序，还需要增加配置信息。在 Spring Boot 中，通常使用 YAML 文件来配置应用程序。为此在/src/test/resources 目录新增 application.yml 文件，文件内容如下：

```
dubbo:
  application:
    name: SpringBoot
  registry:
    timeout: 10000
    address: zookeeper://192.168.3.102:10003
server:
  port: 8081
```

8081 是笔者使用的 Spring Boot 应用程序端口号，读者可根据实际情况修改端口号。

做完以上配置后，运行 Spring Boot 类便可以调用 Dubbo 接口了。

若需使用点对点直连，需要修改 Spring Boot 类中的@DubboReference 注解，新增 url 参数，代码如下：

```
@DubboReference(url = "dubbo://192.168.3.102:10001", version = "1.0.0")
```

然后删除 application.yml 文件中的注册中心相关配置即可。

3.4.5　使用泛化调用

泛化调用可以使用 Java API、Spring(Spring XML、Spring 注解或 Spring Boot)或框架/工具来调用 Dubbo 接口。本节介绍使用 Java API 和 JMeter 两种方式来调用 Dubbo 接口。

1. 使用 Java API 调用 Dubbo 接口

使用 Java API 通过泛化调用方式来调用 Dubbo 接口需要用到 GenericService 接口。服务消费者(客户端)使用 GenericService 实现的是泛化调用，而服务提供者(服务端)使用 GenericService 实现的是泛化实现(详见 3.5.2 节)。

在 com.lujiatao.dubbo 包中新增 GenericInvoke 类用于测试 Dubbo 接口。

【例 3-8】 使用泛化调用进行 Dubbo 接口测试。

```
package com.lujiatao.dubbo;

import com.google.gson.Gson;
import com.google.gson.GsonBuilder;
import org.apache.dubbo.config.ApplicationConfig;
import org.apache.dubbo.config.ReferenceConfig;
import org.apache.dubbo.config.RegistryConfig;
import org.apache.dubbo.rpc.service.GenericService;

public class GenericInvoke {

    public static void main(String[ ] args) {
        ApplicationConfig applicationConfig = new ApplicationConfig();
        applicationConfig.setName("GenericInvoke");
        RegistryConfig registryConfig = new RegistryConfig();
        registryConfig.setTimeout(10000);
        registryConfig.setAddress("zookeeper://192.168.3.102:10003");
        ReferenceConfig<GenericService> referenceConfig = new ReferenceConfig<>();
        referenceConfig.setApplication(applicationConfig);
        referenceConfig.setRegistry(registryConfig);
        referenceConfig.setInterface("com.lujiatao.ims.api.GoodsService");
        referenceConfig.setVersion("1.0.0");
        referenceConfig.setGeneric(true);
        GenericService genericService = referenceConfig.get();
        Object goods = genericService.$invoke("getById", new String[ ]{"int"}, new Object[
]{1});
        Gson gson = new GsonBuilder().create();
        System.out.println(gson.toJson(goods));
    }

}
```

以上代码整体跟 3.4.1 节中的例 3-4 相似度很高，笔者重点介绍下它们之间的不同点。首先 ReferenceConfig 的类型形参被替换成了 GenericService，GoodsService.class 也被替换成了字符串 com. lujiatao. ims. api. GoodsService，因为泛化调用是不依赖具体的 Dubbo 接口的。然后需要调用 ReferenceConfig 对象的 setGeneric()方法，并传入 true 以告诉 Dubbo 此时需要使用泛化调用。泛化调用的核心是 $invoke()方法，它支持 3 个参数，第一个参数（"getById"）表示方法名，第二个参数（"int"）表示方法的参数类型，第三个参数(1)表示方法的参数值。由于参数可能有多个，因此使用了字符串数组来传递参数的类型，使用对象数组来传递参数的值。

运行 GenericInvoke 类，执行结果如下：

```
{"goodsCategoryId":1,"createTime":"2021 - 05 - 19 08:51:14","count":0,"model":"Mate 40",
"updateTime":"2021 - 05 - 19 08:51:14","id":1,"class":"com.lujiatao.ims.common.entity.
Goods","brand":"HUAWEI","desc":""}
```

从以上输出可以看出，使用泛化调用的返回结果会多一个 class，其值表示该返回对象的类型。以上示例返回了一个 Goods 对象。

若需使用点对点直连，直接参考 3.4.1 节即可。

使用泛化调用时，需要注意传参方式。如果是 Java 的 8 种基本类型，直接传递即可；如果不是基本类型，就需要使用参数类型的全名，比如 String 类型必须写成 java. lang. String。针对参数为 POJO(Plain Old Java Object，简单的 Java 对象)的情况，参数值需要使用 Map <String, Object>类型进行传递。以在 IMS 中新增一个物品为例，传参的写法如下：

```
Map<String, Object> params = new HashMap<>();
params.put("goodsCategoryId", 1);
params.put("model", "New Model");
params.put("count", 0);
params.put("brand", "New Brand");
params.put("desc", "");
genericService.$invoke("add", new String[]{"com.lujiatao.ims.common.entity.Goods"}, new
Object[]{params});
```

以上 createTime、updateTime 和 id 3 个字段都没有传递，因为 IMS 的数据库表会自动生成这些字段的默认值。

2. 使用 JMeter 调用 Dubbo 接口

Dubbo 官方推荐使用 Apache JMeter Plugin For Apache Dubbo 插件为 JMeter 提供 Dubbo 接口的调用能力。

以 Windows 操作系统为例，首先访问 Apache JMeter Plugin For Apache Dubbo 的下载地址，地址详见前言二维码。

截至笔者写作本书时，最新的插件版本为 2.7.8，因此笔者下载的插件文件名为 jmeter-plugins-dubbo-2.7.8-jar-with-dependencies. jar，下载后将该文件复制到 JMeter 的/lib/ext 目录，接着使用插件提供的 Dubbo Sample 进行 Dubbo 接口调用即可。参数填写如图 3-5 所示。

执行结果与使用 Java API 进行泛化调用的执行结果是一致的。

若需使用点对点直连，则将 Register Center 的 Protocol 改为 none，并将 Address 改为 192.168.3.102:10003 即可。

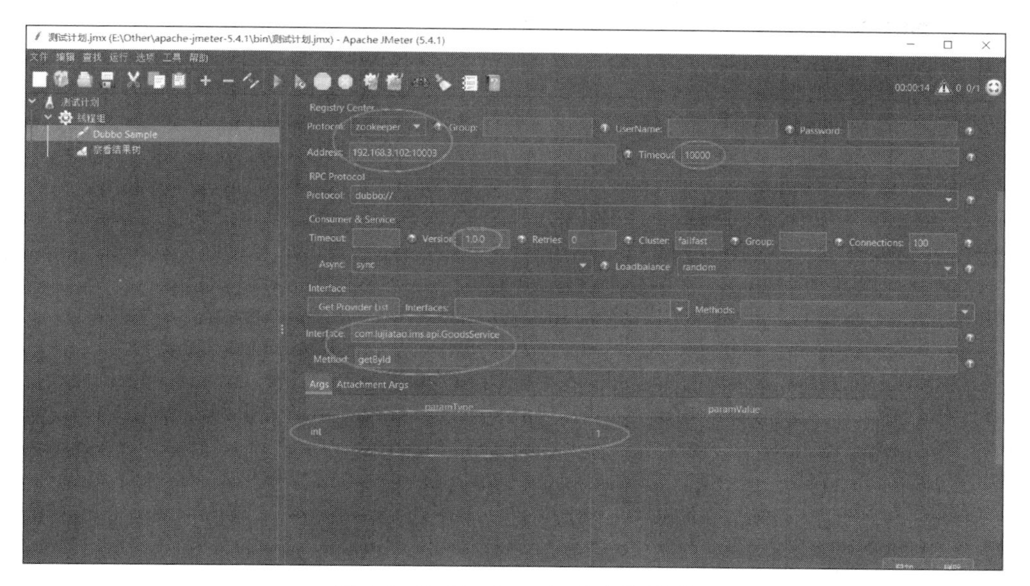

图 3-5　Dubbo Sample 的参数填写

相比使用 Java API，使用 Apache JMeter Plugin For Apache Dubbo 来传递 POJO 类型的参数就简单得多了。仍然以在 IMS 中新增一个物品为例，直接将 paramType 和 paramValue 分别修改为 com.lujiatao.ims.common.entity.Goods 和{"goodsCategoryId":1,"count":0,"model":"New Model","brand":"New Brand","desc":""}即可。

3.4.6　使用 Python 客户端

由于 Dubbo 官方推荐的 Python 客户端 Python Client For Apache Dubbo 并不支持 Python 3 且需要服务提供者使用 JSON-RPC，因此笔者使用了另一个 Python 客户端 python-dubbo-support-python 3 来替代。

执行命令即可安装 python-dubbo-support-python3，命令如下：

```
pip install python-dubbo-support-python3
```

本节继续使用 mastering-test-automation 工程，并在 chapter_03 包中新增 learning_dubbo_test 子包，在 learning_dubbo_test 子包中新增 learning_dubbo_test 模块，并编写 Dubbo 接口测试代码。

【例 3-9】　使用 Python 客户端进行 Dubbo 接口测试。

```
from dubbo.client import ZkRegister, DubboClient

zookeeper = ZkRegister('192.168.3.102:10003')
dubbo_client = DubboClient('com.lujiatao.ims.api.GoodsService', zk_register=zookeeper)
result = dubbo_client.call('getById', 1)
print(result)
```

ZkRegister 和 DubboClient 类分别表示注册中心和 Dubbo 客户端。DubboClient 对象

的 call()方法用于调用 Dubbo 接口，其第一个参数是方法名，第二个参数是元组类型，用于表示方法的参数，第三个参数表示超时时间（单位为秒）。

执行以上代码，执行结果如下：

```
{'updateTime': '2021-05-19 08:51:14', 'createTime': '2021-05-19 08:51:14',
'goodsCategoryId': 1, 'count': 0, 'desc': '', 'model': 'Mate 40', 'brand': 'HUAWEI', 'id': 1}
```

从以上输出可以看出，使用 Python 客户端调用 Dubbo 接口的返回值与使用 Java 是一致的。

若需使用点对点直连，则删除掉注册中心相关配置，并在创建 DubboClient 对象时提供直连 URL 即可，代码如下：

```
dubbo_client = DubboClient('com.lujiatao.ims.api.GoodsService', host='192.168.3.102:
10001')
```

python-dubbo-support-python3 同样支持 POJO 类型的参数传递。仍以在 IMS 中新增一个物品为例，代码如下：

```
goods = Object('com.lujiatao.ims.common.entity.Goods')
goods['goodsCategoryId'] = 1
goods['count'] = 0
goods['model'] = 'New Model'
goods['brand'] = 'New Brand'
goods['desc'] = ''
dubbo_client.call('add', goods)
```

以上代码中的 Object 类用于表示一个 Java 对象，其需要单独导入，代码如下：

```
from dubbo.codec.encoder import Object
```

3.5 Mock 测试

3.5.1 HTTP 接口测试的 Mock

用于 HTTP 接口测试的 Mock 框架/工具有很多，比如 Responses、WireMock 等，还有像 RAP 这类接口管理工具，其提供了包括 Mock 在内的多种功能。本节以 Responses 为例介绍 Mock 是如何进行 HTTP 接口测试的。

Responses 用于模拟 Requests 的响应数据，因此可以使用 Responses 模拟 HTTP 接口的返回值。

要使用 Responses，需要执行命令安装它，命令如下：

```
pip install responses
```

以登录 IMS 为例，在不使用 Mock 的情况下，编写一个正常的测试函数，代码如下：

```
import requests
```

```
body = {
    'username': 'admin',
    'password': 'admin123456'
}


def test_normal():
    response = requests.post('http://ims.lujiatao.com/api/login', data=body)
    assert response.json() == {'code': 0, 'msg': '', 'data': None}
```

使用 Responses 可以轻松模拟 IMS 的返回数据，为此新增一个测试函数 test_mock_01()，代码如下：

```
@responses.activate
def test_mock_01():
    responses.add(responses.POST, 'http://ims.lujiatao.com/api/login', json={'code': 0,
'msg': '', 'data': None})
    response = requests.post('http://ims.lujiatao.com/api/login', data=body)
    assert response.json() == {'code': 0, 'msg': '', 'data': None}
```

以上代码首先使用@responses.activate 装饰器激活 Responses 的 Mock 功能，然后添加需要 Mock 的请求，包括请求方法、URL 和返回数据。

当然在执行以上测试代码之前还需要导入 responses，代码如下：

```
import responses
```

现在的问题是如何证明发起的接口请求命中的是 Mock 接口，而非真正的 IMS 接口呢？Responses 提供了一个 CallList 对象用于存放调用信息，可使用 responses.calls 对其进行快捷访问，代码如下：

```
@responses.activate
def test_mock_01():
    assert len(responses.calls) == 0 # 新增
    responses.add(responses.POST, 'http://ims.lujiatao.com/api/login', json={'code': 0,
'msg': '', 'data': None})
    response = requests.post('http://ims.lujiatao.com/api/login', data=body)
    assert response.json() == {'code': 0, 'msg': '', 'data': None}
    assert len(responses.calls) == 1 # 新增
```

以上代码在调用接口的前后判断了 CallList 对象的长度，以此证明发起的接口请求确实命中的是 Mock 接口。

除了使用@responses.activate 装饰器激活 Responses 的 Mock 功能，也可以使用 with…as 语句，代码如下：

```
def test_mock_02():
    with responses.RequestsMock() as response:
        response.add(responses.POST, 'http://ims.lujiatao.com/api/login', json={'code':
0, 'msg': '', 'data': None})
        response = requests.post('http://ims.lujiatao.com/api/login', data=body)
        assert response.json() == {'code': 0, 'msg': '', 'data': None}
```

这种情况适合测试函数/方法中只有部分请求需要 Mock 的场景。

以上只是对 Responses 的简单介绍，有兴趣的读者可查阅 Responses 的 GitHub 文档，地址详见前言二维码。

3.5.2 Dubbo 接口测试的 Mock

由于目前 Dubbo 接口没有成熟的开源 Mock 测试框架/工具，因此在本节，笔者将通过实现 GenericService 接口来实现一个 Dubbo 的 Mock 服务器。

首先在 mastering-test-automation-for-dubbo 工程中新增一个名为 mock-server 的 Maven 模块，在该模块的/src/main/java 目录中新增 com.lujiatao.mockserver 包，在 com.lujiatao.mockserver 包中新增 GenericServiceImpl 类，代码如下：

```java
package com.lujiatao.mockserver;

import org.apache.dubbo.rpc.service.GenericException;
import org.apache.dubbo.rpc.service.GenericService;

import java.util.HashMap;
import java.util.Map;

public class GenericServiceImpl implements GenericService {

    @Override
    public Object $invoke(String method, String[] parameterTypes, Object[] args) throws
GenericException {
        if (method.equals("getById")) {
            if (parameterTypes.length == 1) {
                if (parameterTypes[0].equals("int")) {
                    Map<String, Object> params = new HashMap<>();
                    params.put("id", 1);
                    params.put("brand", "HUAWEI");
                    params.put("model", "Mate 40");
                    params.put("desc", "");
                    params.put("count", 0);
                    params.put("goodsCategoryId", 1);
                    params.put("createTime", "2021-05-19 08:51:14");
                    params.put("updateTime", "2021-05-19 08:51:14");
                    params.put("class", "com.lujiatao.ims.common.entity.Goods");
                    return params;
                }
            }
        }
        throw new IllegalArgumentException("不存在该 Mock 方法");
    }

}
```

以上代码重写了 GenericService 接口的 $invoke() 方法，在方法体中判断了泛化调用时的方法名、参数数量及类型，最后使用 Map < String, Object >代替 POJO（以上示例中的 Goods）返回给方法调用者。

新增 MockServer 类，代码如下：

```
package com.lujiatao.mockserver;

import org.apache.dubbo.config.ApplicationConfig;
import org.apache.dubbo.config.RegistryConfig;
import org.apache.dubbo.config.ServiceConfig;
import org.apache.dubbo.rpc.service.GenericService;

import java.util.concurrent.CountDownLatch;

public class MockServer {

    public static void main(String[] args) throws InterruptedException {
        ApplicationConfig applicationConfig = new ApplicationConfig();
        applicationConfig.setName("MockServer");
        RegistryConfig registryConfig = new RegistryConfig();
        registryConfig.setTimeout(10000);
        registryConfig.setAddress("zookeeper://192.168.3.102:10003");
        ServiceConfig<GenericService> serviceConfig = new ServiceConfig<>();
        serviceConfig.setApplication(applicationConfig);
        serviceConfig.setRegistry(registryConfig);
        serviceConfig.setInterface("com.lujiatao.ims.api.GoodsService");
        serviceConfig.setVersion("1.0.0");
        serviceConfig.setRef(new GenericServiceImpl());
        serviceConfig.export();
        new CountDownLatch(1).await();
    }

}
```

ServiceConfig 类与 ReferenceConfig 类功能相对应，前者用于暴露接口，后者用于引用接口。以上代码创建了一个 ServiceConfig 对象，并将对 GoodsService 接口的调用映射到 GenericServiceImpl 类，即将对真实接口的调用映射到 GenericService 接口的实现类。配置好映射关系后，需要使用 export()方法暴露该服务提供者。另外，在最后创建 CountDownLatch 对象并调用其 await()方法的目的是阻塞主线程，否则在执行 MockServer 类时，主线程将很快结束，即无法使 Mock 服务器持续地运行。

最后到了验证 Mock 服务器的时候了。首先停止已启动的 IMS 服务提供者，然后启动 Mock 服务器(即运行 MockServer 类)。接着便可以使用泛化调用的方式来调用 Dubbo 接口了。

说明

出于演示目的，该 Mock 服务器仅提供了 GoodsService 接口 getById()方法的 Mock，且返回值也仅仅是硬编码的。

第4章

界面自动化测试

界面自动化测试是系统自动化测试的主要体现。在实际项目中，以 Web 和 App 应用程序的界面自动化测试最为常见。因为实施界面自动化测试的成本很高，所以在实施之前需要谨慎评估实施的可行性。例如在项目迭代频繁、测试用例复用率低的情况下，显然不适合大规模实施界面自动化测试。

4.1 查看元素的辅助工具

4.1.1 浏览器开发者工具

包括 Chrome、Edge、Safari 和 Firefox 等在内的主流浏览器都提供了开发者工具，使用开发者工具可以方便地看到当前浏览器中的 Web 元素。

以 Chrome 为例，在 Windows 计算机中可使用 F12 键或 Ctrl＋Shift＋I 组合键打开开发者工具，然后在开发者工具的 Elements 标签页看到 Web 元素，如图 4-1 所示。

此外，Chrome 开发者工具还提供了一个 Web 元素拾取器。使用方法是，单击 Chrome 开发者工具左侧的图标，并将鼠标移到要查看的 Web 元素上，Elements 标签页便会高亮显示该 Web 元素，如图 4-2 所示。

说明

如果读者使用了笔记本计算机，通常需要使用 fn＋F12 组合键才能打开开发者工具。另外，在 macOS 计算机中，需要将 Ctrl＋Shift＋I 组合键换为 option(alt)＋command＋I 组合键。

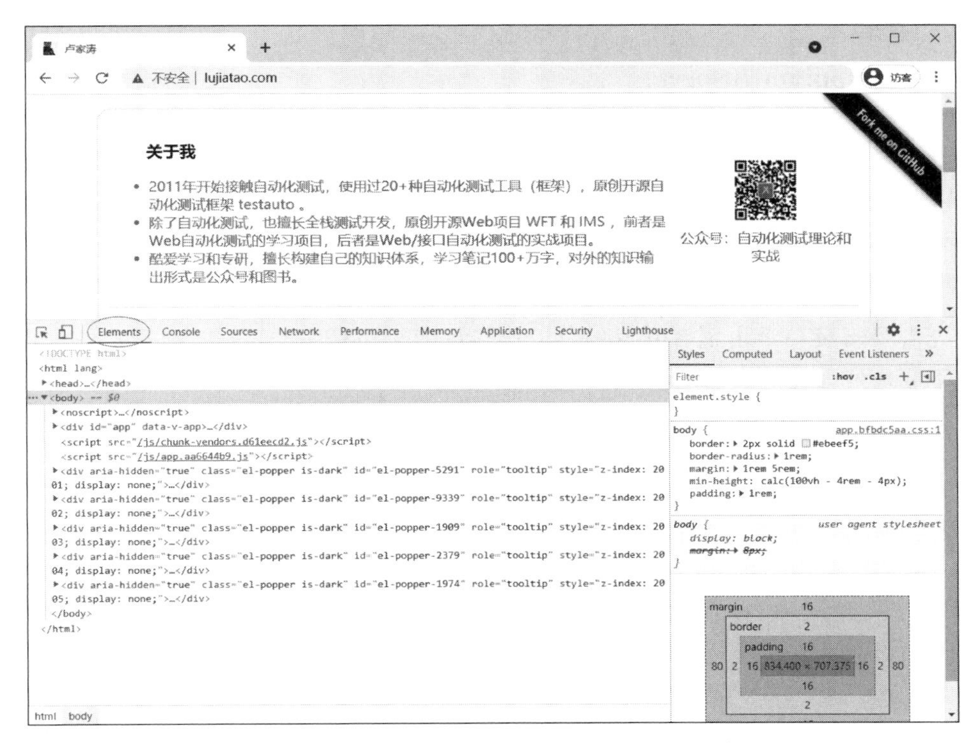

图 4-1　使用 Chrome 开发者工具查看 Web 元素

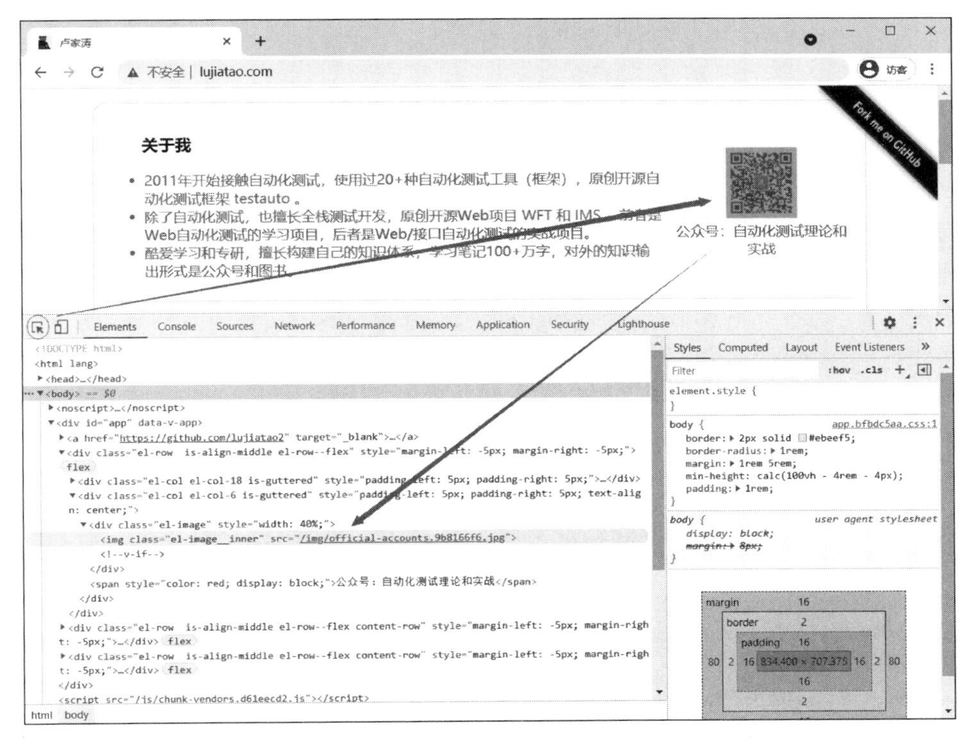

图 4-2　Chrome 开发者工具的 Web 元素拾取器

4.1.2 Appium Inspector

浏览器开发者工具只能查看 Web 元素，针对移动端 App 需要使用其他工具来查看。Appium Inspector 是 Appium Desktop 集成的一个 App 元素查看工具，其可以很方便地查看 Android 和 iOS 设备的界面元素。

1. 查看 Android 界面元素

首先需要安装一个由笔者开发的 Android 待测应用程序 Calculator For PPI，其 APK 安装包下载地址详见前言二维码。

另外，在使用 Appium Inspector 查看 Android 界面元素之前，读者必须已经搭建完成了 Android 自动化测试环境（详见附录 A.5 节）。

保持 Android 设备（真实设备或模拟器）开启并已经和计算机连接好（真实设备）。可在 CMD 窗口中执行命令来查看设备的连接状态，命令如下：

```
adb devices
```

回显中如有 device 字样，就说明设备已经正常连接了。回显示例如下：

```
List of devices attached
ZY223N48DK        device
```

因为 ZY223N48DK 是笔者连接的真实设备的设备号，所以读者看到的会和这里的不一致。

如果连接的是模拟器，回显示例如下：

```
List of devices attached
emulator - 5554   device
```

说明

首次连接时，真实设备会弹出“允许 USB 调试吗?”对话框，此时选中“一律允许使用这台计算机进行调试”选项并单击“确定”按钮即可。

接着在 Appium 服务器窗口单击 🔍（搜索）图标，它是 Appium Inspector 的入口，如图 4-3 所示。

单击搜索图标后进入 Appium 服务器配置界面，在默认的 Automatic Server→Desired Capabilities 标签页填写创建会话的初始化参数如下：

```
automationName:UiAutomator2
platformName:Android
platformVersion:9
deviceName:Android Device
appPackage:com.lujiatao.calculatorforppi
appActivity:com.lujiatao.calculatorforppi.MainActivity
noReset:true
```

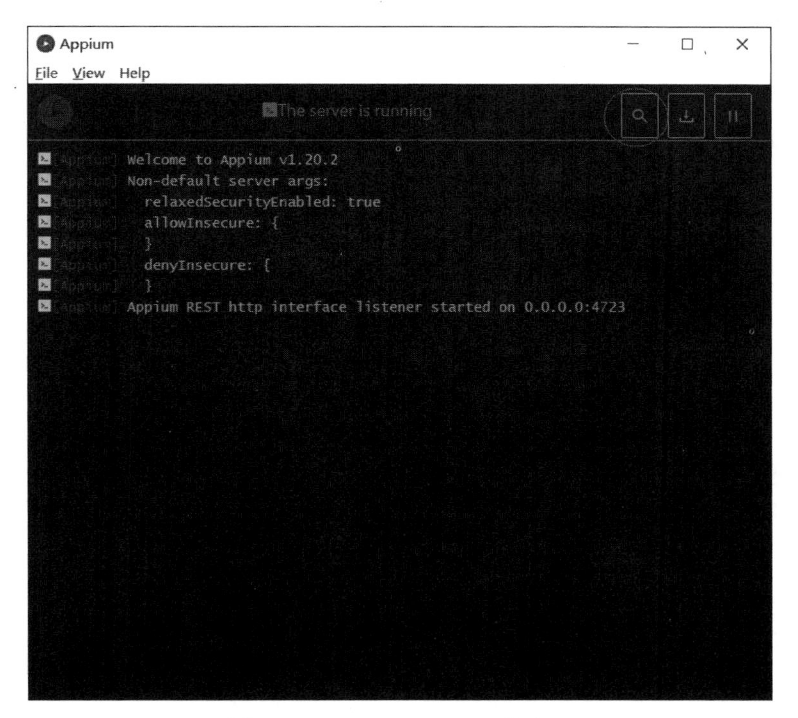

图 4-3　Appium Inspector 的入口

以上参数显示笔者的 Android 设备版本是 9。读者需根据实际情况调整以上参数，如果读者的 Android 设备版本不是 9，就需要修改成正确的版本。以上参数的详细介绍见 4.3.2 节。笔者的初始化参数配置如图 4-4 所示。

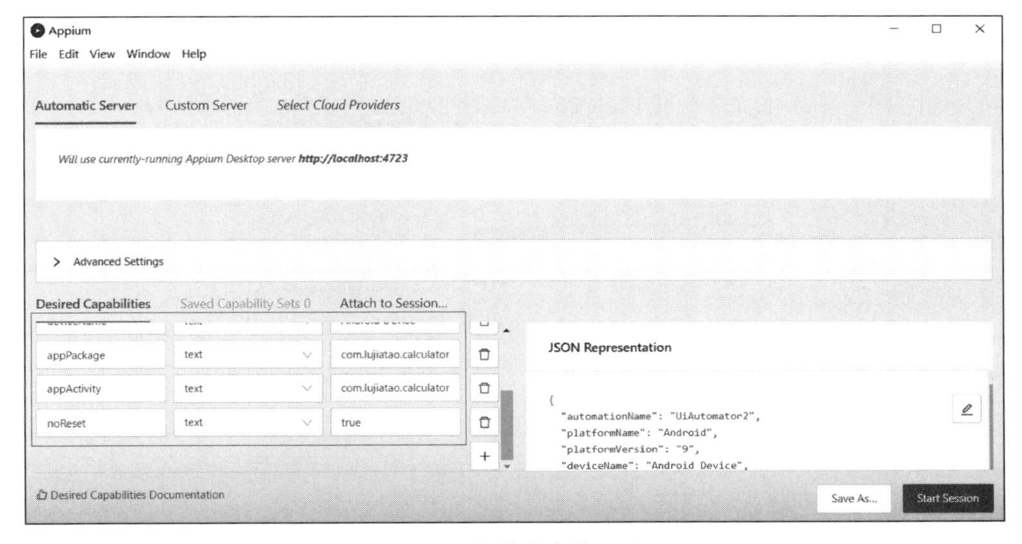

图 4-4　初始化参数配置

然后单击 Start Session 按钮打开查看元素界面，单击界面上的任意一个元素即可查看元素信息。例如，单击“计算”按钮，可看到右侧出现了该元素的具体信息，如图 4-5 所示。

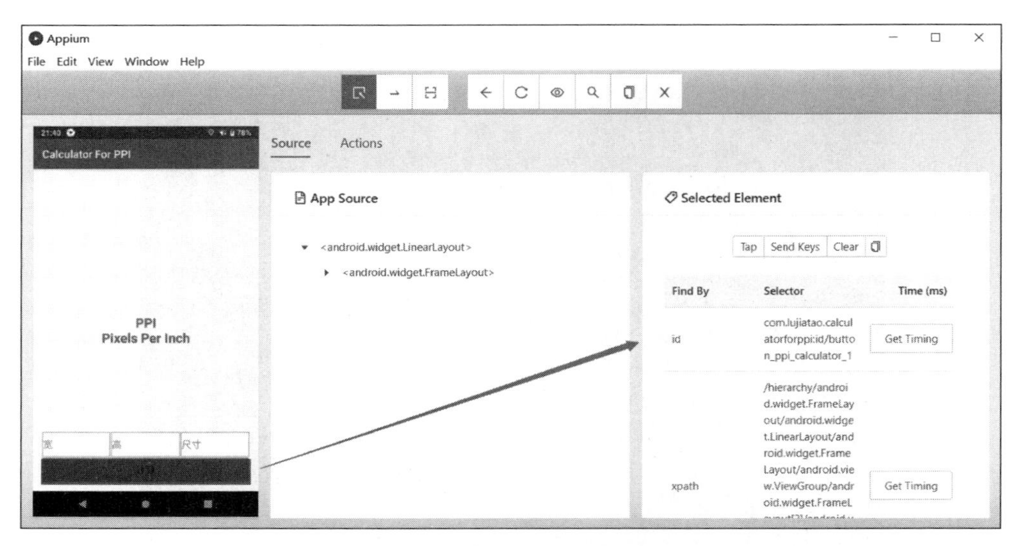

图 4-5　查看 Android 元素信息

说明

虽然在 Android SDK 中还有一个名为 uiautomatorviewer 的工具可以用于查看 Android 界面元素，但是根据笔者的使用经验，该工具很不稳定，经常出现无法获取界面元素的情况，因此此处不对该工具进行讨论。

2．查看 iOS 界面元素

首先需要安装一个由笔者开发的 iOS 待测应用程序 Calculator For PPI，其源代码下载地址详见前言二维码。

下载后使用 Xcode 打开源代码，并选择待安装的 iOS 设备，如图 4-6 所示。

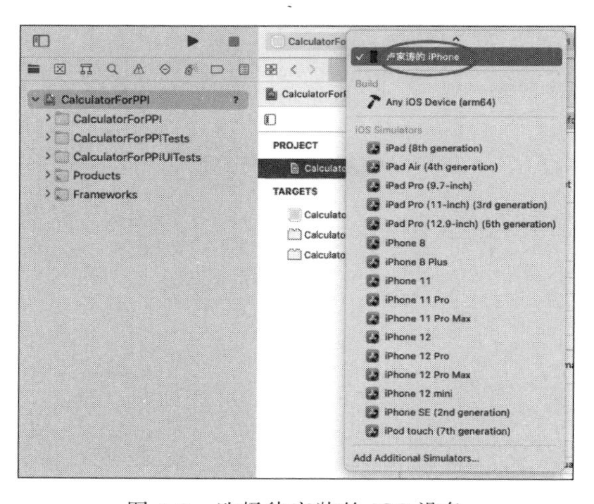

图 4-6　选择待安装的 iOS 设备

然后将 Calculator For PPI 安装到 iOS 设备上，安装方法是单击图 4-6 中顶部的三角形图标或按 command+R 组合键。笔者使用的是真实设备，读者也可以使用模拟器，只需在

图 4-6 的 iOS Simulators 中选择对应模拟器即可。

说明

(1) 由于新版本的 Xcode 会对当前工程和第三方框架的构建对象做严格的匹配检测，如果不匹配将构建失败，例如当前工程是只针对 iOS 真实设备，而第三方框架是针对 iOS 真实设备和模拟器，此时就会无法构建成功。为了临时兼容这种场景，可以单击 Xcode 的 File→Project Settings 选项进入工程设置界面，在 Build System 中选择 Legacy Build System 选项即可。

(2) 安装 Calculator For PPI 成功后，在首次单击 Calculator For PPI 时会提示“不受信任的开发者”的信息，需要进入 iOS 设备的“设置”→“通用”→“设备管理”界面，单击“信任该开发者”。

另外，在使用 Appium Inspector 查看 iOS 界面元素之前，读者必须完成对 iOS 自动化测试环境的搭建(详见电子版附录 A.6 节)。

接着在 Appium 服务器单击搜索图标，它是 Appium Inspector 的入口，如图 4-7 所示。

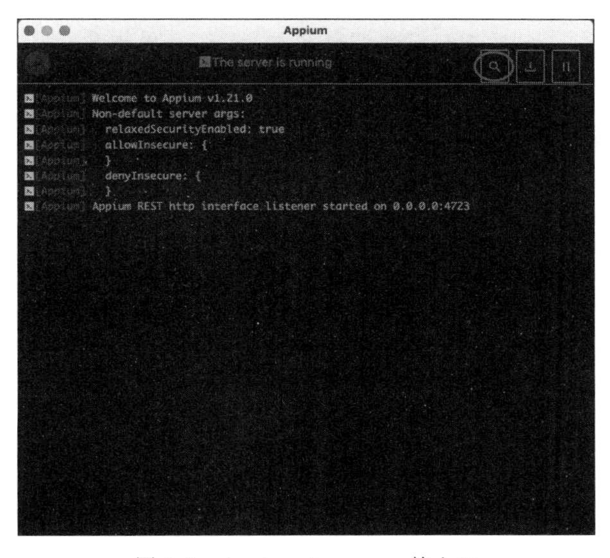

图 4-7 Appium Inspector 的入口

单击搜索图标后进入 Appium 服务器配置界面，在默认的 Automatic Server→Desired Capabilities 标签页填写创建会话的初始化参数如下：

```
automationName: XCUITest
platformName: iOS
platformVersion: 14.5.1
deviceName: iPhone 8
udid: a1bf89a6d882010cd9314dd7544e21eac6482e00
bundleId: com.lujiatao.CalculatorForPPI
```

读者需根据实际情况调整以上参数，参数中的 iOS 设备版本是 14.5.1，如果读者的

iOS 设备版本不是 14.5.1，就需要修改成正确的版本。以上参数的详细介绍见 4.3.2 节。笔者的初始化参数配置如图 4-8 所示。

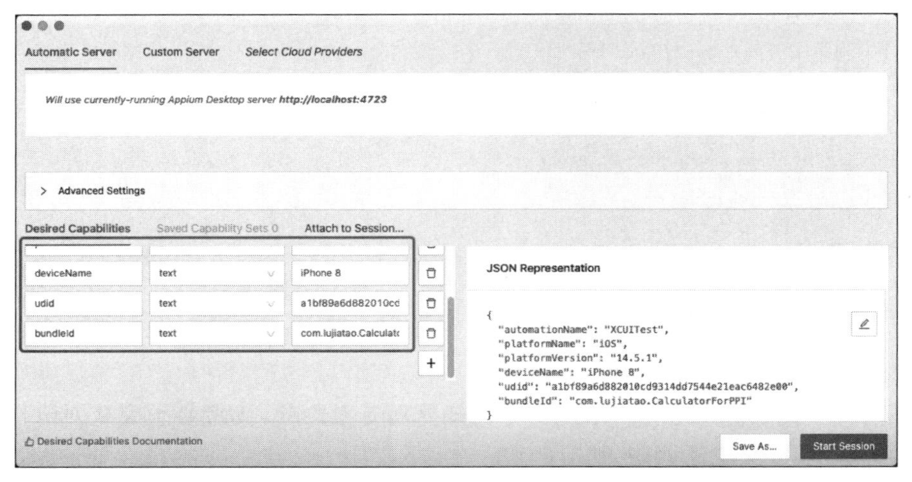

图 4-8　初始化参数配置

然后单击 Start Session 按钮打开查看元素界面，任意单击界面上的一个元素即可查看元素信息。比如单击“计算”按钮，可看到右侧出现了该元素的具体信息，如图 4-9 所示。

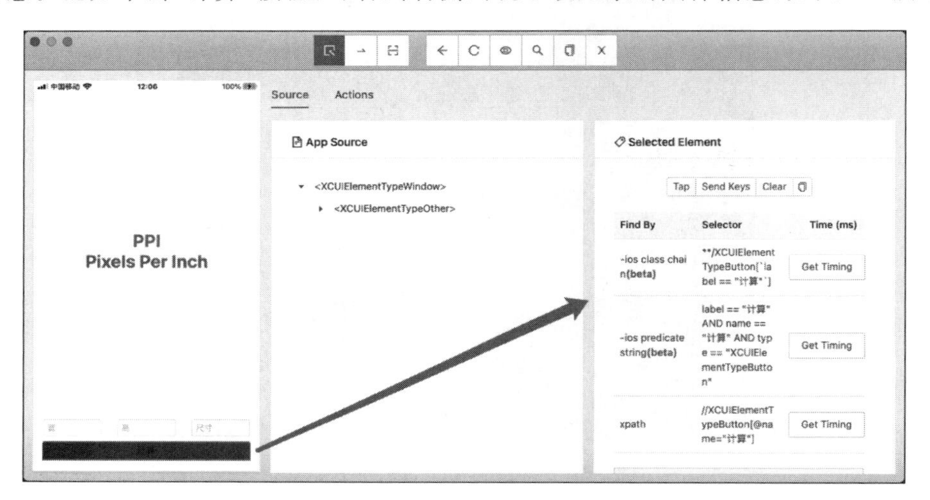

图 4-9　查看 iOS 元素信息

4.2　使用 Selenium 测试 Web 应用

4.2.1　Selenium 简介

Selenium 是一个由 ThoughtWorks 发起的 Web 自动化测试项目，包含 3 个子项目：

（1）Selenium WebDriver：模拟真实用户在本地或远程机器上使用浏览器。它用于替

代 Selenium Remote Control(Selenium RC)。目前支持 Chrome、IE/Edge、Safari 和 Firefox 等浏览器，并支持 Python、Java、JavaScript、C# 和 Ruby 等编程语言的客户端。

(2) Selenium Grid：用于分布式执行测试脚本，它可以通过一个中心管理服务对不同执行机上的浏览器发送测试指令，从而可以测试不同操作系统上的不同浏览器的兼容性。

(3) Selenium IDE：是一个 Chrome 和 Firefox 插件，它可以录制和回放测试脚本。Selenium IDE 的最大优势是开箱即用，它可快速生成端到端测试脚本，且不需要测试人员具备编程语言基础。

Selenium 遵循了 WebDriver 协议，其通过不同的浏览器驱动充当代理，实现与不同浏览器的通信。由于不同浏览器驱动的充分适配，Selenium 屏蔽了底层的调用复杂性和差异性，以便使用者轻松操作。

Selenium 有以下 3 种通信模式。

1. 本地模式

本地模式指测试脚本、浏览器驱动和浏览器位于同一台计算机上，如图 4-10 所示。

测试脚本在执行时与本地浏览器驱动建立会话，并通过浏览器驱动与浏览器通信。这种通信模式适用于本地调试或小规模自动化测试用例的执行。

图 4-10　Selenium 本地模式

2. 远程模式

远程模式指测试脚本在计算机 A 上，Selenium Server、浏览器驱动和浏览器在计算机 B 上，如图 4-11 所示。

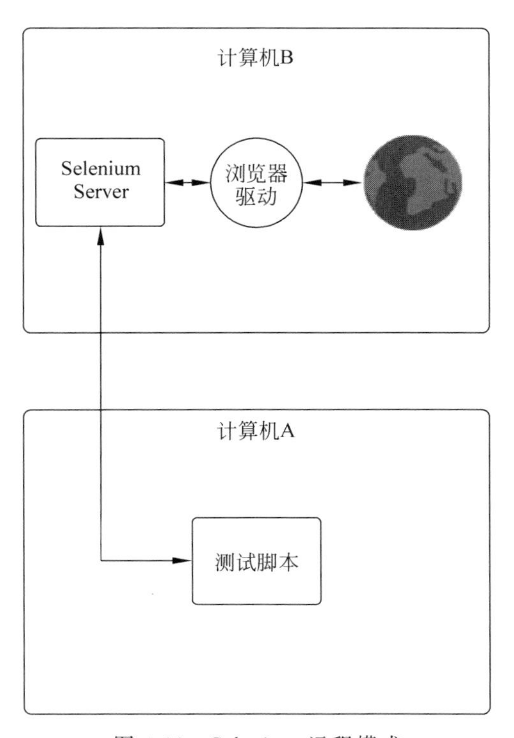

图 4-11　Selenium 远程模式

测试脚本与浏览器分离，此时需要在浏览器所在计算机上启动 Selenium Server 服务，其充当测试脚本与浏览器驱动的桥梁。这种通信模式适用于远程调试或小规模自动化测试用例执行。比如在本地使用 Windows 计算机编写基于 Safari 浏览器的自动化测试用例，如果需要调试代码，就必须与 macOS 计算机进行通信，以调用 Safari 浏览器。

3. 分布式模式

分布式模式指测试脚本在计算机 A 上，Selenium Server（Hub）在计算机 B 上，Selenium Server（Node）、浏览器驱动和浏览器在计算机 C 和计算机 D 上，如图 4-12 所示。

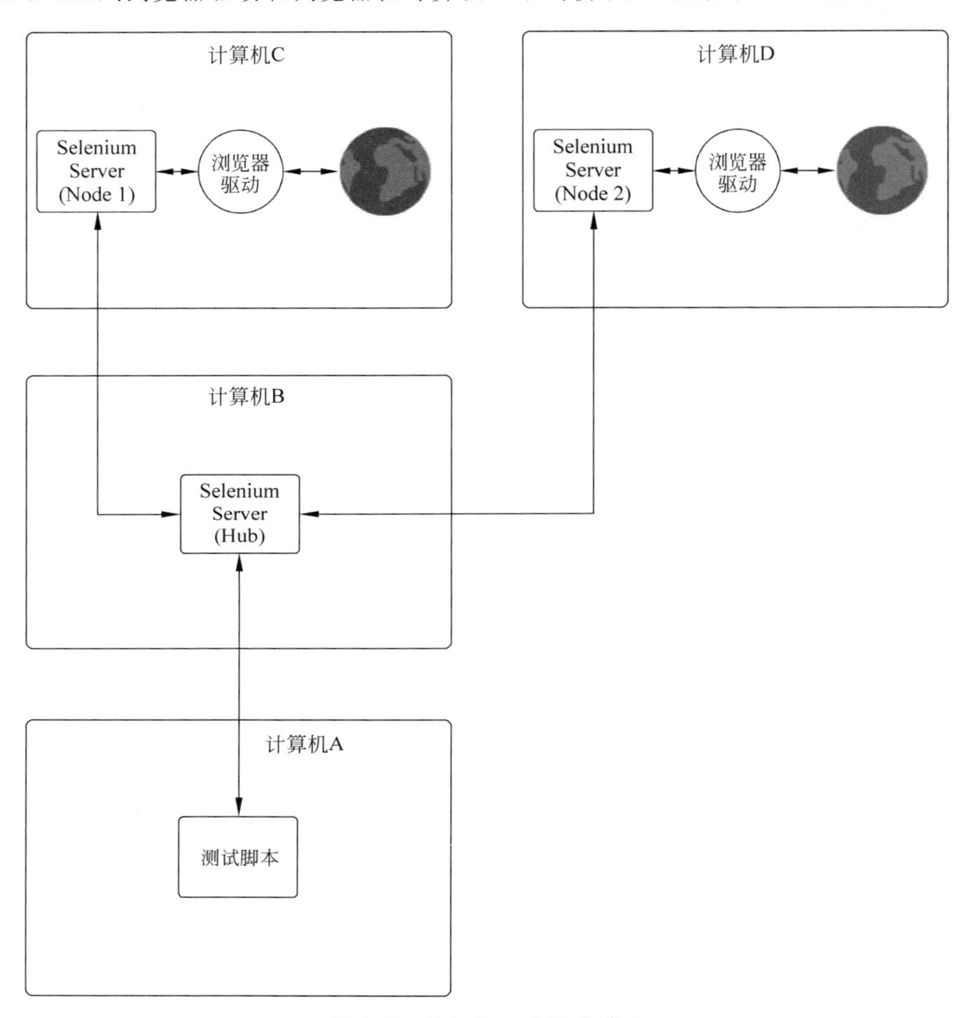

图 4-12 Selenium 分布式模式

使用 Selenium Server 的 Hub-Node 模式搭建分布式测试集群，此时测试脚本与 Selenium Server（Hub）直接通信。当然测试脚本与 Selenium Server（Hub）也可以处于同一台计算机上（即图 4-12 中的计算机 A 和计算机 B 可使用同一台计算机）。这种通信模式适用于大规模自动化测试用例的执行。

4.2.2 打开浏览器

要使用 Selenium 打开浏览器，就需要安装对应编程语言的客户端，执行命令即可安装 Selenium Python 客户端，命令如下：

```
pip install selenium
```

除了安装 Selenium Python 客户端，还需要下载并配置对应浏览器的浏览器驱动程序。对于不同的浏览器，其驱动程序下载地址不同，下载地址详见前言二维码。

说明

由于 macOS 已经内置了 Safari 浏览器驱动程序，因此 Safari 无须单独下载浏览器驱动程序。

以 Windows 操作系统为例，下载浏览器驱动程序后将其中的 EXE 可执行文件复制到 E:\Other\BrowserDriver 目录，读者也可根据实际情况修改放置的目录。

说明

浏览器驱动版本需要与浏览器版本匹配，否则在运行测试脚本时会抛出 SessionNotCreatedException 异常，导致无法打开浏览器。浏览器驱动版本与浏览器版本的匹配关系在浏览器驱动下载页面会有说明，下载前应仔细查看。

为了方便使用浏览器驱动程序，需要将浏览器驱动程序的路径加入系统 Path 变量中，如图 4-13 所示。

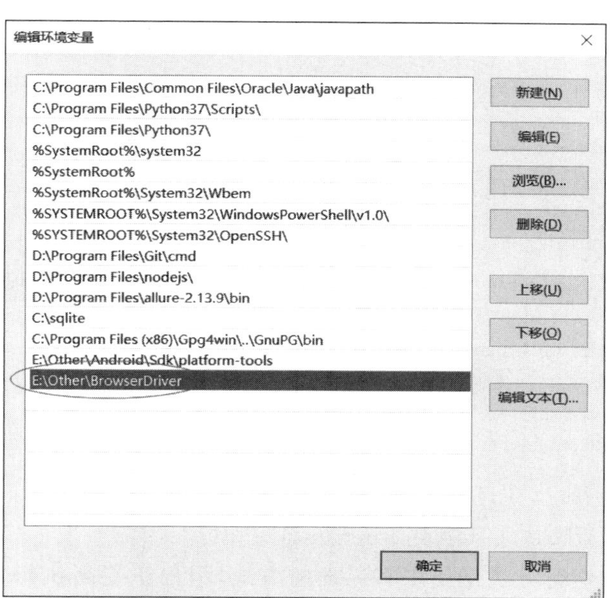

图 4-13 增加系统 Path 变量

说明

macOS 或 Linux 操作系统可通过执行 export PATH = $PATH:/path/to/browserdriver>>~/.profile 命令添加系统 Path 变量。

接着在 chapter_04 包中新增 learning_selenium 子包，在 learning_selenium 子包中新增 open_browser 模块，并编写一些简单的测试代码用于打开浏览器，加载指定 URL 和关闭浏览器。

【例 4-1】 打开浏览器，加载指定 URL 和关闭浏览器。

```
from selenium.webdriver import Chrome

driver = Chrome()
try:
    driver.get('http://wft.lujiatao.com/')
finally:
    driver.quit()
```

以上代码中实例化 Chrome 对象实际上是打开 Chrome 浏览器，然后分别调用 Chrome 对象的 get()和 quit()方法用于加载 WFT 首页和关闭浏览器。这里的 Chrome 对象实际上是一个 Chrome 浏览器会话，变量名称习惯上使用 driver，因此后续内容将以 driver 代称该浏览器会话。

说明

WFT(Web For Test)是笔者开发的一个用于学习自动化测试的项目，包含了文本框、文本区域、复选框、单选框和下拉列表等常见 Web 元素。

将 quit()方法放在 finally 语句中，是为了保证即使发生异常时也能及时关闭浏览器以释放系统资源。由于 Selenium Python 客户端实现了上下文管理器，因此建议直接使用 with…as 语句来代替 try…finally 语句，代码如下：

```
from selenium.webdriver import Chrome

with Chrome() as driver:
    driver.get('http://wft.lujiatao.com/')
```

除了打开 Chrome 浏览器，也可以打开其他浏览器，如 Firefox，代码如下：

```
from selenium.webdriver import Firefox

with Firefox() as driver:
    driver.get('http://wft.lujiatao.com/')
```

从以上代码可以看出，在逻辑上，打开 Firefox 浏览器和 Chrome 浏览器没有差别，只是将实例化 Chrome 对象换成了实例化 Firefox 对象而已。

常规的浏览器的运行方式是使用有界面的方式，但出于提高执行效率或需要在 Linux 无界面场景下执行 Web 自动化测试的目的，还可以使用浏览器的无头模式，该模式提供了无界面的浏览器运行方式。

对于 Chrome 浏览器，要使用无头模式，首先需要创建一个 ChromeOptions 对象，并向其中添加--headless 参数，然后将 ChromeOptions 对象传递给 options 关键字参数以实例化 Chrome 对象，代码如下：

```
from selenium.webdriver import Chrome, ChromeOptions

chrome_options = ChromeOptions()
chrome_options.add_argument('--headless')
with Chrome(options=chrome_options) as driver:
    driver.get('http://wft.lujiatao.com/')
```

在执行以上代码时，并没有打开 Chrome 浏览器的界面，但是执行结果却是成功的，说明此时 Chrome 浏览器使用的是无头模式。

Firefox 浏览器也支持无头模式，只需要将 ChromeOptions 对象替换成 FirefoxOptions 对象，并添加--headless 参数即可开启 Firefox 浏览器的无头模式。

说明

除了 Chrome 和 Firefox 浏览器的无头模式，还有本身就是无界面的浏览器，比如流行的 PhantomJS、HtmlUnit 等，它们被广泛用于网页爬取、测试等。有兴趣的读者可自行查阅相关资料进行了解。

4.2.3 详解浏览器操作

在 4.2.2 节中，通过设置系统 Path 变量的方式将浏览器驱动的路径添加到了系统变量中，如果读者不想设置系统 Path 变量，也可以在测试脚本中直接指定浏览器驱动的路径。

【例 4-2】 显式指定浏览器驱动的路径。

```
from selenium.webdriver import Chrome

with Chrome(executable_path=r'E:\Other\BrowserDriver\chromedriver.exe') as driver:
    driver.get('http://wft.lujiatao.com/')
```

以上代码使用关键字参数 executable_path 指定了浏览器驱动的路径，笔者的 Chrome 浏览器驱动路径为 E:\Other\BrowserDriver\chromedriver.exe，读者应根据实际情况进行替换。

1. 浏览器导航

Selenium 可控制浏览器进行各种导航操作，包括加载指定 URL、前进、后退和刷新等。

【例 4-3】 浏览器导航。

```
from selenium.webdriver import Chrome

with Chrome() as driver:
    driver.get('http://wft.lujiatao.com/')
```

```
    driver.get('http://ims.lujiatao.com/')
    driver.back()
    driver.forward()
    driver.refresh()
```

以上代码的导航流程是：加载 WFT 首页 → 加载 IMS 首页 → 后退到 WFT 首页 →前进到 IMS 首页 → 刷新当前页面。

为了证实导航的结果，可以获取当前页面的一些信息来验证，代码如下：

```
print('当前页面的 URL:{}'.format(driver.current_url))
print('当前页面的标题:{}'.format(driver.title))
```

以上代码访问了 driver 的 current_url 和 title 属性，分别用于获取当前页面的 URL 和标题，执行结果如下：

```
当前页面的 URL: http://ims.lujiatao.com/login
当前页面的标题: IMS - 登录
```

由于 IMS 需要登录才能访问其首页，因此被重定向到登录页面。

2. 修改窗口大小和位置

Selenium 可控制浏览器窗口的大小和位置。

driver 的 get_window_size()和 set_window_size()方法分别用于获取和设置窗口大小。

【例 4-4】 修改窗口大小和位置。

```
from selenium.webdriver import Chrome

with Chrome() as driver:
    driver.get('http://wft.lujiatao.com/')
    size = driver.get_window_size()
    print(f'修改前窗口宽{size.get("width")}像素、高{size.get("height")}像素.')
    driver.set_window_size(1024, 768)
    size = driver.get_window_size()
    print(f'修改后窗口宽{size.get("width")}像素、高{size.get("height")}像素.')
```

get_window_size()方法返回一个字典，通过 Key width 和 height 分别获取其宽和高。set_window_size()方法通过传入宽和高设置窗口的大小。

执行以上代码，执行结果如下：

```
修改前窗口宽 945 像素、高 1020 像素.
修改后窗口宽 1024 像素、高 768 像素.
```

由以上输出可以看出，浏览器的默认窗口宽 945 像素、高 1020 像素。

除了直接设置窗口的大小外，还可以设置窗口的最小化、最大化和全屏显示，分别使用 driver 的 minimize_window()、maximize_window()和 fullscreen_window()方法完成，代码如下：

```
driver.minimize_window()
driver.maximize_window()
driver.fullscreen_window()
```

与 get_window_size()/set_window_size()方法对应的是 get_window_position()/set_ window_position()方法,它们用于获取和设置窗口位置,代码如下:

```
position = driver.get_window_position()
print(f'修改前窗口位于({position.get("x")}, {position.get("y")}).')
driver.set_window_position(0, 0)
position = driver.get_window_position()
print(f'修改后窗口位于({position.get("x")}, {position.get("y")}).')
```

get_window_position()方法返回一个字典,通过 Key x 和 y 分别获取其 x 和 y 坐标。而 set_window_position()方法通过传入 x 和 y 设置窗口的位置。屏幕左上角第一个像素点的 x 和 y 坐标都是 0。若往右,则 x 坐标增加;若往下,则 y 坐标增加。

执行以上代码,执行结果如下:

```
修改前窗口位于(10, 10).
修改后窗口位于(0, 0).
```

由以上输出可以看出,浏览器的默认窗口位置是(10,10)。

3. 切换和关闭窗口

在 Selenium 中,窗口的概念与大家日常认知的有一定差异,因为 Selenium 认为新开一个标签页也是新开了一个窗口。

以下代码演示了打开 WFT 的“控制浏览器”页面,并在新窗口中打开百度首页,接着通过窗口句柄切换窗口。

【例 4-5】 切换和关闭窗口。

```
from selenium.webdriver import Chrome

with Chrome() as driver:
    driver.get('http://wft.lujiatao.com/')
    driver.find_element_by_link_text('控制浏览器').click() # 进入"控制浏览器"页面
    driver.find_element_by_css_selector('p:nth-child(2) > a').click() # 在新窗口打开百度
    windows = driver.window_handles
    driver.switch_to.window(windows[1])
    assert driver.title == '百度一下,你就知道'
    driver.close()
    driver.switch_to.window(windows[0])
    assert driver.title == '控制浏览器'
```

说明

以上代码使用了元素的超链接文本和 CSS 选择器来定位元素,并使用 click()方法单击元素。有关定位及操作元素详见 4.2.4 节。

由于是在新窗口中打开百度首页,因此此时有两个窗口。通过访问 driver 的 window_handles 属性获取全部窗口句柄,并结合 SwitchTo 对象的 window()方法来切换窗口。第一个窗口的索引为 0,第二个窗口的索引为 1,依此类推。以上代码还用到了 driver 的 close()方法,该方法用于关闭当前窗口。与 quit()方法不同的是,quit()方法用于关闭整个浏览器,而不仅仅是关闭当前窗口。

4.2.4 定位及操作元素

在对 Web 元素进行操作之前，需要先找到这个元素，这个查找的过程称为元素定位。

1. 元素定位方法

Selenium 支持 8 种元素定位方法，见表 4-1。

表 4-1 8 种元素定位方法

方法名称	方法含义
ID	根据元素的 id 属性值来定位元素
Name	根据元素的 name 属性值来定位元素
Class Name	根据元素的 class 属性值来定位元素。不允许使用复合类名，即当 class="class-a class-b"时，不能使用 class-a class-b 来定位该元素，但可以使用 class-a 或 class-b 来定位
Tag Name	根据元素的 HTML 标签名来定位元素
CSS Selector	根据 CSS 选择器来定位元素
XPath	根据 XPath 表达式来定位元素。XPath 全称 XML Path Language，即 XML 路径语言
Link Text	根据超链接文本来定位元素
Partial Link Text	根据超链接中的部分文本来定位元素

对于初学者而言，使用 CSS 选择器来定位元素有一定的难度，因为需要具备一些 CSS 知识，表 4-2 总结了 CSS 选择器的一些常用语法，若需了解更多，可查阅 W3school 提供的免费在线教程，地址详见前言二维码。

表 4-2 CSS 选择器常用语法

CSS 选择器名称	示例	示例说明
*	*	选择所有元素
.class	.my-class	选择 class="my-class"的元素
#id	#my-id	选择 id="my-id"的元素
element	p	选择< p >元素
element, element	div, p	选择< div >和< p >元素
element element	div p	选择< div >中的< p >元素
element>element	div>p	选择父元素是< div >的< p >元素
element+element	div+p	选择紧邻< div >之后的< p >元素
[attr]	[type]	选择有 type 属性的元素
[attr='value']	[type='text']	选择属性为 type，且其值等于 text 的元素
[attr~='value']	[type~='text']	选择属性为 type，且其值为包含 text 的元素
:nth-child(n)	p:nth-child(2)	选择属于其父元素的第 2 个< p >子元素
:nth-last-child(n)	p:nth-last-child(2)	选择属于其父元素的倒数第 2 个< p >子元素

XPath 的语法相对来说直观一些，但效率上不如 CSS 选择器。表 4-3 总结了 XPath 的一些常用语法。若需了解更多，可查阅 W3school 提供的免费在线教程，地址详见前言

二维码。

表 4-3 XPath 常用语法

XPath 表达式	示 例	示例说明
/element/element	/html/body	使用绝对路径选择 body 元素
//element	//body	使用相对路径选择 body 元素
//element/*	//body/*	选择 body 的所有子元素
//element/element[index]	//div/input[1]	选择紧邻 div 之后的第一个 input 元素
//element/element[@attr]	//div/input[@type]	选择紧邻 div 之后的有 type 属性的 input 元素
//element/element[@attr='value']	//div/input[@type='text']	选择紧邻 div 之后的有 type 属性，且其值等于 text 的 input 元素
//element/element[contains(@attr,'value')]	//div/input[contains(@type,'text']	选择紧邻 div 之后的有 type 属性，且其值包含 text 的 input 元素

说明

8 种元素定位方法归纳起来实际上只有两类，即基于 CSS 选择器和基于 XPath，前者包括 ID、Name、Class Name、Tag Name 和 CSS Selector 5 种方法；后者包括 XPath、Link Text 和 Partial Link Text 3 种方法。

2. 定位和操作单个元素

回顾 4.2.3 节中使用的 find_element_by_link_text()和 find_element_by_css_selector()方法，它们分别使用了超链接文本和 CSS 选择器来定位元素。对于其他 6 种定位方法，也有各自对应的 find_element_by_*()方法。

另外，Selenium 还提供了一种通用方法 find_element()，它适用于以上 8 种定位方法，代码如下：

```
from selenium.webdriver import Chrome
from selenium.webdriver.common.by import By

with Chrome() as driver:
    driver.get('http://wft.lujiatao.com/')
    driver.find_element(by=By.LINK_TEXT, value='操作元素').click()
    assert driver.title == '操作元素'
```

以上代码使用了超链接文本来定位元素，其定位结果与 find_element_by_link_text()方法一致。By 类的类属性 LINK_TEXT 表示使用超链接文本来定位元素，其他类属性如 ID、Name 等也分别对应各自的定位方法。

一旦定位到了元素，即可对元素进行操作，如单击、输入文本、清空文本和获取文本等。在此提供一个综合示例，即结合 find_element()和 find_element_by_*()方法定位 WFT 的 Web 元素，并在“操作元素”页面进行输入用户名和清空用户名操作。

【例 4-6】 定位和操作单个元素。

```
from selenium.webdriver import Chrome
```

```
from selenium.webdriver.common.by import By

with Chrome() as driver:
    driver.get('http://wft.lujiatao.com/')
    driver.find_element(by = By.LINK_TEXT, value = '操作元素').click() # 使用 find_element()
方法
    web_element = driver.find_element_by_id('username') # 使用 find_element_by_*()方法
    web_element.send_keys('admin') # 输入文本
    assert web_element.get_attribute('value') == 'admin' # 获取文本
    web_element.clear() # 清空文本
    assert web_element.get_attribute('value') == ''
```

以上代码分别使用 WebElement 对象的 send_keys()和 clear()方法进行了输入文本和清空文本的操作。此外 get_attribute()方法用于获取指定属性的值，这里需要获取输入的文本，因此获取的应该是 value 属性的属性值。还有一种获取文本的方式是访问 WebElement 对象的 text 属性，但这个属性值表示是元素本身的文本，而不是输入的文本。

除了以上介绍的元素操作，WebElement 对象还提供了许多其他元素操作，比如 is_selected()、is_enabled()和 is_displayed()方法分别用于校验元素是否选中、是否启用和是否显示。

3. 定位和操作多个元素

有时候需要定位多个元素，如在一个 Web 列表或表格中查找是否有满足条件的数据，此时可借助 find_element()和 find_element_by_*()方法的复数形式，即 find_elements()和 find_elements_by_*()方法。它们的返回值不是一个 WebElement 对象，而是一个列表，列表中的每个元素都是一个 WebElement 对象。

笔者以访问 WFT 的“操作元素”页面为例，查找其中的有序列表是否包含“系统测试”。

【例 4-7】 定位和操作多个元素。

```
from selenium.webdriver import Chrome

with Chrome() as driver:
    driver.get('http://wft.lujiatao.com/')
    driver.find_element_by_link_text('操作元素').click()
    web_elements = driver.find_elements_by_css_selector('ol > *')
    exist = False
    for web_element in web_elements:
        if web_element.text == '系统测试':
            exist = True
            break
    print(exist)
```

以上代码使用了 find_elements_by_css_selector()方法来定位多个元素，然后使用 for 循环来遍历其中的每个元素以查找是否有满足条件的数据。

4. 操作 frame 和 iframe

由于 HTML 5 已将 frame 弃用，因此笔者只介绍 iframe 的操作。以百度为例，要定位百度的“百度一下”搜索按钮，可以直接使用 find_element_by_id()方法，代码如下：

```
driver.find_element_by_id('su')
```

但是被< iframe >标签包围后，使用以上方式定位元素会抛出 NoSuchElementException 异常，提示没有该元素。正确的方式是先切换到 iframe 中，然后再进行定位，代码如下：

```
web_element = driver.find_element_by_tag_name('iframe')
driver.switch_to.frame(web_element)
driver.find_element_by_id('su')
```

以上代码实例化了一个 SwitchTo 对象，并访问其 frame()方法，方法的参数是一个 WebElement 对象，此处表示待操作的 iframe 元素。

如果 iframe 元素有 ID，还可以直接使用 ID 定位，代码如下：

```
driver.find_element_by_id('iframe-id')
```

或者给 frame()方法传递索引，代码如下：

```
driver.switch_to.frame(0)
```

如果有多个 iframe，使用索引就很方便了。索引是从 0 开始的。

如果想退出 iframe，可使用 SwitchTo 对象的 default_content()方法，代码如下：

```
driver.switch_to.default_content()
```

4.2.5 鼠标和键盘事件

鼠标和键盘是计算机的常用输入设备，因此在 Web 自动化测试中对鼠标和键盘事件的模拟是必不可少的。

1. 模拟鼠标事件

模拟鼠标事件是指模拟鼠标的输入事件，如单击、双击等。

在 4.2.3 节和 4.2.4 节中使用了 click()方法模拟鼠标单击，除此之外，Selenium 还支持模拟鼠标的双击和右击，不过需要借助 ActionChains 类，代码如下：

```
action_chains = ActionChains(driver)
action_chains.double_click(web_element).perform()
action_chains.context_click(web_element).perform()
```

将 driver 传递给 ActionChains 类的构造方法可以实例化一个 ActionChains 对象，然后调用 ActionChains 对象的 double_click()和 context_click()方法分别表示模拟鼠标的双击和右击操作。不过此时并没有实际执行对应的操作，只是将操作“存储”在了 ActionChains 对象中，要实际执行操作需要调用 perform()方法。

除了模拟简单的鼠标操作，也可以模拟比较复杂的鼠标操作，比如以下代码表示在元素 1(web_element_01)上按下鼠标，然后将元素 1 拖动到元素 2(web_element_02)上，最后松开鼠标，代码如下：

```
action_chains = ActionChains(driver)
action_chains.click_and_hold(web_element_01).move_to_element(web_element_02).release(web_
```

```
element_02).perform()
```

ActionChains 对象还有一个 drag_and_drop()方法，其可被看作以上一系列操作的简化版，代码如下：

```
action_chains = ActionChains(driver)
action_chains.drag_and_drop(web_element_01, web_element_02).perform()
```

2. 模拟键盘事件

模拟键盘事件是指模拟键盘的输入事件。

在 4.2.4 节中使用了 send_keys()方法模拟键盘向输入框中输入文本，不过这只是 send_keys()方法的最基本使用。除了接收字符串，send_keys()方法还可以接收 Keys 类属性作为参数，代码如下：

```
web_element.send_keys(Keys.ENTER)
```

以上代码模拟按键盘的回车键。

当然 send_keys()方法也支持模拟按组合键，代码如下：

```
web_element.send_keys(Keys.CONTROL, 'a')
```

以上代码模拟按键盘的 Ctrl+A 组合键。

除了 send_keys()方法，ActionChains 类还提供了许多模拟键盘事件的方法，代码如下：

```
action_chains = ActionChains(driver)
action_chains.key_down(Keys.SHIFT).send_keys_to_element(web_element, 'qwerty').key_up
(Keys.SHIFT).send_keys(
    'qwerty').perform()
```

以上代码表示按下 Shift 键，输入 QWERTY，松开 Shift 键，再输入 qwerty，即向 Web 元素中输入了 QWERTYqwerty 字符串。

4.2.6 处理等待

为了保证页面加载完成，需要加入一定的等待时间。一种方式是使用线程休眠，代码如下：

```
from time import sleep

sleep(5)
```

以上代码使用了 time 模块的 sleep()函数将线程休眠 5s。不过这种将等待时间硬编码的方式非常死板，因为如果 3s 就加载完成了，那么白白浪费了 2s；假如 10s 加载成功，显然等待的时间还不够，必然导致测试代码执行失败。在 Selenium 中，更好的方式是使用隐式等待或显式等待来更加智能地处理等待问题。

1. 隐式等待

隐式等待是一种全局等待，即设置后会在整个测试会话的生命周期中生效。Selenium

提供了以下 3 种隐式等待方法,代码如下:

```
driver.implicitly_wait(60) # 查找元素等待
driver.set_page_load_timeout(60) # 加载页面等待
driver.set_script_timeout(60) # 异步执行 JavaScript 脚本等待
```

以上代码将查找元素、加载页面和异步执行 JavaScript 脚本的超时时间都设置为了 60s。

2. 显式等待

使用 WebDriverWait 类可对等待时间及等待条件进行定制,以下以访问 WFT 的"处理等待"页面为例,使用显式等待方式来等待 Loading 状态的消失。

【例 4-8】 使用显式等待。

```
from selenium.webdriver import Chrome
from selenium.webdriver.common.by import By
from selenium.webdriver.support.expected_conditions import invisibility_of_element_located
from selenium.webdriver.support.wait import WebDriverWait

with Chrome() as driver:
    driver.get('http://wft.lujiatao.com/')
    driver.find_element_by_link_text('处理等待').click()
    web_driver_wait = WebDriverWait(driver, 60, poll_frequency=1)
    web_driver_wait.until(invisibility_of_element_located((By.ID, 'loading')))
```

以上代码将等待超时时间设置为 60s,并且每秒校验一次等待条件。这里使用了一个 invisibility_of_element_located 对象作为等待条件,该对象的作用是校验指定的元素是否不可见。通俗地讲,就是每秒校验一次元素是否不可见,超时时间为 60s。实际上,WebDriverWait 类的构造方法还可以接收第 4 个参数 ignored_exceptions,它表示在等待过程中忽略的异常,默认只忽略 NoSuchElementException 异常。

除了 invisibility_of_element_located,expected_conditions 模块还内置了许多等待条件,如 presence_of_element_located 和 visibility_of_element_located 分别用于校验元素是否存在和是否可见。

说明

不要同时使用隐式等待和显式等待,否则可能出现无法预测的结果。

4.2.7 JavaScript 对话框处理及脚本执行

Selenium 提供了对 JavaScript 原生对话框的处理,在不同浏览器中这些对话框的显示会有所区别。以 Chrome 浏览器为例,图 4-14~图 4-16 分别是 Alert 对话框、Confirm 对话框和 Prompt 对话框在 Chrome 浏览器中的显示效果。

以访问 WFT 的"操作 JavaScript"页面为例,单击"Alert 对话框"按钮打开一个 Alert

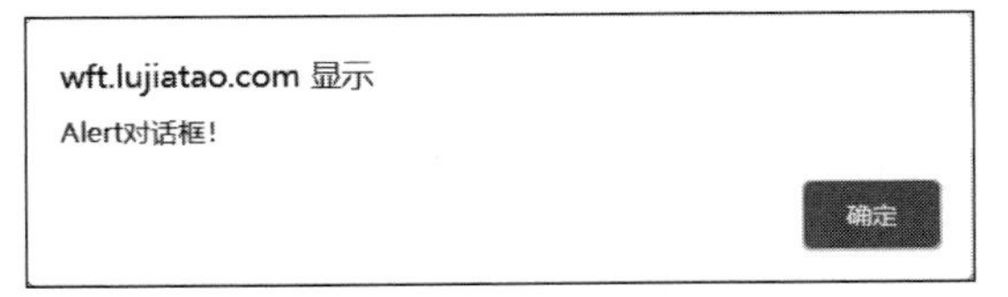

图 4-14 Alert 对话框

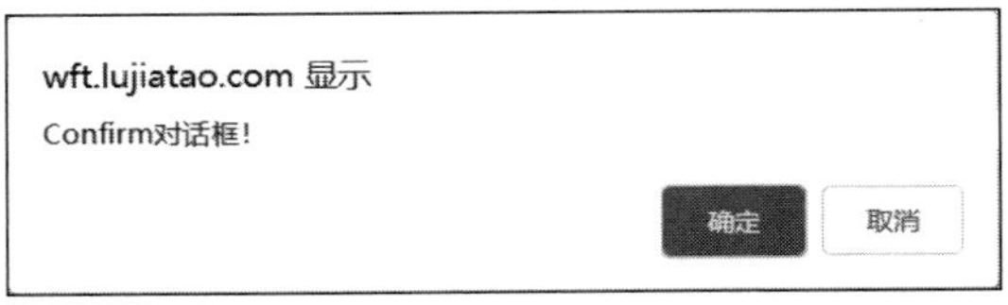

图 4-15 Confirm 对话框

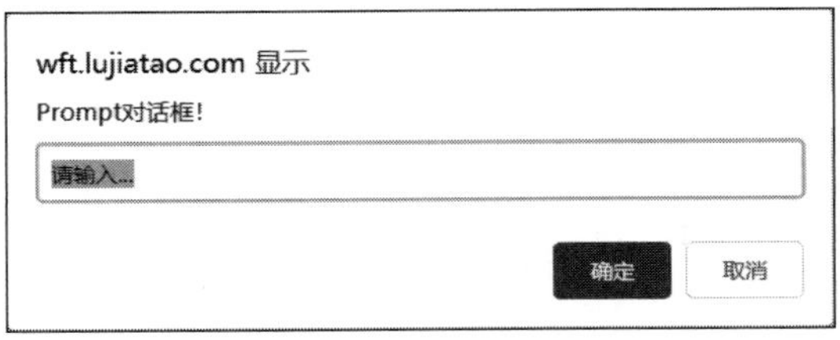

图 4-16 Prompt 对话框

对话框，然后获取文本并关闭。

【例 4-9】 处理 Alert 对话框。

```
from selenium.webdriver import Chrome

with Chrome() as driver:
    driver.get('http://wft.lujiatao.com/')
    driver.find_element_by_link_text('操作 JavaScript').click()
    driver.find_element_by_css_selector('p:nth-child(1) > button').click()
    assert driver.switch_to.alert.text == 'Alert 对话框!'
    driver.switch_to.alert.accept()
```

以上代码访问了 SwitchTo 对象的 alert 属性，其返回一个 Alert 对象，可将 Alert 对象理解为对话框，调用 Alert 对象的 accept()方法表示模拟单击对话框的“确定”按钮。

对于 Confirm 对话框，操作方式类似 Alert 对话框，只是多了一个 dismiss()方法模拟单击“取消”按钮，代码如下：

```
driver.find_element_by_css_selector('p:nth-child(2) > button').click()
assert driver.switch_to.alert.text == 'Confirm 对话框!'
driver.switch_to.alert.dismiss()
```

与 Confirm 对话框相比，Prompt 对话框又多了一个操作，即可以输入文本，代码如下：

```
driver.find_element_by_css_selector('p:nth-child(3) > button').click()
assert driver.switch_to.alert.text == 'Prompt 对话框!'
```

```
driver.switch_to.alert.send_keys('我是 Prompt 对话框')
driver.switch_to.alert.accept()
```

除了处理 JavaScript 对话框，Selenium 还可以直接执行 JavaScript 脚本，代码如下：

```
driver.execute_script("alert('Alert 对话框!')")
```

从以上代码可以看出，调用 WebDriver 对象的 execute_script()方法即可执行 JavaScript 脚本。不过 execute_script()方法是同步阻塞的，要异步执行 JavaScript 脚本，可使用 execute_async_script()方法。

说明

隐式等待中的 set_script_timeout()方法即是配合异步执行 JavaScript 脚本使用的。

4.2.8　上传和下载文件

在实际项目中经常会遇到上传和下载文件的场景，但遗憾的是，Selenium 对上传和下载文件的支持度均不够好。

1. 上传文件

最常见的是 Multipart 类型的文件上传，一般通过表单提交，其 Content-Type 为 multipart/form-data。这种类型的文件上传可直接使用 WebElement 对象的 send_keys()方法将文件路径作为参数传递即可。以访问 WFT 的"上传和下载文件"页面，并上传文件为例。

【例 4-10】　上传文件。

```
from selenium.webdriver import Chrome

with Chrome() as driver:
    driver.get('http://wft.lujiatao.com/')
    driver.find_element_by_link_text('上传和下载文件').click()
    driver.find_element_by_css_selector('input[type=file]').send_keys(r'E:\Other\File\
pic.jpg')
    driver.find_element_by_css_selector('input[type=submit]').click()
```

以上代码模拟选择文件，并单击"提交"按钮。执行以上代码后，笔者本地的 E:\Other\File\pic.jpg 文件便被上传到了 WFT 服务器上。

但如果想模拟用户的真实操作，即打开对话框来选择文件，如图 4-17 所示。

此时 Selenium 是无法与之交互的，因为这个对话框属于 Windows 控件，并不属于浏览器。如果要操作这个对话框，需要借助其他自动化测试框架/工具，比如 AutoIt、SikuliX 等。有兴趣的读者可自行查阅相关资料进行了解。

2. 下载文件

在单击下载文件后，Selenium 并不能跟踪下载文件的进度和状态。因此更好的实践是使用 Selenium 找到下载链接后，将其传递给其他框架/工具来完成下载操作。以访问 WFT

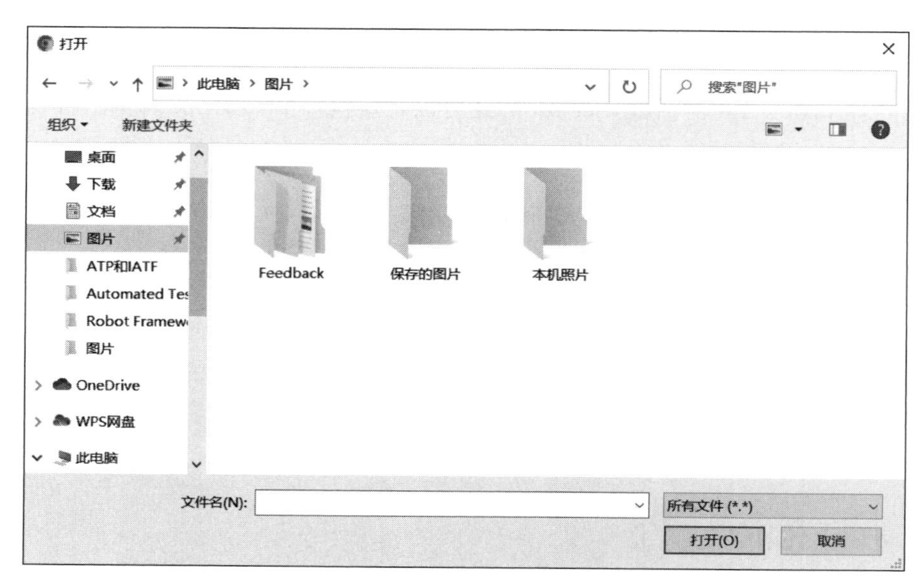

图 4-17 “打开”对话框

的“上传和下载文件”页面，并下载文件为例，使用 Requests 来完成下载操作。

【例 4-11】 下载文件。

```
import requests
from selenium.webdriver import Chrome

with Chrome() as driver:
    driver.get('http://wft.lujiatao.com/')
    driver.find_element_by_link_text('上传和下载文件').click()
    file_url = driver.find_element_by_link_text('单击下载').get_attribute('href')
    response = requests.get(file_url)
    with open(r'E:\Other\File\pic_02.jpg', 'wb') as file:
        file.write(response.content)
```

执行以上代码后，文件被下载到了 E:\Other\File 目录。

对于大文件可以使用分段下载，代码如下：

```
with requests.get(file_url, stream = True) as response:
    with open(r'E:\Other\File\pic_02.jpg', 'wb') as file:
        for chunk in response.iter_content(chunk_size = 128):
            file.write(chunk)
```

4.2.9 Selenium Grid

Selenium Grid 是 Selenium 的子项目之一，其用于在多个节点分发并执行自动化测试用例。如果需要在多种操作系统和多种浏览器上执行自动化测试用例，使用 Selenium Grid 是一种很好的选择。

在使用 Selenium Grid 进行分布式测试之前，需要了解 Selenium Server、Selenium

Server 是一个用 Java 编写的服务器，其有以下 3 种启动模式。

(1) 普通模式：负责接收远程 Selenium 客户端发送的指令，并执行该指令。

(2) Hub 模式：组建 Selenium Grid 时，作为中心管理服务，负责接收本地或远程 Selenium 客户端发送的指令，并将指令分发给 Node。每个 Selenium Grid 仅有一个中心管理服务。

(3) Node 模式：组建 Selenium Grid 时，作为节点服务，负责接收 Hub 发送的指令，并执行该指令。每个 Selenium Grid 可以有一个或多个节点。

Selenium Grid 由 Selenium Hub(即 Selenium Server Hub 模式)和 Selenium Node(即 Selenium Server Node 模式)组成，其结构如图 4-18 所示。

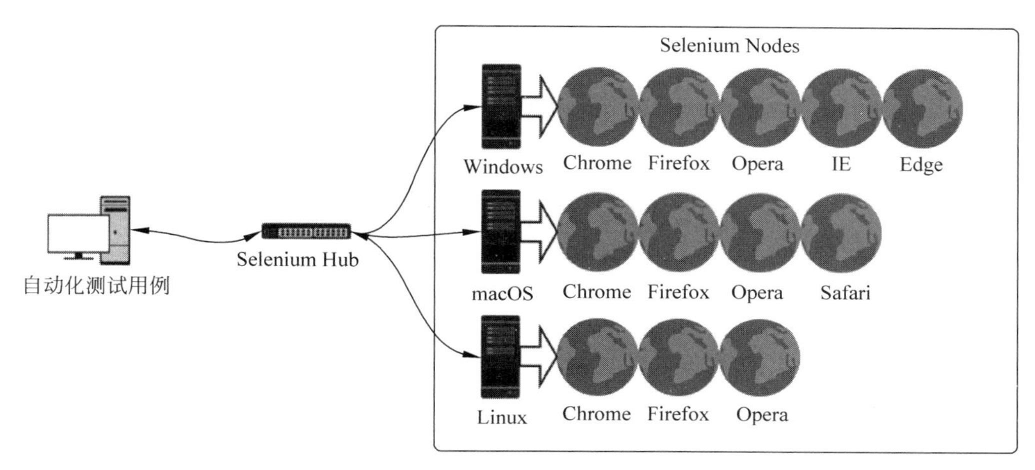

图 4-18 Selenium Grid 结构

1. 准备

笔者使用了 3 台计算机来演示 Selenium Grid 的使用：

(1) Windows 10 笔记本计算机(以下简称计算机 A)：IP 地址为 192.168.3.28，自动化测试用例及 Selenium Hub 均在该计算机上。并已安装好了 Chrome 浏览器，且配置了浏览器驱动。

(2) Windows 10 台式计算机(以下简称计算机 B)：IP 地址为 192.168.3.45，充当 Selenium Node。并已安装好了 Chrome 浏览器，且配置了浏览器驱动。

(3) macOS 11 笔记本计算机(以下简称计算机 C)：IP 地址为 192.168.3.8，充当另一个 Selenium Node。并已安装好了 Chrome 浏览器，且配置了浏览器驱动。

由于 Selenium Hub 和 Selenium Node 均需要 Selenium Server 来提供服务，因此要使用 Selenium Grid 需要先下载 Selenium Server，其下载地址详见前言二维码。

下载后是一个 selenium-server-standalone-3.141.59.jar 文件，笔者将其放在计算机 A 和计算机 B 的 D 盘根目录下以及计算机 C 的/Users/lujiatao/Downloads 目录下，读者可根据实际情况修改放置的路径。

在计算机 A 上执行命令将 Selenium Server 运行于 Selenium Hub 模式，命令如下：

```
java -jar D:\selenium-server-standalone-3.141.59.jar -role hub
```

-role hub 命令用于指定 Selenium Server 的启动模式为 Hub 模式，如果不加该命令，则默认为普通模式。

此时访问网址（详见前言二维码）并打开控制台，如图 4-19 所示。

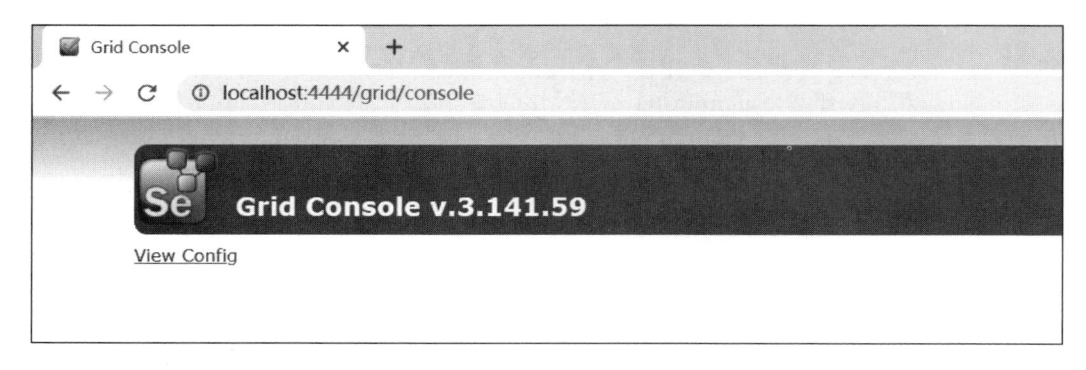

图 4-19　Selenium Hub 控制台

当 Selenium Server 以 Hub 模式启动时，会提供一个 Web 控制台，在这里可以看到已注册的节点及相关配置。由于还没有节点接入，因此图 4-19 所示中显示是空的，单击 View Config 链接可查看 Selenium Hub 的运行配置，如图 4-20 所示。

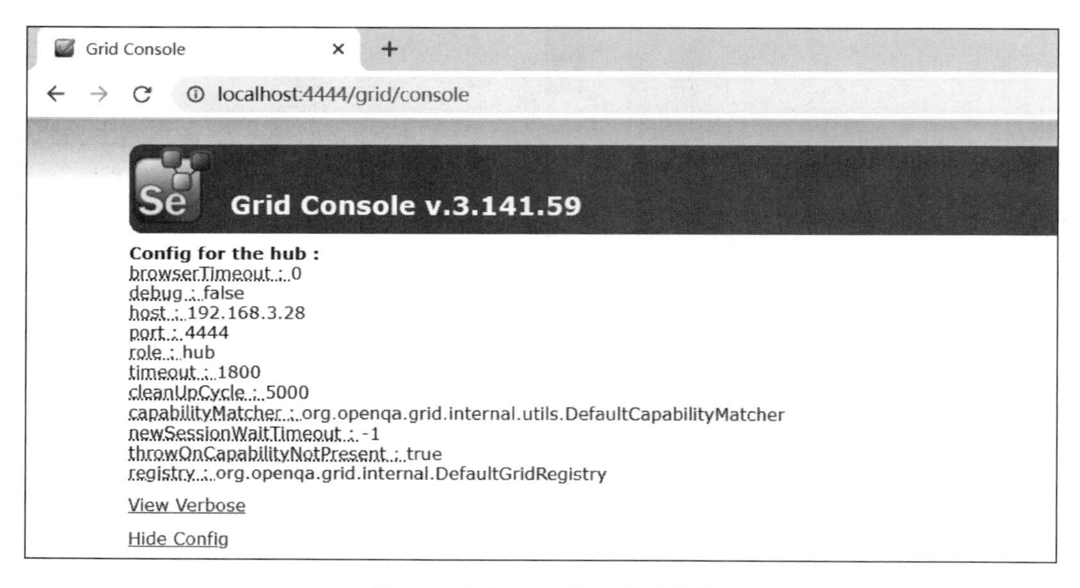

图 4-20　Selenium Hub 运行配置

这些运行配置是可以修改的，如修改控制台的端口号，将 4444 改成 5555，可以在启动 Selenium Server 时增加-port 参数，命令如下：

```
java -jar D:\selenium-server-standalone-3.141.59.jar -role hub -port 5555
```

如果需要配置的参数太多，或者不想每次在命令行中输入重复参数，那么可以将配置以键-值对形式存放在 JSON 配置文件中，并在启动 Selenium Server 时指定该配置文件，命令如下：

```
java -jar D:\selenium-server-standalone-3.141.59.jar -role hub -hubConfig path\to\
file.json
```

以上命令中的path\to\file.json是配置文件的示例路径，读者应根据实际情况替换成真实路径。

接着笔者将启动Selenium Node并将其注册到Selenium Hub上。

在计算机B上执行命令将Selenium Server运行于Selenium Node模式，命令如下：

```
java -jar D:\selenium-server-standalone-3.141.59.jar -role node -hub http://192.168.
3.28:4444/
```

以上命令中的-hub http://192.168.3.28:4444/表示将Node注册到IP为192.168.3.28，端口为4444的Hub上。

同样，在计算机C上执行命令将Selenium Server运行于Selenium Node模式，命令如下：

```
java -jar /Users/lujiatao/Downloads/selenium-server-standalone-3.141.59.jar -role node
-hub http://192.168.3.28:4444/
```

刷新控制台，可以看到计算机B和计算机C上的Selenium Node都已经成功注册到了Selenium Hub上，如图4-21所示。

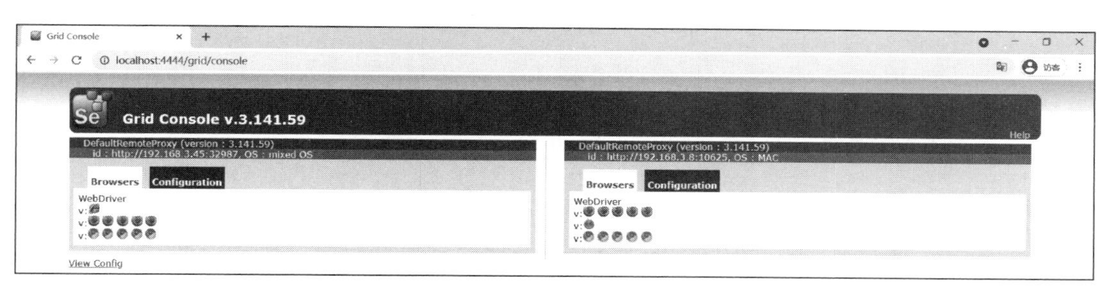

图4-21 已注册Node的控制台

在控制台上显示的每个Selenium Node都有以下3部分信息。

(1) 基本信息：包括代理、Selenium Server版本、ID和操作系统。其中的ID包括IP地址和端口号。

(2) Browsers：Selenium类型(WebDriver或Remote Control)、浏览器及其最大实例数。Chrome和Firefox的默认最大实例数为5，而IE和Safari的默认最大实例数为1。

(3) Configuration：Selenium Node的运行配置。计算机B的操作系统显示为mixed OS，是由于其capabilities中的多个platform值不一致，如图4-22所示。

Selenium Node的运行配置也是可以修改的，可直接使用命令或使用JSON配置文件来修改。不过使用配置文件来修改运行配置时需要将-hubConfig替换成-nodeConfig，前者指定的是Hub的配置文件，后者才是指定Node的配置文件。

2. 分布式执行

在learning_selenium包中新增selenium_grid模块，并在其中编写一个for循环语句，用于重复执行代码，以此观察测试代码是否在循环过程中被分发到了多节点。

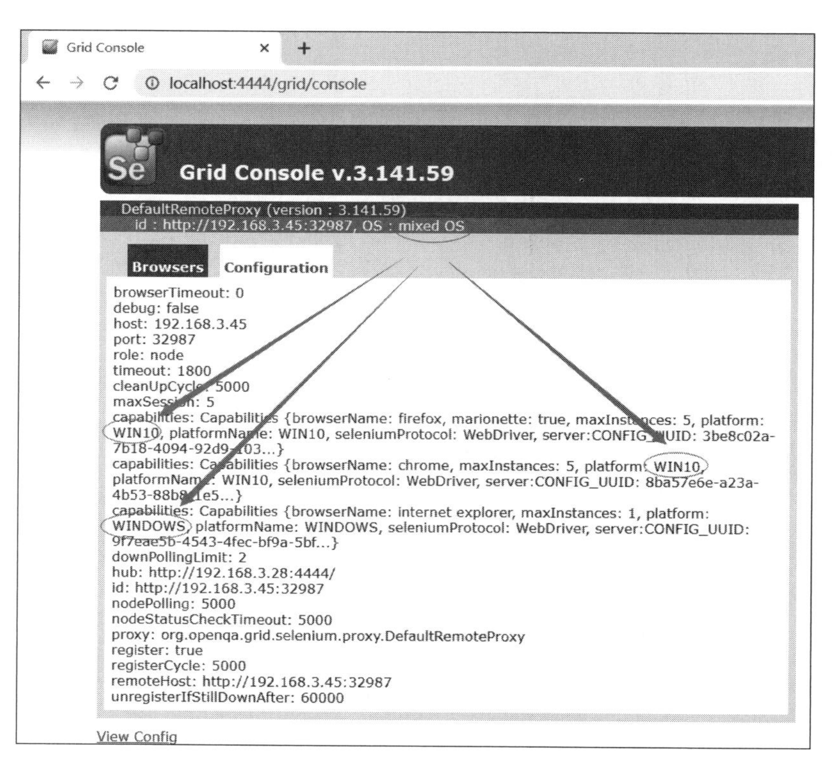

图 4-22　显示为 mixed OS 的原因

【例 4-12】 分布式执行。

```
from selenium.webdriver import Remote

for _ in range(10):
    with Remote(command_executor = 'http://192.168.3.28:4444/wd/hub',
                desired_capabilities = {'browserName': 'chrome'}) as driver:
        driver.get('http://wft.lujiatao.com/')
        assert driver.title == 'WFT——Web For Test'
```

以上代码中的 command_executor 参数用于传递 Selenium Hub 的地址，而 desired_capabilities 参数中的 browserName 用于告诉 Selenium 调用哪个浏览器。执行以上代码后，计算机 B 和计算机 C 上的 Chrome 浏览器分别打开了 5 次，并导航到 WFT 首页。

如果将 browserName 的值换成 safari，则只有计算机 C 才会导航到 WFT 首页，因为计算机 B 上并没有 Safari 浏览器。

4.2.10　Selenium IDE

Selenium IDE 是一个 Selenium 为 Chrome 和 Firefox 开发的插件，它可以用于录制和回放测试脚本。这种开箱即用的方式使得没有编程基础的测试人员可以迅速创建端到端的自动化测试脚本。

本节以 Chrome 浏览器的 Selenium IDE 插件为例。

1. 安装

访问 Chrome 应用商店的 Selenium IDE 页面，其地址详见前言二维码。

单击“添加至 Chrome”按钮即可安装 Selenium IDE。

考虑到国内用户的网络环境，可以使用其他地址下载并手动安装，如从 Crx4Chrome 下载，地址详见前言二维码。

下载后是一个 CRX 格式的文件。进入 Chrome 的“扩展程序”页面，入口如图 4-23 所示。

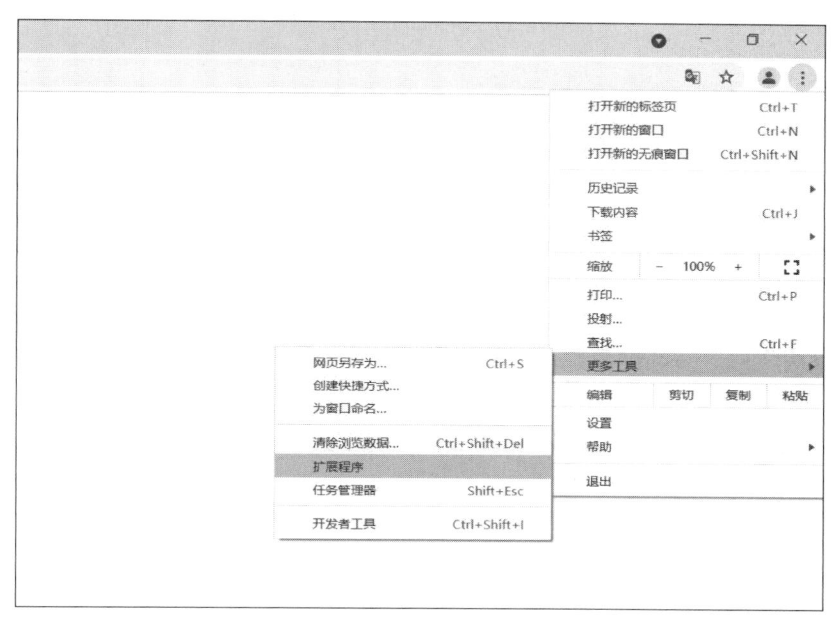

图 4-23　“扩展程序”页面入口

在“扩展程序”页面，打开开发者模式，如图 4-24 所示。

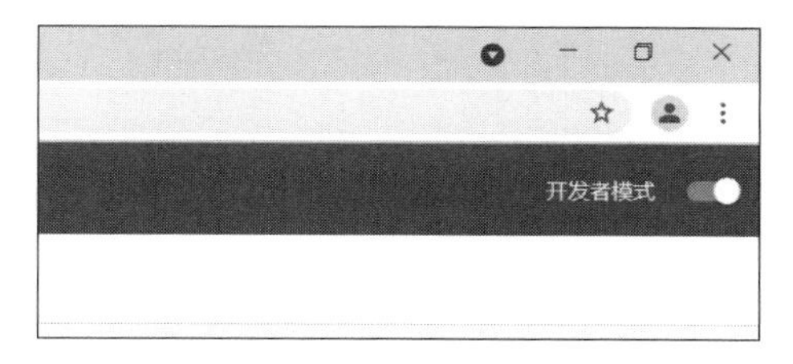

图 4-24　打开开发者模式

将下载的 CRX 文件直接拖曳至开发者模式中即可完成安装。

说明

若需安装 Firefox 浏览器的 Selenium IDE 插件，则需要访问 Firefox 的 Selenium IDE 插件页面(地址详见前言二维码)，访问后单击 Add to Firefox 按钮即可完成安装。

安装成功后，Selenium IDE 会出现在扩展程序中，如图 4-25 所示。

图 4-25　Selenium IDE 入口

2. 录制和回放

以登录 IMS 为例来演示 Selenium IDE 是如何录制和回放测试脚本的。

首先打开 Selenium IDE，选择 Record a new test in a new project 选项。然后在 PROJECT NAME 输入框中输入工程名称，笔者输入的是 Selenium IDE Test。接着在 BASE URL 输入框中输入 URL，这里输入 IMS 的登录页面地址 http://ims.lujiatao.com/login。最后单击 START RECORDING 按钮开始录制。此时 Selenium IDE 会自动打开一个浏览器窗口并加载 IMS 登录页面，读者只需要输入用户名和密码即可登录，在登录完成后，单击 Selenium IDE 的停止录制按钮，如图 4-26 所示。

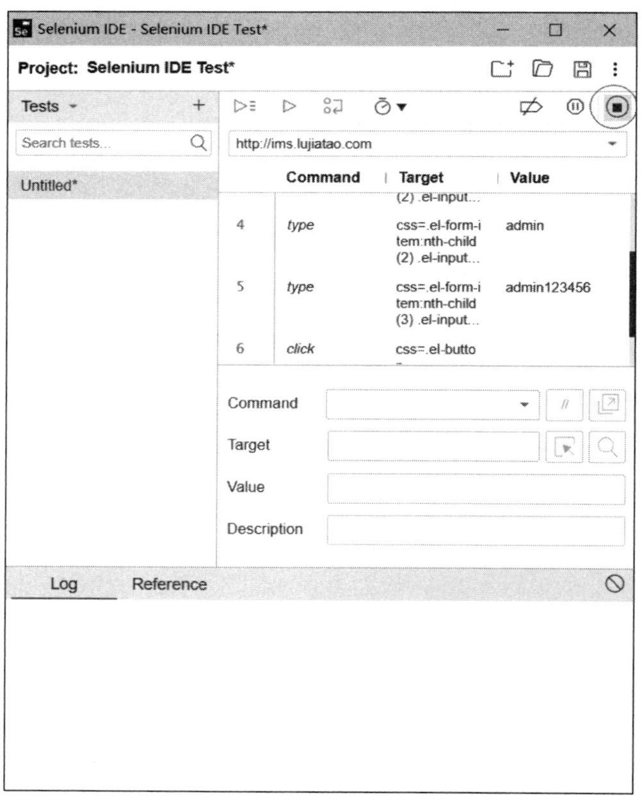

图 4-26　停止录制

单击停止录制按钮时会要求在 TEST NAME 输入框中输入测试名称，随便输入即可，笔者输入的是 Selenium IDE Test 01。停止录制后，可以回放或重新录制脚本，如图 4-27 所示。

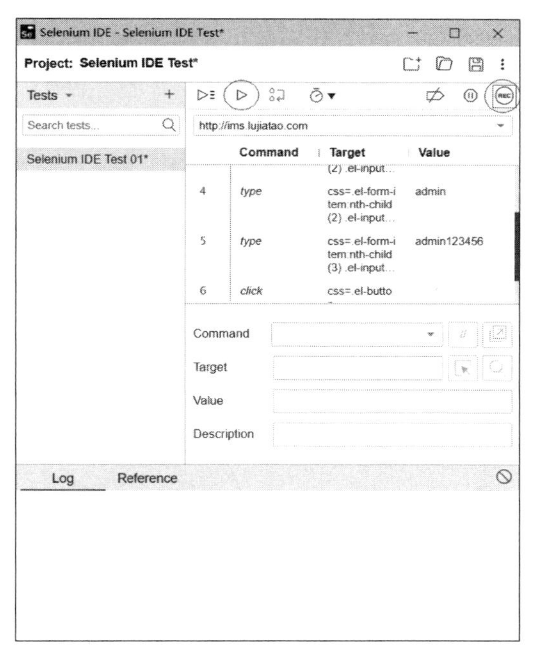

图 4-27　回放和重新录制

回放时可以看到 Selenium IDE 中打印了日志，日志会显示测试脚本回放时每一步的执行结果，如果出现问题也有助于快速定位，如图 4-28 所示。

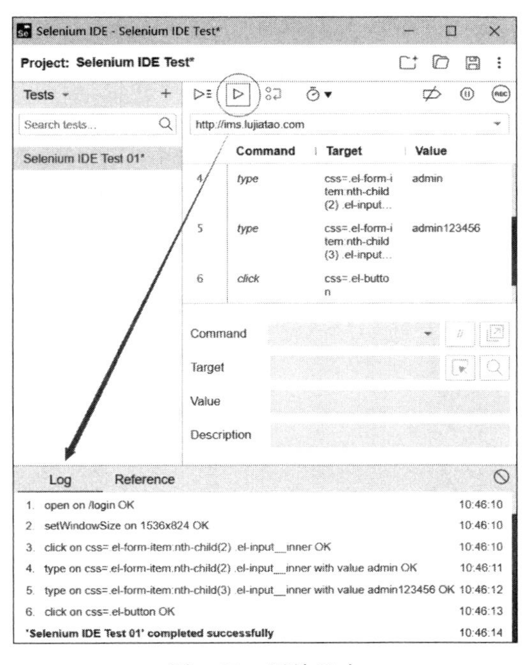

图 4-28　回放日志

3. 编辑和导出

如果录制的测试脚本不满足需求，那么可以手动编辑它，比如编辑输入用户名的命令，如图 4-29 所示。

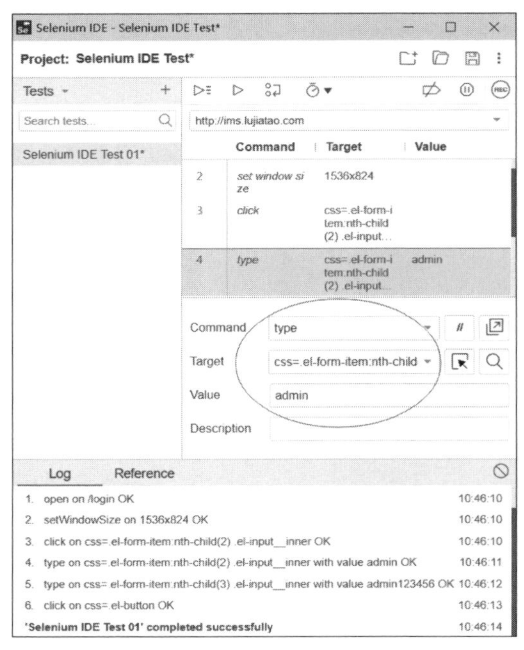

图 4-29 编辑测试脚本

如果需要将 Selenium IDE 录制的测试脚本用于单元测试框架中，可导出测试脚本。方法是选择要导出的测试脚本，单击 EXPORT 按钮打开导出对话框，如图 4-30 所示。

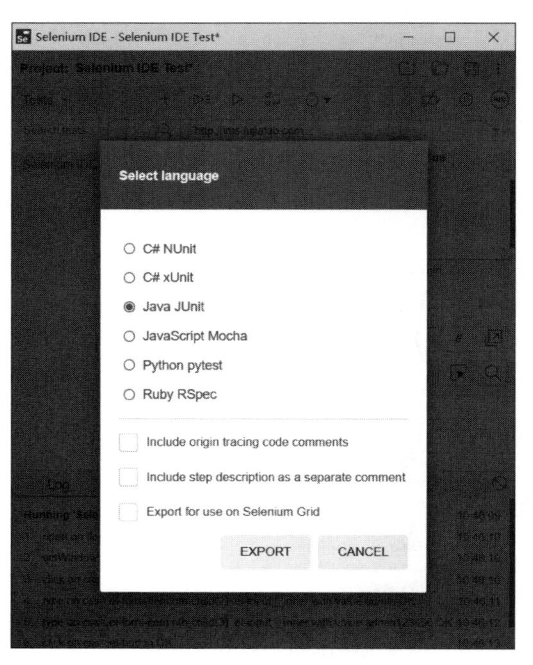

图 4-30 导出脚本

然后选择要导出的单元测试框架，执行导出操作即可。

4.3 使用 Appium 测试移动应用

4.3.1 Appium 简介

Appium 起源于 Dan Cuellar 在 2011 年开发的 iOS Auto 项目，其最初仅用于支持 iOS 的自动化测试。随着时间的推移，Appium 目前已经发展为支持 Android、iOS、Windows 和 macOS/OS X 应用程序的跨平台自动化测试框架。

以下是 Appium 针对不同平台的支持程度。

(1) Android：整合 UI Automator(≥Android 4.3)/UI Automator 2(≥Android 5.0)、Espresso(≥Android 2.3.3)或 Selendroid(≥Android 2.3)，实现 Android 原生、混合和移动 Web(Chrome 或系统自带浏览器)应用程序的自动化测试。其中，UI Automator/UI Automator 2 支持跨应用，Espresso 不支持；而 Selendroid 是一个基于 Google 官方 Instrumentation 框架的 Android 自动化测试框架。

(2) iOS：整合 XCUITest(≥iOS 9.3)或 UI Automation(≤iOS 9.3)，实现 iOS 原生、混合和移动 Web(Safari 浏览器)应用程序的自动化测试。XCUITest 是一个基于 Apple 官方 XCTest 框架的 iOS 自动化测试框架。如果使用 UI Automation 进行混合和移动 Web 应用程序的自动化测试，就需要依赖 iOS WebKit Debug Proxy。

(3) Windows：整合 Windows Application Driver(WinAppDriver)，实现 Windows 应用程序的自动化测试。Appium 支持 Windows 10 以上的应用程序自动化测试，以及 UWP (Universal Windows Platform)和经典 Windows 应用程序。对于 UWP 应用程序，需要提供应用程序的 AppID；对于经典 Windows 应用程序，需要提供应用程序的完整安装路径。

(4) macOS/OS X：整合 Appium Mac Driver，实现 macOS/OS X(≥OS X 10.7)应用程序的自动化测试。另外还需要在 macOS/OS X 计算机中安装 Appium For Mac，其用于直接访问本地 macOS/OS X 应用程序的 API 来实现自动化测试。

Appium 采用 C/S 架构，因此其包含 Appium 客户端和 Appium 服务器两部分。Appium 客户端可使用 Python、Java、C#、JavaScript、PHP 和 Ruby 等编程语言来实现，它们实际上是 Selenium 客户端的扩展优化版。Appium 服务器是一个 Node.js 编写的应用程序，其用于接收和响应 Appium 客户端发送的指令。为了方便用户使用，Appium 还提供了 Appium Desktop，它是一个带 GUI 界面的 Appium 服务器集成包。

针对 Android 和 iOS 的原生/混合应用程序，可同时连接多个测试设备进行并行测试；而针对 Android 和 iOS 的移动 Web 应用程序，可通过将 Appium 服务器注册到 Selenium Grid 的 Hub 节点上实现分布式测试。

4.3.2 打开待测应用程序

在使用 Appium 进行 Android 或 iOS 设备的自动化测试之前，读者必须已经搭建完成了自动化测试环境(详见电子版附录 A.5 节或附录 A.6 节)，并安装好了待测应用程序(详见 4.1.2 节）。

在 4.1.2 节中，笔者使用了许多初始化参数，这些初始化参数有些是 Android 和 iOS 设备通用的，有些则只适用于 Android 或 iOS 设备，常用的初始化参数见表 4-4。

表 4-4　初始化参数

参数名称	参数含义	参数取值	支持设备
automationName	底层驱动	UiAutomator2、Espresso、XCUITest 等	All
platformName	待测设备的操作系统	Android、iOS 等	All
platformVersion	待测设备操作系统的版本	9、14.5.1 等	All
deviceName	待测设备名称	Android Emulator、iPhone Simulator、Galaxy S4、iPhone 8 等	All
app	应用程序安装包的本地绝对路径或 URL 全路径，与参数 browserName 互斥	path/to/filename.apk、http://ip:port/filename.ipa 等	All
browserName	浏览器名称，与参数 app 互斥	Chrome、Browser、Safari 等	All
udid	唯一设备标识符		All
noReset	测试前不重置应用程序	False(默认)或 True	All
fullReset	测试后卸载应用程序	False(默认)或 True	All
appPackage	应用程序包名	—	Android
appActivity	应用程序入口 Activity 名称	—	Android
avd	模拟器名称	—	Android
bundleId	应用程序 Bundle ID	—	iOS

1. 打开 Android 待测应用程序

要打开 Android 待测应用程序，只需要将 Appium 服务器地址和初始化参数传递给 Remote 对象即可。为此新增 open_app 模块，并编写打开待测应用程序的代码。

【例 4-13】 打开待测应用程序。

```
from appium.webdriver import Remote

desired_capabilities = {
    'automationName': 'UiAutomator2',
    'platformName': 'Android',
    'platformVersion': '9',
    'deviceName': 'Android Device',
    'appPackage': 'com.lujiatao.calculatorforppi',
    'appActivity': 'com.lujiatao.calculatorforppi.MainActivity',
    'noReset': 'true'
}
with Remote(command_executor = 'http://localhost:4723/wd/hub', desired_capabilities =
desired_capabilities) as driver:
    pass
```

以上代码中的 appPackage 和 appActivity 分别表示 Android 应用程序的包名和

Activity 名，一个包唯一标识一个 Android 应用程序，而一个 Activity 表示一个页面。appPackage 和 appActivity 的值如何获取呢？在确保待测应用程序已经打开的情况下，执行命令可获取 appPackage 和 appActivity 的值，命令如下：

```
adb shell dumpsys window | findstr mCurrentFocus
```

说明

如果不使用 appPackage 和 appActivity 参数，则必须要指定 app 参数。

确保 Android 设备与计算机连接正常，并打开 Appium 服务器后，执行以上测试代码便可打开待测应用程序了。

2. 打开 iOS 待测应用程序

如果已经成功打开了 Android 待测应用程序，那么打开 iOS 待测应用程序就很简单了，只需替换上述代码中的初始化参数即可，代码如下：

```
desired_capabilities = {
    'automationName': 'XCUITest',
    'platformName': 'iOS',
    'platformVersion': '14.5.1',
    'deviceName': 'iPhone 8',
    'udid': 'a1bf89a6d882010cd9314dd7544e21eac6482e00',
    'bundleId': 'com.lujiatao.CalculatorForPPI'
}
```

对于不同应用程序；Bundle ID 是不同的，可以使用 ios-deploy 查看 Bundle ID。在使用 ios-deploy 之前需要执行以下命令来安装它：

```
brew install ios-deploy
```

然后，执行命令查看 iOS 设备中已安装的所有应用程序的 Bundle ID，命令如下：

```
ios-deploy --id a1bf89a6d882010cd9314dd7544e21eac6482e00 --list_bundle_id
```

其中，a1bf89a6d882010cd9314dd7544e21eac6482e00 是笔者的 iOS 设备 udid，读者应根据实际情况替换成自己使用的 iOS 设备 udid。

说明

如果不使用 bundleId 参数，则必须要指定 app 参数。

确保 iOS 设备与计算机连接正常，并打开 Appium 服务器及 WebDriverAgent 之后，执行以上测试代码便可打开待测应用程序了。

另外，在 iOS 自动化测试过程中会在 macOS 计算机中生成一些日志、临时文件或 Xcode 派生数据文件，由于这些文件不能自动清除。因此需要手动清除。文件路径如下：

```
/Users/lujiatao/Library/Logs/CoreSimulator/*
/Users/lujiatao/Library/Developer/Xcode/DerivedData/*
```

以上路径为笔者的，读者应根据实际情况进行替换。

4.3.3 详解应用程序操作

在4.3.2节中，笔者首先安装了待测应用程序到待测设备中，然后进行自动化测试，但实际项目中往往需要自动化测试代码自己安装待测应用程序。

如果是进行Android设备的自动化测试，假设待测应用程序的安装包在E盘根目录下，此时只需要在初始化参数中删除appPackage和appActivity参数，并增加app参数即可，代码如下：

```
desired_capabilities = {
    'automationName': 'UiAutomator2',
    'platformName': 'Android',
    'platformVersion': '9',
    'deviceName': 'Android Device',
    'app': 'E:\\filename.apk', # 新增
    'noReset': 'true'
}
```

如果进行iOS设备的自动化测试，要安装在/Applications路径下的应用程序安装包，可将初始化参数中的bundleId参数替换成app参数即可，代码如下：

```
desired_capabilities = {
    'automationName': 'XCUITest',
    'platformName': 'iOS',
    'platformVersion': '14.5.1',
    'deviceName': 'iPhone 8',
    'udid': 'a1bf89a6d882010cd9314dd7544e21eac6482e00',
    'app': '/Applications/filename.ipa' # 新增
}
```

还有另一种常见场景，是在测试会话已经建立后（即在测试过程中）需要安装其他应用程序，这种情况可以调用install_app()方法安装待测应用程序。针对Android设备，代码如下：

```
driver.install_app('E:\\filename.apk')
```

安装后可通过指定包名来打开它，代码如下：

```
driver.activate_app('your.package')
```

如果是iOS设备，安装和打开应用程序的代码如下：

```
driver.install_app('/Applications/filename.ipa')
driver.activate_app('your.bundle_id')
```

以上代码中的your.package和your.bundle_id分别表示Android应用程序的包名和iOS应用程序的Bundle ID。

说明

在使用 app 参数或 install_app()方法安装应用程序时，除了支持使用本地路径，也支持使用 URL，以便安装服务器上的应用程序安装包。

在安装应用程序之前，可以先调用 is_app_installed()方法并传入应用程序的包名或 Bundle ID 以检测应用程序是否已经安装了，代码如下：

```
driver.is_app_installed('your.package_or_bundle_id')
```

对于已安装的应用程序，可以进行很多操作，除了使用 activate_app()方法打开它以外，还可以进行后台切换、检测应用程序运行状态、关闭和卸载等操作，代码如下：

```
driver.close_app()
driver.query_app_state('your.package_or_bundle_id')
driver.terminate_app('your.package_or_bundle_id')
driver.remove_app('your.package_or_bundle_id')
```

以上代码中的 close_app()方法用于将当前应用程序置于后台运行。query_app_state()方法用于检测应用程序的运行状态，包括未安装(仅 Android)/未知(仅 iOS)、未运行、后台运行并被挂起、后台运行但未被挂起和前台运行 5 种状态。terminate_app()和 remove_app()方法分别用于关闭和卸载应用程序。

以下通过一个完整示例演示 is_app_installed()和 activate_app()方法的使用，其他方法读者可自行试验。由于 Android 设备和 iOS 设备的操作方式有差别，因此以下分开演示。

【例 4-14】 操作 Android 应用程序。

```
from appium.webdriver import Remote

desired_capabilities = {
    'automationName': 'UiAutomator2',
    'platformName': 'Android',
    'platformVersion': '9',
    'deviceName': 'Android Device',
    'appPackage': 'com.lujiatao.calculatorforppi',
    'appActivity': 'com.lujiatao.calculatorforppi.MainActivity',
    'noReset': 'true'
}
with Remote(command_executor = 'http://localhost:4723/wd/hub', desired_capabilities = 
desired_capabilities) as driver:
    is_installed = driver.is_app_installed('com.android.calculator2')
    if is_installed:
        driver.activate_app('com.android.calculator2')
```

【例 4-15】 操作 iOS 应用程序。

```
from appium.webdriver import Remote

desired_capabilities = {
    'automationName': 'XCUITest',
    'platformName': 'iOS',
```

```
    'platformVersion': '14.5.1',
    'deviceName': 'iPhone 8',
    'udid': 'a1bf89a6d882010cd9314dd7544e21eac6482e00',
    'bundleId': 'com.lujiatao.CalculatorForPPI'
}
with Remote(command_executor = 'http://localhost:4723/wd/hub', desired_capabilities =
desired_capabilities) as driver:
    is_installed = driver.is_app_installed('com.apple.calculator')
    if is_installed:
        driver.activate_app('com.apple.calculator')
```

以上代码首先打开了 Calculator For PPI，然后检测计算器是否已安装，如果已安装则打开计算器。执行以上代码后，在笔者的设备上成功打开了计算器应用程序。

说明

在 Android 设备中，计算器一般为内置应用程序，但不同设备上的计算器包名不一定相同，读者需根据实际情况进行替换。

另外，针对 iOS 设备，XCUITest 驱动提供了另一套操作应用程序的方式，比如安装应用程序的 install_app()方法可被 execute_script()方法替代，代码如下：

```
driver.execute_script('mobile: installApp', {'app': '/Applications/filename.ipa'})
```

4.3.4 操作待测设备

与 Web 自动化测试只能与浏览器交互不同，App 自动化测试可与待测设备进行交互。以下笔者分类介绍一些常用的交互方式。

1. 屏幕操作

第一个常用的屏幕操作就是屏幕的锁定，包括锁屏、解锁和检测屏幕的锁定状态，这些操作分别使用 lock()、unlock()和 is_locked()方法完成，代码如下：

```
if not driver.is_locked():                    # 未锁屏
    driver.lock()                             # 执行锁屏
assert driver.is_locked()
if driver.is_locked():                        # 已锁屏
    driver.unlock()                           # 执行解锁
assert not driver.is_locked()
```

如果设备设置了密码或者指纹解锁，甚至面部识别解锁，那么 unlock()方法是不能直接解锁屏幕的，它只能将屏幕点亮。

另一个常用屏幕操作是对屏幕进行旋转操作。访问 driver 的 orientation 属性可获取屏幕方向，然后对该属性赋值可设置屏幕方向，即模拟旋转屏幕的操作，代码如下：

```
if driver.orientation == 'PORTRAIT':          # 竖屏
    driver.orientation = 'LANDSCAPE'          # 设置屏幕方向为横屏
```

```
assert driver.orientation == 'LANDSCAPE'
if driver.orientation == 'LANDSCAPE':              # 横屏
    driver.orientation = 'PORTRAIT'                # 设置屏幕方向为竖屏
assert driver.orientation == 'PORTRAIT'
```

有时候需要对屏幕进行录制，此时可以分别使用 start_recording_screen()和 stop_recording_screen()方法进行开始和停止录制操作，代码如下：

```
driver.start_recording_screen()                    # 开始录制屏幕
sleep(10)                                          # 休眠 10s,模拟进行其他操作耗时了 10s
driver.stop_recording_screen()                     # 停止录制屏幕
```

执行以上测试代码后，设备中新增了一个 MP4 格式的视频文件。

说明

针对 iOS 设备，若要录制屏幕，则需要依赖多媒体框架 ffmpeg。可在 macOS 计算机中执行 brew install ffmpeg 命令安装 ffmpeg。

2. 软键盘操作

在支持文本输入的元素获得焦点后，软键盘通常是自动弹出的，Appium 支持检测软键盘的弹出状态，也可将其隐藏，代码如下：

```
if driver.is_keyboard_shown():                     # 软键盘已弹出
    driver.hide_keyboard()                         # 执行隐藏软键盘操作
```

is_keyboard_shown()和 hide_keyboard()方法分别用于检测软键盘的弹出状态和隐藏软键盘。

3. 其他系统操作

其他常用的系统操作还有获取设备系统时间、开启或关闭定位服务（仅 Android 设备）等，代码如下：

```
time = driver.get_device_time()                    # 获取设备系统时间
print(time)
driver.toggle_location_services()                  # 开启或关闭定位服务
```

toggle_location_services()方法可以开启和关闭定位服务，因此它的功能相当于一个定位服务的开关。

以上都是 Appium 支持的常见设备操作，但并不是所有的设备操作 Appium 都能支持。比如 Appium 就仅支持在模拟器上进行指纹识别，并不支持真实设备。

4.3.5　定位及操作元素

1. 通用元素定位方法

在操作应用程序的元素之前，需要先找到该元素，这个查找的过程称为元素定位。

Appium 客户端也有类似于 Selenium 客户端的元素定位方法，代码如下：

```
driver.find_element(By.ID, 'your - id')
driver.find_element_by_id('your - id')
driver.find_element_by_name('your - name')
driver.find_element_by_link_text('your - link - text')
driver.find_element_by_partial_link_text('your - partial - link - text')
driver.find_element_by_class_name('your - class - name')
driver.find_element_by_tag_name('your - tag - name')
driver.find_element_by_xpath('your - xpath')
driver.find_element_by_css_selector('your - css - selector')
```

find_element()方法用于结合 By 对象定位元素，其他方法对应到 8 种元素定位方法，具体可参考 4.2.4 节，这里不再赘述。

对于以上所有的方法都有其"复数"形式，代码如下：

```
driver.find_elements(By.ID, 'your - id')
driver.find_elements_by_id('your - id')
driver.find_elements_by_name('your - name')
driver.find_elements_by_link_text('your - link - text')
driver.find_elements_by_partial_link_text('your - partial - link - text')
driver.find_elements_by_class_name('your - class - name')
driver.find_elements_by_tag_name('your - tag - name')
driver.find_elements_by_xpath('your - xpath')
driver.find_elements_by_css_selector('your - css - selector')
```

与 Android 设备不同的是，以上方法的 ID 和 Class Name 在 iOS 设备中分别对应的是元素的 name 和 type 属性。

Appium 客户端实际上是对 Selenium 客户端的扩展和优化，因此它针对移动设备增加了特有元素定位方法。比如 find_element_by_accessibility_id()方法，它通过 Android 元素的 content-desc 属性(或 iOS 元素的 accessibility id 属性)定位元素，其对应的"复数"形式为 find_elements_by_accessibility_id()。

说明

除了 find_elements_by_accessibility_id()和 find_elements_by_accessibility_id()方法，Appium 客户端还提供了 find_element_by_image()和 find_element_by_custom()方法及其对应的"复数"形式[find_elements_by_image()和 find_elements_by_custom()方法]。不过这些方法尚处于实验阶段，因此笔者不对它们进行介绍，有兴趣的读者可自行查阅相关资料。

2. 专用元素定位方法

针对 Android 和 iOS 设备，Appium 客户端还提供了各自的专用元素定位方法。

针对 Android 设备，有 4 种专用元素定位方法，代码如下：

```
driver.find_element_by_android_data_matcher('your - android - data - matcher')
driver.find_element_by_android_uiautomator('your - android - uiautomator')
```

```
driver.find_element_by_android_viewtag('your-android-viewtag')
driver.find_element_by_android_view_matcher('your-android-view-matcher')
```

find_element_by_android_data_matcher()方法仅支持 Espresso 驱动，它使用用于查找数据对象的匹配器来定位元素，其对应的“复数”形式为 find_elements_by_android_data_matcher()。

find_element_by_android_uiautomator()方法仅支持 UiAutomator2 驱动，它使用 UI Automator 来定位元素。当该方法结合 UiSelector 对象使用时，推荐通过实例获取子元素，因为通过索引获取不太可靠，代码如下：

```
driver.find_element_by_android_uiautomator('new UiSelector().className("android.widget.
TextView").instance(0)')
```

以上代码获取了第一个 TextView 元素。

find_element_by_android_uiautomator()方法对应的“复数”形式为 find_elements_by_android_uiautomator()。

find_element_by_android_viewtag()方法仅支持 Espresso 驱动，它使用 View Tag 来定位元素，其对应的“复数”形式为 find_elements_by_android_viewtag()。

find_element_by_android_view_matcher()方法仅支持 Espresso 驱动，它使用用于查找 View 对象的匹配器来定位元素，其没有对应的“复数”形式。

针对 iOS 设备，有两种专用元素定位方法，代码如下：

```
driver.find_element_by_ios_class_chain('your-ios-class-chain')
driver.find_element_by_ios_predicate('your-ios-predicate')
```

find_element_by_ios_class_chain()方法是一种类似于 XPath 的元素定位方法，比如在 XPath 中用“//”代表相对路径，那么在 Class Chain 中则用“**/”代替。find_element_by_ios_class_chain()方法对应的“复数”形式为 find_elements_by_ios_class_chain()。

find_element_by_ios_predicate()方法相当强大，比如定位一个 your-attr 属性等于 your-value 的元素，可以直接将表达式以字符串形式传递给 find_element_by_ios_predicate()方法，代码如下：

```
driver.find_element_by_ios_predicate("your-attr == 'your-value'")
```

再比如定位一个 your-attr 属性包含 your-value 的元素，同样可以将表达式以字符串形式传递，代码如下：

```
driver.find_element_by_ios_predicate("your-attr CONTAINS 'your-value'")
```

find_element_by_ios_predicate()方法对应的“复数”形式为 find_elements_by_ios_predicate()。

3. 元素定位示例

笔者使用 Calculator For PPI 对元素定位进行演示。

以下是在 Android 设备上打开 Calculator For PPI，输入屏幕宽、高和尺寸并计算 PPI 的代码。

【例 4-16】 Android 设备元素定位示例。

```
from appium.webdriver import Remote

desired_capabilities = {
    'automationName': 'UiAutomator2',
    'platformName': 'Android',
    'platformVersion': '9',
    'deviceName': 'Android Device',
    'appPackage': 'com.lujiatao.calculatorforppi',
    'appActivity': 'com.lujiatao.calculatorforppi.MainActivity',
    'noReset': 'true'
}
with Remote(command_executor = 'http://localhost:4723/wd/hub', desired_capabilities =
desired_capabilities) as driver:
    driver.find_element_by_id('com.lujiatao.calculatorforppi:id/editText1').send_keys
('750')
    driver.find_element_by_id('com.lujiatao.calculatorforppi:id/editText2').send_keys
('1334')
    driver.find_element_by_id('com.lujiatao.calculatorforppi:id/editText3').send_keys('4.7')
    driver.find_element_by_class_name('android.widget.Button').click()
    actual = driver.find_element_by_android_uiautomator('resourceId("com.lujiatao.
calculatorforppi:id/textView")').text
    assert actual == '326 ppi'
```

以上代码使用了 ID、Class Name 及 UI Automator 的方式来定位元素，并使用了 send_keys()和 click()方法分别进行输入文本和单击元素的操作。最后，通过访问 text 属性获取元素的文本并与预期结果比较。

以上是 Android 设备的示例代码。iOS 设备的有所区别，如例 4-17 所示。

【例 4-17】 iOS 设备元素定位示例。

```
from appium.webdriver import Remote
from selenium.webdriver.common.by import By

desired_capabilities = {
    'automationName': 'XCUITest',
    'platformName': 'iOS',
    'platformVersion': '14.5.1',
    'deviceName': 'iPhone 8',
    'udid': 'a1bf89a6d882010cd9314dd7544e21eac6482e00',
    'bundleId': 'com.lujiatao.CalculatorForPPI'
}
with Remote(command_executor = 'http://192.168.3.8:4723/wd/hub', desired_capabilities =
desired_capabilities) as driver:
    driver.find_element_by_ios_predicate("value == '宽'").send_keys('750')
    driver.find_element_by_ios_predicate("value == '高'").send_keys('1334')
    driver.find_element_by_ios_predicate("value == '尺寸'").send_keys('4.7')
    driver.find_element_by_accessibility_id('Done').click()
    driver.find_element(By.ID, '计算').click()
```

```
    actual = driver.find_element_by_class_name('
XCUIElementTypeStaticText').text
    assert actual == '326 ppi'
```

以上代码使用了 NSPredicate、Accessibility ID、ID 及 Class Name 的方式来定位元素。这里比 Android 示例多了一个步骤，就是单击 Done 按钮以关闭虚拟键盘。Done 按钮位于虚拟键盘的右上方，如图 4-31 所示。

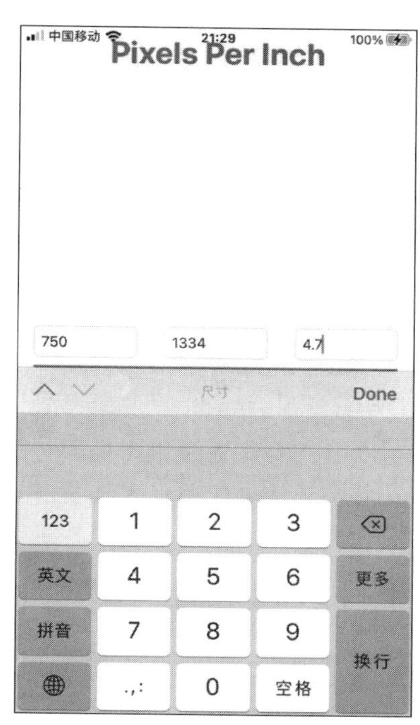

图 4-31 Done 按钮

4. 操作元素

除了 send_keys()和 click()方法分别用于输入文本和单击元素操作。还可以使用 clear()方法清除已经输入的文本，代码如下：

```
your_element.clear()
```

或者使用 get_attribute()方法获取指定属性的属性值，代码如下：

```
your_element.get_attribute('your-attr')
```

而 is_selected()、is_enabled()和 is_displayed()方法分别用于检测元素是否选中、是否禁用和是否显示，代码如下：

```
your_element.is_selected()
your_element.is_enabled()
your_element.is_displayed()
```

4.3.6 鼠标和手势操作

由于 ActionChains 类的构造方法接收一个 WebDriver(selenium.webdriver.remote.webdriver.WebDriver)对象作为参数，而 Appium 中的 WebDriver(appium.webdriver.webdriver.WebDriver)是前者的子类，因此 Appium 客户端也有与 Selenium 客户端一致的鼠标操作方法，比如将元素 1 拖动到元素 2，代码如下：

```
action_chains = ActionChains(driver)
action_chains.drag_and_drop(your_element_01, your_element_02).perform()
```

其他鼠标操作可参考 4.2.5 节，这里不再赘述。

本节的重点是介绍手势操作。

1. 单点手势操作

单点手势操作就是模拟单根手指对设备进行的操作。

与鼠标不同的是，手指是通过使用指腹接触屏幕完成的操作。因此，手指比起鼠标有更大的接触面积，但精度不及鼠标。要模拟手指的单击操作，需要使用 TouchAction 对象的

tap()方法，代码如下：

```
touch_action = TouchAction(driver)
touch_action.tap(your_element).perform()
```

使用以上代码之前需要将 your_element 替换成实际定位到的元素，另外还需要导入 TouchAction 类，代码如下：

```
from appium.webdriver.common.touch_action import TouchAction
```

除了单击操作，也支持双击操作，代码如下：

```
touch_action.tap(your_element).wait(100).tap(your_element).perform()
```

以上代码是通过单击操作，然后等待 100ms，最后再执行单击操作模拟的双击操作。

另一个常见的单点手势操作是长按，使用 long_press()方法即可模拟长按操作，代码如下：

```
touch_action.long_press(your_element).perform()
```

TouchAction 类也可实现拖动操作，比如将元素 1 拖动到元素 2，代码如下：

```
touch_action.press(your_element_01).move_to(your_element_02).release().perform()
```

2. 多点手势操作

多点手势操作就是模拟多根手指对设备进行的操作。

多点手势操作需要 TouchAction 类和 MultiAction 类的配合，前者用于模拟单根手指操作，而后者是将它们“衔接”起来达到模拟多根手指操作的目的，代码如下：

```
touch_action_01 = TouchAction(driver).press(x = 0, y = 0).move_to(x = 100, y = 100).release()
touch_action_02 = TouchAction(driver).press(x = 300, y = 300).move_to(x = 200, y = 200).
release()
multi_action = MultiAction(driver)
multi_action.add(touch_action_01, touch_action_02)
multi_action.perform()
```

以上代码中，首先构建了两个 TouchAction 对象，分别用于模拟从(0, 0)坐标点滑动到(100, 100)坐标点及从(300, 300)坐标点滑动到(200, 200)坐标点。然后使用 MultiAction 对象将两个 TouchAction 对象添加在一起并执行其中存储的操作，即调用 perform()方法。代码执行效果模拟了左手食指(以上代码的 touch_action_01)和左手大拇指(以上代码的 touch_action_02)同时触摸屏幕执行并拢(缩小)的操作。

在执行以上代码之前不要忘记导入 MultiAction 类，代码如下：

```
from appium.webdriver.common.multi_action import MultiAction
```

4.3.7 操作移动浏览器

虽然移动浏览器的使用体验无法与计算机浏览器相比，但其便携性更好，因此使用移动浏览器的人也很多。对于 Android 设备,Appium 支持 Chrome 或系统自带的浏览器;对于 iOS 设备,Appium 支持 Safari 浏览器的自动化测试。

1. 操作 Android 设备的 Chrome 浏览器

在 Android 设备上操作 Chrome 浏览器进行自动化测试之前,需确保 Appium 服务器已包含与 Android 设备上 Chrome 浏览器匹配版本的 Chrome 浏览器驱动。笔者的 Appium 服务器安装在了 C:\Program Files 目录,因此 Chrome 浏览器驱动的路径如下:

```
C:\Program Files\Appium\resources\app\node_modules\appium\node_modules\appium-chromedriver\chromedriver\win
```

进入该目录后,可执行命令获得 Chrome 浏览器驱动的版本,命令如下:

```
chromedriver -v
```

笔者计算机上安装的 Chrome 浏览器驱动版本为 86.0.4240.22,它是安装 Appium 服务器时自动安装的,如果版本与 Android 设备上的 Chrome 浏览器不匹配,可手动下载其他版本来替换它,Chrome 浏览器驱动下载地址详见前言二维码。

接着编写一段测试代码演示如何打开百度首页。

【例 4-18】 操作 Android 设备的 Chrome 浏览器。

```
from appium.webdriver import Remote

desired_capabilities = {
    'automationName': 'UiAutomator2',
    'platformName': 'Android',
    'platformVersion': '9',
    'deviceName': 'Android Device',
    'browserName': 'Chrome' # 新增
}
with Remote(command_executor = 'http://localhost:4723/wd/hub', desired_capabilities = desired_capabilities) as driver:
    driver.get('https://www.baidu.com/')
    assert driver.title == '百度一下'
```

从以上代码可以看出,笔者使用了 browserName 参数替换之前的 appPackage 和 appActivity 参数,这样做的目的是告诉 Appium 服务器应该建立一个针对移动 Chrome 浏览器的测试会话,而不是移动 App 的测试会话。

2. 操作 iOS 设备的 Safari 浏览器

在 iOS 设备上操作 Safari 浏览器进行自动化测试之前,需确保“网页检查器”已经被打开,其开启路径是在 iOS 设备的“设置”→“Safari 浏览器”→“高级”中。

接着编写一段测试代码演示如何打开百度首页。

【例 4-19】 操作 iOS 设备的 Safari 浏览器。

```
from appium.webdriver import Remote

desired_capabilities = {
    'automationName': 'XCUITest',
```

```
        'platformName': 'iOS',
        'platformVersion': '14.5.1',
        'deviceName': 'iPhone 8',
        'udid': 'a1bf89a6d882010cd9314dd7544e21eac6482e00',
        'browserName': 'Safari' # 新增
    }
with Remote(command_executor = 'http://192.168.3.8:4723/wd/hub', desired_capabilities = desired_capabilities) as driver:
    driver.get('https://www.baidu.com/')
    assert driver.title == '百度一下'
```

这里需要使用 browserName 参数来替换 bundleId 参数，以告诉 Appium 服务器应该建立一个针对移动 Safari 浏览器的测试会话。

由于 Appium 对移动浏览器的操作实际上是依赖于 Selenium 的，因此本节不再对其他操作进行详细介绍，其他操作可参考 4.2 节。

4.4 Page Object 设计模式

Page Object（页面对象）设计模式是界面自动化测试中的优秀实践，它是将页面的操作和元素进行建模，并与具体的测试用例分离。在使用 Page Object 设计模式实施自动化测试的过程中需要遵循一定的规范，这些规范的要点如下：

第 1 条：公共方法代表页面对象提供的服务。

第 2 条：遵循面向对象编程的“封装”原则，即尽量不要暴露页面对象的内部。

第 3 条：一般不做断言。

第 4 条：方法的返回值为其他页面对象。

第 5 条：页面对象并非必须代表整个页面。

第 6 条：相同的操作不同的结果应该被建模为不同的方法。

随着 Page Object 设计模式在实际项目中的深入使用，这些规范也存在一些合理的反例。

Page Object 设计模式适用于所有界面自动化测试，本节以 Web 自动化测试用例来讲解。

4.4.1 两层建模

最基本的 Page Object 设计模式需要进行两层建模，即将页面对象作为一层，而测试用例作为另一层。

1. 页面对象层

新增 two_layer 模块，在其中创建一个基础页面类，它是所有具体页面类的父类，代码如下：

```
from abc import ABC, abstractmethod
```

```
from selenium.webdriver.remote.webdriver import WebDriver


class BasePage(ABC):

    def __init__(self, driver: WebDriver):
        self.driver = driver

    @abstractmethod
    def get_page_loaded_sign(self):
        """
        获取页面加载成功的标识
        :return:
        """
```

以上代码限制了 BasePage 构造方法的形参类型，将类型限制为 WebDriver 以避免传参错误。get_page_loaded_sign()被定义成了抽象方法，因为每个具体页面加载成功的标识是不同的，需要具体页面去自己实现。get_page_loaded_sign()方法是第 4 条规范的"合理"反例。

以登录 IMS 为例，涉及了两个页面，即登录和物品管理（首页）。

新增 LoginPage 类，该类封装了登录页面的相关元素和操作，代码如下：

```
class LoginPage(BasePage):

    def __init__(self, driver: WebDriver):
        super().__init__(driver)
        self.username = self.driver.find_element(By.CSS_SELECTOR, 'input[type="text"]')
# 用户名输入框
        self.password = self.driver.find_element(By.CSS_SELECTOR, 'input[type=
"password"]') # 密码输入框
        self.login_button = self.driver.find_element(By.TAG_NAME, 'button') # "登录"按钮
        self.app_name = self.driver.find_element(By.TAG_NAME, 'h1') # 登录表单的标题

    def get_page_loaded_sign(self):
        return self.app_name.text

    @staticmethod
    def go_to_login_page(driver: WebDriver):
        """
        导航到登录页面
        :param driver: 浏览器驱动
        :return: 登录页面
        """
        driver.get('http://ims.lujiatao.com/login')
        return LoginPage(driver)

    def _input_username(self, username):
        """
        输入用户名
        :param username: 用户名
```

```
        :return: 登录页面
        """
        self.username.send_keys(username)
        return self

    def _input_password(self, password):
        """
        输入密码
        :param password: 密码
        :return: 登录页面
        """
        self.password.send_keys(password)
        return self

    def _click_login_button_as_valid(self):
        """
        有效单击"登录"按钮
        :return: 物品管理页面
        """
        self.login_button.click()
        return GoodsPage(self.driver)

    def _click_login_button_as_invalid(self):
        """
        无效单击"登录"按钮
        :return: 登录页面
        """
        self.login_button.click()
        return self

    def login_as_valid(self, username, password):
        """
        登录成功
        :param username: 用户名
        :param password: 密码
        :return: 物品管理页面
        """
        self._input_username(username)
        self._input_password(password)
        return self._click_login_button_as_valid()

    def login_as_invalid(self, username, password):
        """
        登录失败
        :param username: 用户名
        :param password: 密码
        :return: 登录页面
        """
        self._input_username(username)
        self._input_password(password)
        return self._click_login_button_as_invalid()
```

以上 LoginPage 类继承至 BasePage 抽象基类，其首先将需要操作的元素定义为属性，然后对元素进行各种操作，包括输入用户名、输入密码、单击登录按钮等。由于输入正确的用户名和密码会登录成功，而输入错误的会登录失败，因此根据规范需要建模为不同的方法。go_to_login_page()是一个静态方法，使用它可方便地导航到登录页面。

新增 GoodsPage 类，该类封装了物品管理页面的相关元素和操作，代码如下：

```
class GoodsPage(BasePage):

    def __init__(self, driver: WebDriver):
        super().__init__(driver)

    def get_page_loaded_sign(self):
        return self.driver.title
```

出于演示目的，以上代码没有再封装物品管理页面的具体操作，比如对物品的增删查改、出库、入库等。

2. 测试用例层

页面对象的存在意义在于屏蔽操作页面元素的底层细节，因此测试用例必须与页面对象交互，而不能直接操作页面元素。

新增 ims_test 模块用于存放测试代码，该模块中的测试代码直接调用页面对象层封装的方法进行登录操作，代码如下：

```
from time import sleep

from selenium.webdriver import Chrome

from chapter_04.page_object.two_layer import LoginPage

with Chrome() as driver:
    login_page = LoginPage.go_to_login_page(driver)
    assert login_page.get_page_loaded_sign() == '库存管理系统'
    goods_page = login_page.login_as_valid('admin', 'admin123456')
    sleep(1)
    assert goods_page.get_page_loaded_sign() == 'IMS - 物品管理'
```

整个测试用例没有去操作页面元素，这样做的好处是当页面结构发生改变时，直接维护页面对象即可，测试用例不需要修改。

4.4.2　三层建模

两层建模看起来已经很好了，但为什么还需要三层建模呢？当业务场景比较复杂时，往往需要操作几个甚至几十个页面，如果采用两层建模，这样的测试用例代码在可读性上仍然很差。此时可引入业务逻辑层，其作用是在页面对象层和测试用例层之间做缓冲，将可以复用的公共操作步骤单独封装成一个业务逻辑，供更大的业务场景测试来调用。

以下将三层建模的每一层归纳如下所述。

Page Object：页面对象层，存放页面对象。

Business Logic：业务逻辑层，具体的业务逻辑。业务逻辑层需要调用页面对象层。

Test Case：测试用例层，具体的测试用例。测试用例层需要调用页面对象层和业务逻辑层。

本节以一个组合场景“登录注销”IMS为例讲解Page Object设计模式的三层建模。当然，在实际项目中的组合场景往往非常复杂，读者需要学会举一反三，灵活运用。

1. 页面对象层

新增一个three_layer模块，将two_layer中的页面对象层代码复制过来，然后修改GoodsPage类，加入注销相关的代码，修改后的GoodsPage类代码如下：

```
class GoodsPage(BasePage):

    def __init__(self, driver: WebDriver):
        super().__init__(driver)
        sleep(1)
        self.dropdown = self.driver.find_element(By.CLASS_NAME, 'el - dropdown - link ')
# 下拉菜单
        self.logout_item = self.driver.find_element(By.CSS_SELECTOR,
                                                    'ul[class = "el - dropdown - menu"] >
li:nth - child(1)') # 注销菜单

    def get_page_loaded_sign(self):
        return self.driver.title

    def logout(self):
        """
        注销
        :return: 登录页面
        """
        self.dropdown.click()
        sleep(1)
        self.logout_item.click()
        sleep(1)
        return LoginPage(self.driver)
```

2. 业务逻辑层

新增LoginAndLogout类，该类将登录和注销捆绑在了一起，代码如下：

```
class LoginAndLogout:

    def __init__(self, driver: WebDriver):
        self.driver = driver

    def login_and_logout(self, username, password):
        login_page = LoginPage.go_to_login_page(self.driver)
        assert login_page.get_page_loaded_sign() == '库存管理系统'
        goods_page = login_page.login_as_valid(username, password)
        sleep(1)
```

```
        assert goods_page.get_page_loaded_sign() == 'IMS - 物品管理'
        return goods_page.logout()
```

3. 测试用例层

此时，测试用例需要与业务逻辑层交互，代码如下：

```
from selenium.webdriver import Chrome

from chapter_04.page_object.three_layer import LoginAndLogout

with Chrome() as driver:
    login_and_logout = LoginAndLogout(driver)
    login_page = login_and_logout.login_and_logout('admin', 'admin123456')
    assert login_page.get_page_loaded_sign() == '库存管理系统'
```

说明

由于本节目的在于介绍 Page Object 设计模式，因此出于简便目的，本节代码在等待时直接使用了线程休眠，实际项目中建议使用隐式等待或显式等待。

第2部分　进阶篇

第5章

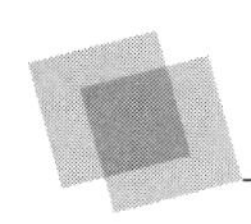

扩展现有自动化测试框架

5.1 开发 pytest 插件

在 2.3.10 节和 2.3.12 节中使用了 pytest-xdist、pytest-html 和 allure-pytest 3 个插件，插件是 pytest 的强大特性之一，其为第三方开发者提供了扩展 pytest 的无限可能。

在开发插件之前，首先了解一下插件的加载顺序：

第 1 步，禁用命令行参数-p no:plugin_name 指定的插件。该方法可禁用包括内置插件在内的所有插件。

第 2 步，加载全部内置插件。内置插件是通过扫描 pytest 的内部包(_pytest 包)加载的。

第 3 步，加载使用命令行参数-p plugin_name 指定的插件。

第 4 步，加载使用 setuptools 入口点注册的插件。

第 5 步，加载使用 PYTEST_PLUGINS 环境变量指定的插件。

第 6 步，加载 conftest.py 文件中全局变量 pytest_plugins 指定的插件。

5.1.1 使用 pytest Hook

pytest 的 Hook 回调函数是开发外部插件的基础，因此首先需要了解它们。

pytest 的 Hook 回调函数分为以下 6 类。

(1) 引导回调函数：引导回调函数的作用是便于内部或外部插件尽早地注册。

(2) 初始化回调函数：供插件或 conftest.py 文件用于初始化操作。

(3) 收集回调函数：用于文件和目录的收集。

(4) 测试运行回调函数：用于测试运行，它们大都接受一个 Item 对象。

(5) 报告回调函数：用于测试报告的回调函数。

(6) 调试/交互回调函数：用于开发调试或异常交互的回调函数。

下面以参数化测试的回调函数 pytest_generate_tests()为例介绍 pytest 回调函数的使用，pytest_generate_tests()属于收集类的回调函数。为此新增 extend_test_framework 包，在 extend_test_framework 包中新增 use_pytest_hook 模块，并编写 pytest_generate_tests()函数和 test_add()测试函数的代码。

【例 5-1】 使用 pytest_generate_tests()回调函数。

```
from pytest import main

from chapter_02.learning_unittest.calculator import Calculator


def pytest_generate_tests(metafunc):
    metafunc.parametrize(('num_01', 'num_02', 'expected'), [
        (1, 2, 3),
        (1, 3, 4)
    ])


def test_add(num_01, num_02, expected):
    assert Calculator().add(num_01, num_02) == expected


if __name__ == '__main__':
    main()
```

以上代码使用了 pytest_generate_tests()回调函数，其参数 metafunc 是一个 Metafunc 对象，用于生成参数化的测试函数/方法。Metafunc 对象包含一个 parametrize()方法，其使用方式类似于 2.3.7 节中介绍的@pytest.mark.parametrize 装饰器。

除了直接放在模块中，也可以将 pytest_generate_tests()回调函数放在 conftest.py 文件中，这样，在 conftest.py 文件的作用域内所有测试函数/方法均被参数化了。在 pytest 中，这种在 conftest.py 文件中使用回调函数的方式被称为 local per-directory plugins(本地每个目录单独的插件)。

5.1.2 开发本地插件

在 pytest 中，插件的实质就是包含了一个或多个 Hook 回调函数的独立 Python 模块。理解这一点后，开发一个插件就非常简单了。

先做一些准备工作。在 extend_test_framework 包中新增一个 calculator_plugin 子包，在 calculator_plugin 子包中新增 calculator_plugin 模块，将 5.1.1 节中的 pytest_generate_tests()回调函数复制到 calculator_plugin 模块中。

calculator_plugin 模块就是一个插件，为了使用插件，新增了一个名为 use_calculator_plugin 的 Python 模块，并在其中编写使用 calculator_plugin 插件的代码。

【例 5-2】 使用本地插件。

```
from pytest import main

from chapter_02.learning_unittest.calculator import Calculator

pytest_plugins = 'chapter_05.extend_test_framework.calculator_plugin.calculator_plugin'


def test_add(num_01, num_02, expected):
    assert Calculator().add(num_01, num_02) == expected


if __name__ == '__main__':
    main()
```

从以上代码可以看出,使用插件非常简单,只需要在测试模块中使用 pytest_plugins 全局变量注册即可。

除了在测试模块中注册,也可以在 conftest.py 文件中注册,代码如下:

```
pytest_plugins = 'chapter_05.extend_test_framework.calculator_plugin.calculator_plugin'
```

另外,如果需要注册多个插件,可将插件以列表形式传递给 pytest_plugins 全局变量,代码如下:

```
pytest_plugins = ['path.to.plugin_01', 'path.to.plugin_02']
```

本节开发的插件是一个本地插件,即没有共享到公共仓库中的插件,如果其他人需要使用该插件,就只能复制它的源代码。因此为了让其他人可以使用自己开发的插件,需要将插件共享到公共仓库,这就是 5.1.3 节将要介绍的可安装插件。

说明

如果只在公司内部共享插件,可以使用公司内部的私有仓库,将插件打包并上传到私有仓库后,公司内部的其他人可通过私有仓库下载和安装插件,有关私有仓库详见 7.3 节。

5.1.3 开发可安装的插件

开发可安装的插件需要依赖 setuptools 进行打包配置,配置完成后再进行打包和上传到公共仓库,本节以上传到 PyPI 为例。

在 extend_test_framework 包中新增 setup 模块,该模块中存放的是打包所需的配置信息。

【例 5-3】 打包所需的配置信息。

```
from setuptools import setup

setup(
```

```
    name = 'pytest - demo - plugin',
    version = '1.0.0',
    description = 'pytest 示例插件',
    author = '卢家涛',
    author_email = '522430860@qq.com',
    url = 'https://github.com/lujiatao2',
    packages = ['chapter_05.extend_test_framework.calculator_plugin'],
    entry_points = {
        'pytest11': ['calculator_plugin = chapter_05.extend_test_framework.calculator_
plugin.calculator_plugin']},
    classifiers = ['Framework :: Pytest']
)
```

以上代码只调用了 setuptools 的 setup()函数，现对以上 setup()函数的参数解释如下。

（1）name：应用程序的名称，这里指 pytest 插件的名称。在 PyPI 中，该应用程序的 URL 会被指定为 https://pypi.org/project/pytest-demo-plugin/，并可使用 pip install pytest-demo-plugin 命令来安装它。pytest 插件一般使用 pytest-为前缀命名，但这只是规范，并非强制要求。

（2）version：应用程序的版本号。

（3）description：应用程序的简单描述。

（4）author：作者姓名。

（5）author_email：作者电子邮箱。

（6）url：项目主页。

（7）packages：需要打包的目录。

（8）entry_points：入口点。要被 pytest 识别为插件，需将 Key 设置为 pytest11。

（9）classifiers：分类器。PyPI 将读取分类器的列表数据对应用程序进行分类，比如应用程序支持 Python 3.7，则可以写成 Programming Language :: Python :: 3.7。以上代码中的分类器将该应用程序分类为 pytest 框架，即 Framework :: Pytest。

说明

以上代码只是使用了基本的打包配置，更多打包配置详见 6.10.1 节。

为了能够顺利打包，在打包之前最好进行打包前的命令校验，命令如下：

```
python chapter_05\extend_test_framework\setup.py check
```

如果回显结果有告警，那么需要解决告警。比如缺失 URL，回显如下：

```
warning: check: missing required meta - data:url
```

如果回显结果没有告警，那么可以进行正式打包操作了。

由于当前 Python 应用程序的主流打包格式是 wheel，因此在打包之前需要安装 wheel 依赖，执行命令即可安装 wheel，命令如下：

```
pip install wheel
```

接着执行命令将应用程序打包到工程的 dist 目录，命令如下：

```
python chapter_05\extend_test_framework\setup.pysdist bdist_wheel
```

执行完成后，查看工程的 dist 目录，可以看到此时已经生成了 pytest_demo_plugin-1.0.0-py3-none-any.whl 和 pytest-demo-plugin-1.0.0.tar.gz 两个打包文件，前者是 wheel 格式的安装包，后者是源代码的压缩包。

打包完成后就可以上传到 PyPI 了。但在上传之前还需要安装 twine，它用于上传应用程序到 PyPI，执行命令即可安装 twine，命令如下：

```
pip install twine
```

最后执行命令上传应用程序到 PyPI，命令如下：

```
twine upload dist/*
```

执行以上命令时会要求输入 PyPI 的用户名和密码(可在 PyPI 上免费注册账户)，输入成功后会自动开始上传，上传完成后可访问 PyPI 查看该应用程序，如图 5-1 所示。

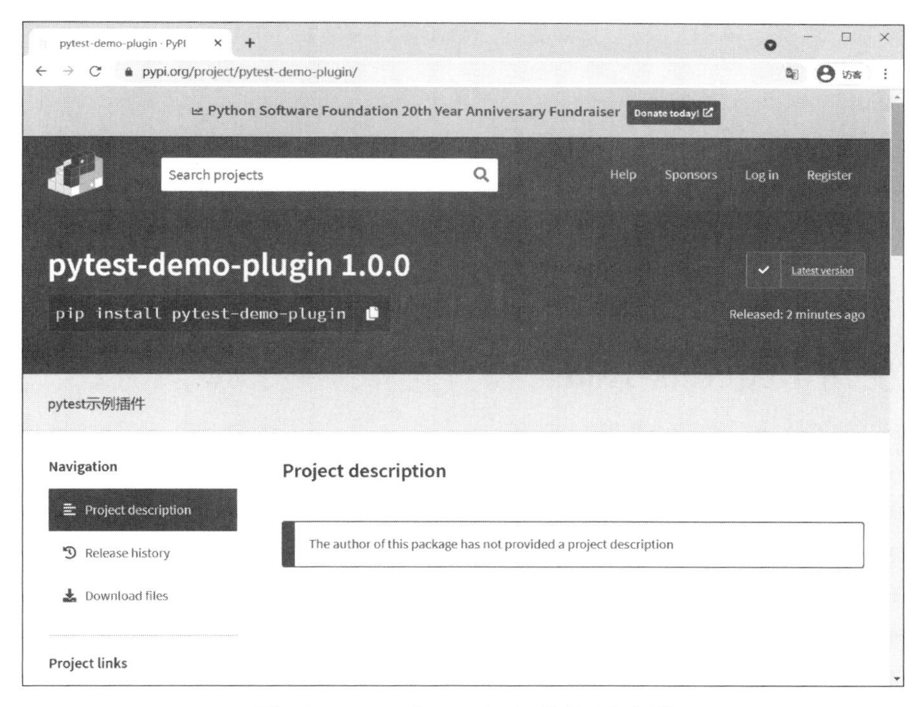

图 5-1 pytest-demo-plugin 的 PyPI 主页

说明

当修改应用程序后，必须修改版本号，否则 PyPI 将禁止上传的动作。即使将 PyPI 上的应用程序删除掉，也不能再上传相同版本号的应用程序。

由于当前工程存在 pytest-demo-plugin 插件的源代码，为了避免冲突，这里重新创建了一个工程 mastering-test-automation-for-test 用于 pytest-demo-plugin 插件的测试。该工程同样也会作为第 6 章的测试工程。

由于这里使用了 Python 虚拟环境，因此需要在当前工程中重新安装 pytest，然后执行命令安装 pytest-demo-plugin 插件，命令如下：

```
pip install pytest-demo-plugin
```

安装完成后，在 mastering-test-automation-for-test 工程中新增 use_pytest_demo_plugin 包，并将 mastering-test-automation 工程中的 chapter_02\learning_unittest\calculator.py 模块复制到 use_pytest_demo_plugin 包中，最后新增 use_pytest_demo_plugin 模块，代码如下：

```
from pytest import main

from use_pytest_demo_plugin.calculator import Calculator


def test_add(num_01, num_02, expected):
    assert Calculator().add(num_01, num_02) == expected


if __name__ == '__main__':
    main()
```

执行命令运行测试代码，命令如下：

```
pytest -q use_pytest_demo_plugin\use_pytest_demo_plugin.py
```

执行结果为通过，因此说明插件已经被正确安装和使用了。

5.2 使用 Requests Hook

在实际项目中，当请求响应后通常需要先判断响应是否正常，如果正常，才会从响应中提取指定内容作为后续使用或作为实际结果进行断言。

第一种判断响应是否正常的方式是判断状态码，当状态码为 4××或 5××，表示响应异常。在 extend_test_framework 包中新增 use_requests_hook 模块，代码如下：

```
import requests

response = requests.get('https://httpbin.org/get')
if response.status_code < 400:
    print(response.json())
else:
    raise RuntimeError(f'请求失败：{response.reason}')
```

以上代码访问了 Response 对象的 status_code 属性来获取状态码，如果状态码小于 400，那么将以 JSON 形式打印响应体，否则抛出运行时异常。Response 对象的 reason 属性表示状态文本，如 404 Not Found 中的 Not Found。

在 Requests 中，Response 对象提供了一个 ok 属性来直接判断状态码是否小于 400，如

果小于400,就返回True,否则返回False。因此以上代码中的if语句可以被重构为使用ok属性,代码如下:

```
if response.ok:
    print(response.json())
else:
    raise RuntimeError(f'请求失败: {response.reason}')
```

说明

ok属性实际上是一个使用@property装饰器修饰的方法,其内部实现是依赖了raise_for_status()方法,而raise_for_status()方法的作用是检测状态码是否为4××或5××,如果是,就抛出HTTPError异常。

另一种判断响应是否正常的方式是判断响应体的code,这种判断方式依赖于具体项目。例如,约定当code不等于0时就代表请求异常,并且在message(具体名称取决于实际项目,也可能叫msg、errorMessage、errorMsg等)中描述异常的具体原因,代码如下:

```
response = requests.get('http://ims.lujiatao.com/api/goods-category')
body = response.json()
if body['code'] == 0:
    print(body)
else:
    raise RuntimeError(f'请求失败: {body["msg"]}')
```

由于还未登录IMS,因此直接获取物品分类会报错,执行以上代码后,执行结果如下:

```
Traceback (most recent call last):
  File "E:/Software_Testing/Software Development/Python/PycharmProjects/mastering-test-
automation/chapter_05/extend_test_framework/use_requests_hook.py", line 13, in <module>
    raise RuntimeError(f'请求失败: {body["msg"]}')
RuntimeError: 请求失败: 未登录!
```

现在的问题是如果自动化测试用例中需要调用成百上千个接口,每个接口都手动检测响应是否正常,那将存在大量冗余代码。幸亏Requests提供了Hook功能,可以在请求中注册回调函数来解决这个问题。

针对状态码的校验,可编写回调函数,代码如下:

```
def check_status_code(response, *args, **kwargs):
    if response.ok:
        return response
    else:
        raise RuntimeError(f'请求失败: {response.reason}')
```

回调函数将Response对象作为了第一个参数,然后在函数体中对它进行进一步的校验操作。

回调函数编写完成后,可在请求中传递给hooks参数以注册该回调函数,代码如下:

```
requests.get('http://ims.lujiatao.com/login', hooks={'response': check_status_code})
```

hooks 参数接受一个字典作为参数，目前字典 Key 仅支持 response，它表示对响应执行回调操作。

同理，也可以将判断响应体 code 的逻辑封装到回调函数中，代码如下：

```
def check_body_code(response, *args, **kwargs):
    body = response.json()
    if body['code'] == 0:
        return body
    else:
        raise RuntimeError(f'请求失败: {body["msg"]}')
```

要在请求中注册多个回调函数，只需要将它们以列表形式依次传入即可，代码如下：

```
requests.get('http://ims.lujiatao.com/api/goods-category', hooks={'response': [check_status_code, check_body_code]})
```

另外，可将回调函数应用于会话，这样可对会话中的每个请求都执行相同的回调操作，代码如下：

```
with Session() as session:
    session.hooks['response'].append(check_status_code)
    session.hooks['response'].append(check_body_code)
    ...
```

append()方法用于注册单个回调函数，若需一次性注册多个，则可使用 extend()方法，代码如下：

```
session.hooks['response'].extend([check_status_code, check_body_code])
```

5.3 实现 Selenium 等待条件和事件监听器

5.3.1 实现 Selenium 等待条件

在 4.2.6 节中使用 WebDriverWait 类进行显式等待时，用到了 expected_conditions 模块内置的 invisibility_of_element_located 类作为等待条件，而由于 invisibility_of_element_located 类中显式定义了__call__()方法，因此其实例是可以被直接调用的。而 WebDriverWait 类的 until()方法，实际上是接受一个方法作为参数，既然如此完全可以不使用内置的 expected_conditions 模块，转而实现自定义的等待条件。

1. 使用 lambda 表达式

lambda 表达式实际上是一个匿名函数，因此可以将 4.2.6 节中的 invisibility_of_element_located 类直接替换为 lambda 表达式。

【例 5-4】 使用 lambda 表达式实现 Selenium 等待条件。

```
from selenium.webdriver import Chrome
from selenium.webdriver.support.wait import WebDriverWait
```

```
with Chrome() as driver:
    driver.get('http://wft.lujiatao.com/')
    driver.find_element_by_link_text('处理等待').click()
    web_driver_wait = WebDriverWait(driver, 60, poll_frequency=1)
    web_driver_wait.until(lambda d: not d.find_element_by_id('loading').is_displayed())
```

2. 使用独立的代码封装

Python 的 lambda 表达式被限制为只能包含一行代码，且其逻辑与数据是耦合在一起的。因此使用独立的代码封装是一种更好的选择，这里使用的是一个 Python 类作为独立的代码封装。为此在 extend_test_framework 包中新建一个 my_expected_conditions 模块，在该模块中新增一个 InvisibilityOfElement 类，该类意在提供与 invisibility_of_element_located 类一样的功能。

【例 5-5】 使用 Python 类实现 Selenium 等待条件。

```
class InvisibilityOfElement:

    def __init__(self, locator):
        self.locator = locator

    def __call__(self, driver):
        element = driver.find_element(*self.locator)
        return element if not element.is_displayed() else False
```

接着将 lambda 表达式替换为 InvisibilityOfElement 类即可，代码如下：

```
web_driver_wait.until(InvisibilityOfElement((By.ID, 'loading')))
```

5.3.2 实现 Selenium 事件监听器

事件监听器用于在特定事件发生时触发特定操作，常见的一个场景是当 Selenium 抛出异常时，对窗口进行截图留存，以便后续的回溯工作。

要实现一个事件监听器，需要继承 AbstractEventListener 类，并重写其中的方法，因为 AbstractEventListener 类中的方法都是空实现，如表 5-1 所示。

表 5-1 AbstractEventListener 类的方法

方法名称	方法含义
before_navigate_to	导航到目标页面之前触发的操作
after_navigate_to	导航到目标页面之后触发的操作
before_navigate_back	返回上一个页面之前触发的操作
after_navigate_back	返回上一个页面之后触发的操作
before_navigate_forward	前进到下一个页面之前触发的操作
after_navigate_forward	前进到下一个页面之后触发的操作
before_find	查找元素之前触发的操作
after_find	查找元素之后触发的操作
before_click	单击元素之前触发的操作

续表

方法名称	方法含义
after_click	单击元素之后触发的操作
before_change_value_of	改变元素值之前触发的操作
after_change_value_of	改变元素值之后触发的操作
before_execute_script	执行脚本之前触发的操作
after_execute_script	执行脚本之后触发的操作
before_close	关闭窗口之前触发的操作
after_close	关闭窗口之后触发的操作
before_quit	结束浏览器会话之前触发的操作
after_quit	结束浏览器会话之后触发的操作
on_exception	Selenium 抛出异常时触发的操作

下面以 on_exception()方法的重写为例介绍事件监听器的实现。为此新增 my_listener 模块，并新增一个 MyListener 类用于继承 AbstractEventListener 类。

【例 5-6】 实现 Selenium 事件监听器。

```
from datetime import datetime

from selenium.webdriver.support.abstract_event_listener import AbstractEventListener


class MyListener(AbstractEventListener):

    def on_exception(self, exception, driver):
        filename = datetime.now().strftime('%Y%m%d%H%M%S')
        driver.save_screenshot(fr'E:\Other\{filename}.png')
```

以上代码重写了 on_exception()方法，该方法用于在 Selenium 抛出异常时对屏幕进行截图保存，截图名称是当前时间，精确到秒。

事件监听器需要配合 EventFiringWebDriver 类才能使用，在 EventFiringWebDriver 的构造方法中将事件监听器对象作为参数传递即可。以访问 WFT 首页，并尝试查找一个不存在的元素为例。为此新增 implement_listener 模块，代码如下：

```
from selenium.webdriver import Chrome
from selenium.webdriver.support.event_firing_webdriver import EventFiringWebDriver

from chapter_05.extend_test_framework.my_listener import MyListener

with Chrome() as driver:
    new_driver = EventFiringWebDriver(driver, MyListener())
    new_driver.get('http://wft.lujiatao.com/')
    new_driver.find_element_by_id('no-id')
```

执行以上代码后，E:\Other 目录生成了截图。

第6章

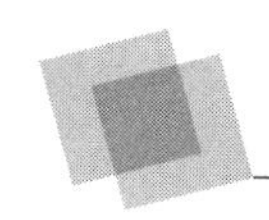

开发全新自动化测试框架

在第 5 章中，对多个现有自动化测试框架进行了扩展，而本章将介绍如何开发一个全新的自动化测试框架，其有着类似 unittest、pytest、JUnit 和 TestNG 等单元测试框架的功能。这里将该自动化测试框架命名为 testauto。

6.1 整体设计

在着手开发 testauto 之前，需要明确 testauto 需要实现的功能，这好比实际的软件项目中往往需要明确产品需求一样。出于简便考虑，没有出具 testauto 的完整需求文档，取而代之的是一些功能点的罗列，如图 6-1 所示。

（1）测试用例模块：主要包含 TestCase 抽象类，其作为所有测试用例实现类的父类。在 testauto 中，一个 TestCase 子类被识别为一个测试用例。

（2）测试任务模块：主要包含 TestCaseFilter 和 TestTask 两个抽象类及它们的内置实现 TestCaseCompletedShouldBe、TestCasePriorityShouldBe 和 DefaultTestTask。TestCaseFilter 是测试用例过滤器，其用于在 TestTask 中过滤测试用例。TestTask 是测试任务，它用于组织测试用例，类似于 unittest 中的 TestSuite 概念。TestTask 是 testauto 的执行单元。

（3）测试记录器模块：主要包含 TestRecorder 抽象类及其内置实现 DefaultTestRecorder。TestRecorder 是测试记录器，其用于记录和统计测试结果，并生成测试报告。

（4）测试执行器模块：主要包含 TestRunner 抽象类及其内置实现 DefaultTestRunner。TestRunner 是测试执行器，它是 testauto 的核心。测试执行器用于加载测试任务，并执行测试任务中的测试用例，执行过程会使用测试记录器记录测试结果，最后在测试完成后使用测试记录器统计测试结果并生成测试报告。

（5）高级功能：为了使 testauto 的功能更为实用，这里加入了大多数单元测试框架都有的一些高级功能，包括参数化测试、多线程测试、终止策略、重试策略和超时时间等功能。

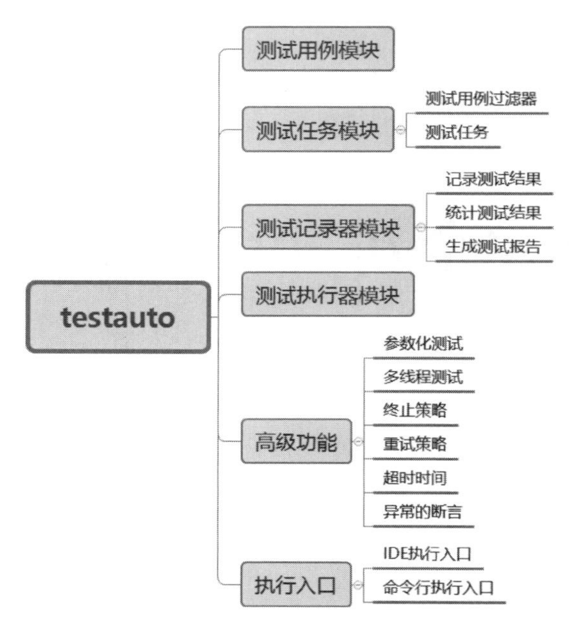

图 6-1　整体设计

(6) 执行入口：testauto 提供了两种执行入口，即 IDE 执行和命令行执行，前者主要用于本地调试，后者主要用于正式执行测试用例。

在 6.2 节～6.7 节中，将分别实现以上功能，并在 6.8 节中介绍对 testauto 的测试。作为对外发布的应用程序，文档是不可或缺的，因此在 6.9 节中介绍如何编写 testauto 文档。当所有工作准备就绪后，打包就成为了发布前的最后一个环节，打包完成后即可发布应用程序，6.10 节会对 testauto 的打包和发布进行详细介绍。

6.2　实现测试用例模块

如果要编写一条手工测试用例，那么它应该包含哪些属性呢？通常手工测试用例需要包含以下属性。

(1) 项目名称：测试用例所属的软件项目名称。

(2) 模块名称：测试用例所属的项目模块名称。

(3) 标题：测试用例的标题。标题用于简单描述测试用例的目的。

(4) 描述：测试用例的描述信息。由于通过标题不一定能很好地理解测试用例的目的，因此该属性的作用在于对测试用例进行更为详细的解释。

(5) 前置条件：测试用例的初始化操作。

(6) 测试步骤：测试用例的具体步骤。

(7) 预期结果：测试用例的预期结果。

(8) 后置条件：测试用例的清理操作。

(9) 等级：测试用例的等级。测试用例的等级决定了测试用例的重要程度，通常等级越高的测试用例被执行的概率就越大。

(10) 设计者：测试用例的设计者。当测试用例出现问题时，可通过该属性值联系到测试用例的作者，以便尽快修复。另一个作用是通过设计者统计每个测试人员的测试用例产出，以此作为测试度量的数据之一。

(11) 版本号：测试用例的版本号。为了将测试用例纳入版本控制系统，可以使用版本号来识别针对不同软件版本的测试用例。

(12) 完成状态：测试用例的完成状态。由于不可能保证每次编写测试用例都能将测试用例编写完成，这样就会存在测试用例处于草稿(未完成)状态，这个字段用于标记测试用例是否编写完成。

以上是手工测试用例的属性。要将手工测试用例属性转化为Python语言表示，可以通过创建一个测试用例类，并将以上属性定义为类属性。为此新增case模块，并定义一个TestCase类，代码如下：

```
from abc import ABC
from enum import Enum


class TestCasePriority(Enum):
    P0 = '冒烟测试用例'
    P1 = '核心测试用例'
    P2 = '普通测试用例'
    P3 = '次要测试用例'


class TestCase(ABC):
    """
    测试用例抽象类
    """

    project = 'Default Project'
    module = 'Default Module'
    title = 'Default Title'
    description = ''
    priority = TestCasePriority.P0
    designer = 'Anonymous'
    version = '1.0.0'
    completed = True # 测试用例完成状态:True - 已完成/False - 未完成(草拟中)
```

由于这里定义的不是一个具体的测试用例，而只是相当于一个测试用例模板，因此TestCase类被定义成了抽象类，以便具体的测试用例类可以继承该抽象类。以上属性中，除了description被赋值为一个空字符串，其他属性都赋予了有特定意义的初始化值。其中，等级使用了枚举类型来定义，而完成状态是一个布尔值，因为完成状态只可能是已完成或未完成(草拟中)。测试步骤、预期结果、前置条件和后置条件并没有定义在上述代码的类属性中，它们是具体的动作，应该被定义为方法，稍后介绍。

当测试用例被执行时会增加其他属性，如开始执行时间、结束执行时间和执行结果等。由于一个测试用例可以被多次执行，那么以上这些属性可以被看作TestCase类的实例属性，为此增加一个TestCase类的构造方法，在构造方法中定义这些实例属性，代码如下：

```
def __init__(self):
    self.start_time = ''
    self.stop_time = ''
    self.result = TestCaseResult.NOT_EXECUTED
    self.result_detail = ''
```

以上代码的 result_detail 属性用于当测试用例非正常结束时存放其详细信息，比如异常堆栈信息。result 属性表示执行结果，使用了一个枚举类型来定义执行结果，其包含了以下 6 种执行结果，代码如下：

```
class TestCaseResult(Enum):
    NOT_EXECUTED = '未执行'
    EXECUTING = '执行中'
    PASS = '成功'
    FAIL = '失败'
    BLOCK = '阻塞'
    TIMEOUT = '超时'
```

作为测试用例，核心是测试步骤和预期结果，在 TestCase 类属性中并没有包含它们，由于测试步骤和校验预期结果本质上是一系列动作，因此将其建模为一个 test_case()方法，代码如下：

```
@abstractmethod
def test_case(self):
    """
    测试用例
    :return:
    """
    pass
```

test_case()方法被定义成了一个抽象方法，以便具体的测试用例类重写该方法。@abstractmethod 装饰器位于 abc 模块中，不要忘记导入它，代码如下：

```
from abc import abstractmethod
```

最后需要实现的是前置条件和后置条件，它们实际上也是一系列的动作，不过它们并不是每个测试用例必需的，因此将它们定义为普通方法即可，代码如下：

```
def setup(self):
    """
    测试用例前置条件(初始化操作)
    :return:
    """
    pass

def teardown(self):
    """
    测试用例后置条件(清理操作)
    :return:
    """
    pass
```

至此，测试用例模块编写完成。为了配合参数化测试，在6.6.1节中会对该模块进行再次修改。

6.3 实现测试任务模块

在实际项目中往往需要在不同的测试场景选择不同的测试用例来执行，比如冒烟测试和回归测试，它们选取的测试用例显然是不同的。鉴于此，这里使用了测试任务的概念将测试用例进行分类组织，以应对不同的测试场景。

6.3.1 测试用例过滤器

在一个大型项目中，测试用例是一个庞大的数据集。那么如何选择满足指定条件的测试用例呢？在Web应用程序中，筛选一个列表中的数据使用的是搜索功能。借鉴此方法，使用测试用例过滤器来过滤满足条件的测试用例。

TestCaseFilter是测试用例过滤器的抽象类，它定义了测试用例过滤器的基本属性和方法。为此新增task模块，代码如下：

```
from abc import ABC, abstractmethod
from enum import Enum
from typing import List

from .case import TestCase


class OperationMethod(Enum):
    EQUAL = '等于'
    NOT_EQUAL = '不等于'
    CONTAINS = '包含'
    NOT_CONTAINS = '不包含'
    GREATER = '大于'
    GREATER_EQUAL = '大于或等于'
    LESS = '小于'
    LESS_EQUAL = '小于或等于'


class TestCaseFilter(ABC):
    """
    测试用例过滤器抽象类
    """

    def __init__(self, operation_method: OperationMethod):
        self.operation_method = operation_method

    @abstractmethod
    def filter(self, test_cases: List[TestCase]) -> List[TestCase]:
        pass
```

TestCaseFilter 包含一个表示操作方法的 operation_method 属性和一个表示过滤的 filter()方法。操作方法是一个枚举，包含各种具体的操作方法。过滤方法的入参和返回值都被限制为一个列表，列表元素为测试用例。其中入参表示待过滤的测试用例集合，返回值表示满足过滤条件的测试用例集合。

虽然 TestCaseFilter 包含了操作方法，但是它并没有包含实际的操作条件。实际的操作条件需要在 TestCaseFilter 子类中添加，并在子类中重写 filter()方法以实现真正的过滤器功能。以根据测试用例完成状态为例，新增一个 TestCaseCompletedShouldBe 过滤器，代码如下：

```
class TestCaseCompletedShouldBe(TestCaseFilter):

    def __init__(self, operation_method: OperationMethod, test_case_completed: bool):
        super().__init__(operation_method)
        self.test_case_completed = test_case_completed

    def filter(self, test_cases: List[TestCase]) -> List[TestCase]:
        if self.operation_method == OperationMethod.EQUAL:
            return [test_case for test_case in test_cases if test_case.completed == self.
test_case_completed]
        elif self.operation_method == OperationMethod.NOT_EQUAL:
            return [test_case for test_case in test_cases if test_case.completed != self.test
_case_completed]
        else:
            raise ValueError(f'不支持的操作方法:{self.operation_method.value}!')
```

TestCaseCompletedShouldBe 在 TestCaseFilter 的基础上新增了 test_case_completed 属性，用于表示测试用例完成状态，它是一个布尔值。由于测试用例完成状态只有已完成和未完成，因此操作条件只支持等于和不等于。

读者可能会说 TestCaseCompletedShouldBe 的操作条件也可以支持包含和不包含，但这样做的意义不大，因为只有两种状态，包含和不包含更适用于两种以上状态的过滤器。例如，另一个测试用例过滤器 TestCasePriorityShouldBe()，它用于根据测试用例等级来过滤测试用例，其完整代码如下：

```
class TestCasePriorityShouldBe(TestCaseFilter):

    def __init__(self, operation_method: OperationMethod, *test_case_priorities:
TestCasePriority):
        super().__init__(operation_method)
        self.test_case_priorities = test_case_priorities

    def filter(self, test_cases: List[TestCase]) -> List[TestCase]:
        if self.operation_method == OperationMethod.EQUAL:
            if len(self.test_case_priorities) != 1:
                raise ValueError(f'操作方法{self.operation_method.value}不支持多个条件!')
            return [test_case for test_case in test_cases if test_case.priority == self.test
_case_priorities[0]]
        elif self.operation_method == OperationMethod.NOT_EQUAL:
```

```
            if len(self.test_case_priorities) != 1:
                raise ValueError(f'操作方法{self.operation_method.value}不支持多个条件!')
            return [test_case for test_case in test_cases if test_case.priority != self.test_
case_priorities[0]]
        elif self.operation_method == OperationMethod.CONTAINS:
            return [test_case for test_case in test_cases if test_case.priority in self.test_
case_priorities]
        elif self.operation_method == OperationMethod.NOT_CONTAINS:
            return [test_case for test_case in test_cases if test_case.priority not in self.
test_case_priorities]
        else:
            raise ValueError(f'不支持的操作方法:{self.operation_method.value}!')
```

TestCasePriorityShouldBe 的 filter()方法判断了操作条件的数量，当条件为等于或不等于时，操作条件有且只有一个。而使用包含和不包含时，则可以包含多个操作条件。

task 模块和 case 模块位于同一个包中，因此不要忘记使用导入语句导入 TestCasePriority 枚举，代码如下：

```
from .case import TestCasePriority
```

在 testauto 中只提供了 TestCaseCompletedShouldBe 和 TestCasePriorityShouldBe 两个内置测试用例过滤器实现类，读者可根据实际情况实现其他测试用例过滤器，只需继承 TestCaseFilter 抽象基类即可。

6.3.2 测试任务

测试任务用于组织测试用例，类似于 unittest 中的 TestSuite，它是 testauto 执行自动化测试用例时的执行单元。

1. 实现 TestTask 抽象类

测试任务需要包含测试用例和测试用例过滤器，而且数量可以是多个，为此新增 TestTask 抽象类用于表示测试任务，并在构造方法中增加 test_cases 和 test_case_filters 两个属性，代码如下：

```
class TestTask(ABC):
    """
    测试任务抽象类
    """

    def __init__(self):
        self.test_cases: List[TestCase] = []
        self.test_case_filters: List[TestCaseFilter] = []
```

由于测试任务可以包含多个测试用例和多个测试用例过滤器，因此 test_cases 和 test_case_filters 属性的类型都被限定为了列表。

那么，测试任务中应该包含哪些操作呢？

最容易想到的是添加测试用例，代码如下：

```
@abstractmethod
def add_test_case(self, test_case: TestCase):
    pass
```

add_test_case()方法只能用于添加单个测试用例，要添加多个测试用例可使用 add_test_cases()方法，代码如下：

```
@abstractmethod
def add_test_cases(self, *test_cases: TestCase):
    pass
```

既然有添加操作，对应的就应该有删除操作，remove_test_case()和 remove_test_cases()方法分别用于删除单个和多个测试用例，代码如下：

```
@abstractmethod
def remove_test_case(self, test_case: TestCase):
    pass

@abstractmethod
def remove_test_cases(self, *test_cases: TestCase):
    pass
```

add_test_case()和 add_test_cases()方法都是传递的测试用例 TestCase 对象，为了方便添加测试用例，也可以提供测试用例的类名来添加测试用例，代码如下：

```
@abstractmethod
def add_test_cases_by_classes(self, *class_names: str):
    pass
```

既然可以通过类名来添加测试用例，那么最好也提供通过模块名、文件名和路径来添加测试用例的方法，对应的代码如下：

```
@abstractmethod
def add_test_cases_by_modules(self, *module_names: str):
    pass

@abstractmethod
def add_test_cases_by_files(self, *files: str):
    pass

@abstractmethod
def add_test_cases_by_paths(self, *paths: str):
    pass
```

接着需要提供对测试用例过滤器的操作，比如添加和删除过滤器，代码如下：

```
@abstractmethod
def add_filter(self, test_case_filter: TestCaseFilter):
    pass

@abstractmethod
def add_filters(self, *test_case_filters: TestCaseFilter):
```

```
        pass

    @abstractmethod
    def remove_filter(self, test_case_filter: TestCaseFilter):
        pass

    @abstractmethod
    def remove_filters(self, *test_case_filters: TestCaseFilter):
        pass
```

以上代码的 add_filter()和 add_filters()方法分别用于添加单个和多个测试用例过滤器，而 remove_filter()和 remove_filters()方法分别用于删除单个和多个测试用例过滤器。

通过测试用例和测试用例过滤器的添加操作后，测试任务中已经包含了测试用例和测试用例过滤器。现在需要提供一个过滤操作来过滤测试用例，这里新增了一个 filter_test_cases()方法用于过滤测试用例，代码如下：

```
@abstractmethod
def filter_test_cases(self):
    """
    过滤测试用例：将不满足测试用例过滤器规则的测试用例过滤掉
    :return:
    """
    pass
```

当测试任务包含多个测试用例和测试用例过滤器时，要对测试任务进行重置，即清空操作，可以将 test_cases 和 test_case_filters 属性值设置为空列表。为此提供了一个 clear_test_task()方法实现该功能，代码如下：

```
@abstractmethod
def clear_test_task(self):
    pass
```

clear_test_task()方法的具体实现是在 DefaultTestTask 类中进行的。

2. 实现 DefaultTestTask 类

DefaultTestTask 类是 TestTask 的内置默认实现类。

在 DefaultTestTask 类的构造方法中，增加了一个默认测试用例过滤器 TestCaseCompletedShouldBe，代码如下：

```
class DefaultTestTask(TestTask):
    """
    默认测试任务实现类
    """


    def __init__(self):
        super().__init__()
        default_filter = TestCaseCompletedShouldBe(OperationMethod.EQUAL, True)
        self.test_case_filters: List[TestCaseFilter] = [default_filter]
```

从以上代码可以看出，DefaultTestTask 默认只包含完成状态为已完成的测试用例。当然这个实际的过滤操作需要 filter_test_cases()方法来实现，稍后介绍。

首先考虑如何实现父类的 6 个添加测试用例方法。

对于添加单个和多个测试用例的方法实现起来很简单，直接使用列表的 append()和 extend()方法即可，代码如下：

```
def add_test_case(self, test_case: TestCase):
    self.test_cases.append(test_case)

def add_test_cases(self, *test_cases: TestCase):
    self.test_cases.extend(test_cases)
```

通过类名添加测试用例的方法实现起来稍微复杂些。由于类名实际上是一个字符串，因此需要对该字符串做一个限定以便动态导入。动态导入借助内置的 importlib 模块实现，它是 Python 中的重要特性，其适用于在运行时动态传入并导入模块，代码如下：

```
def add_test_cases_by_classes(self, *class_names: str):
    """
    通过类名增加测试用例
    :param class_names: 类名,格式:path.to.module.Class
    :return:
    """
    for class_name in class_names:
        tmp_module = import_module('.'.join(class_name.split('.')[:-1]))
        tmp_class_str = class_name.split('.')[-1]
        if hasattr(tmp_module, tmp_class_str):
            tmp_class = getattr(tmp_module, tmp_class_str)
            if issubclass(tmp_class, TestCase):
                self.add_test_case(tmp_class())
            else:
                raise ValueError(f'{tmp_class_str}不是测试用例类!')
        else:
            raise ValueError(f'指定的类不存在:{tmp_class_str}!')
```

以上代码首先限定字符串格式为 path.to.module.Class，然后用循环语句遍历每个字符串。将截取后的模块名称使用 import_module()方法动态导入。hasattr()和 getattr()方法分别用于检测对象是否有某属性和获取对象的某属性。在添加测试用例之前，需要确定这个对象是否是 TestCase 的子类，不能随意添加，因此使用了 issubclass()函数来进行该项检测。另外，在实际的添加测试用例操作中调用了已经实现的 add_test_case()方法。

import_module()方法在 importlib 模块中，因此不要忘记添加导入语句，代码如下：

```
from importlib import import_module
```

通过模块名添加测试用例的方法也需要动态导入的支持。另外，还使用了一个简便方法来获取模块中的所有类，即使用 inspect 模块的 getmembers()方法，代码如下：

```
def add_test_cases_by_modules(self, *module_names: str):
    """
    通过模块名增加测试用例
    :param module_names: 模块名,格式:path.to.module
```

```
        :return:
        """
        for module_name in module_names:
            tmp_module = import_module(module_name)
            tmp_classes = getmembers(tmp_module, isclass) # 获取模块中的所有类
            for _, tmp_class in tmp_classes:
                if issubclass(tmp_class, TestCase) and tmp_class is not TestCase:
                                                          # 排除 TestCase 本身
                    self.add_test_case(tmp_class())
```

参考 add_test_cases_by_classes()方法的实现思路，对模块名的格式也做了限制，即限制为 path.to.module 形式。getmembers()方法的第二个参数 isclass 表示要获取的成员是类。在循环遍历中，下画线(_)用于提供占位功能，此处是用于替代类名的，因为类名在循环体中并没有使用，不需要定义成变量。

以上代码还需要添加导入语句，代码如下：

```
from inspect import getmembers, isclass
```

接着实现通过文件名和路径添加测试用例的方法。由于通过路径本质上也是通过文件来添加测试用例，因此这两个方法会有部分代码可以复用。这里定义了一个内部私有方法_add_test_cases_by_file()来封装这些可复用代码，其提供了通过文件路径和文件名来添加测试用例的功能，代码如下：

```
def _add_test_cases_by_file(self, file_path, file_name):
    """
    通过文件增加测试用例
    :param file_path: 文件全路径
    :param file_name: 文件名
    :return:
    """
    tmp_module_spec = util.spec_from_file_location(file_name[:-3], file_path)
    tmp_module = tmp_module_spec.loader.load_module(tmp_module_spec.name)
    tmp_classes = getmembers(tmp_module, isclass)  # 获取模块中的所有类
    for _, tmp_class in tmp_classes:
        if issubclass(tmp_class, TestCase) and tmp_class is not TestCase:
                                                  # 排除 TestCase 本身
            self.add_test_case(tmp_class())
```

这里使用了 importlib 的另一个模块 util，其 spec_from_file_location()方法用于通过文件来返回一个模块信息，即 ModuleSpec 对象。然后调用 loader_module()方法(位于_Loader 类中，以上代码的 tmp_module_spec.loader 会返回一个_Loader 对象)返回一个 Python 模块。

以上代码还需要添加导入语句，代码如下：

```
from importlib import import_module, util
```

在具体实现通过文件名和路径添加测试用例的方法之前，还需要一个辅助方法 handle_path()，将其放在 util 模块中，代码如下：

```
import os


def handle_path(src_path: str):
    """
    处理路径,使其兼容 Windows、macOS 和 Linux 操作系统
    : param src_path: 源路径
    :return:
    """
    if os.sep == '\\':
        return src_path.replace('/', os.sep)
    else:
        return src_path.replace('\\', os.sep)
```

handle_path()方法的作用很明显，就是为了处理不同操作系统的路径分隔符。

准备完成后，现在开始来实现通过文件名添加测试用例的方法，代码如下：

```
def add_test_cases_by_files(self, *files: str):
    """
    通过文件增加测试用例
    :param files: 文件,格式:
        Windows:E:\\path\\to\\dictionary\\module.py
        macOS/Linux:/path/to/dictionary/module.py
    :return:
    """
    for _file in files:
        new_file = handle_path(_file)
        new_file_name = new_file.split(os.sep)[-1]
        if not new_file_name.endswith('.py') or new_file_name == '__init__.py':
            continue
        self._add_test_cases_by_file(new_file, new_file_name)
```

以上代码只是对文件进行遍历，并做了基本的类型判断，即 py 后缀的文件才满足要求，并且不包含 Python 包文件__init__.py。核心代码还是依靠之前封装的_add_test_cases_by_file()方法来实现。

若需以上代码生效，还需要添加导入语句，代码如下：

```
import os
from .util import handle_path
```

通过路径添加测试用例的方法稍微复杂一些，需要使用 os 模块的 walk()函数来配合遍历路径下的文件，代码如下：

```
def add_test_cases_by_paths(self, *paths: str):
    """
    通过路径增加测试用例
    :param paths: 路径,格式:
        Windows:E:\\path\\to\\dictionary
        macOS/Linux:/path/to/dictionary
    :return:
    """
    for path in paths:
```

```
        new_path = handle_path(path)
        for root_dir, _, file_names in os.walk(new_path):
            for file_name in file_names:
                if not file_name.endswith('.py') or file_name == '__init__.py':
                    continue
                file_path = os.path.join(root_dir, file_name)
                self._add_test_cases_by_file(file_path, file_name)
```

接着实现删除测试用例的 remove_test_case()和 remove_test_cases()方法，它们可以直接调用列表的 remove()方法即可完成测试用例的删除，代码如下：

```
def remove_test_case(self, test_case: TestCase):
    self.test_cases.remove(test_case)

def remove_test_cases(self, *test_cases: TestCase):
    for test_case in test_cases:
        self.test_cases.remove(test_case)
```

对于测试用例过滤器的添加和删除方法，可参考测试用例的添加和删除方法，代码如下：

```
def add_filter(self, test_case_filter: TestCaseFilter):
    self.test_case_filters.append(test_case_filter)

def add_filters(self, *test_case_filters: TestCaseFilter):
    self.test_case_filters.extend(test_case_filters)

def remove_filter(self, test_case_filter: TestCaseFilter):
    self.test_case_filters.remove(test_case_filter)

def remove_filters(self, *test_case_filters: TestCaseFilter):
    for test_case_filter in test_case_filters:
        self.test_case_filters.remove(test_case_filter)
```

以上代码仍然使用了列表的 append()和 extend()方法来添加元素，并使用 remove()方法来删除元素。

filter_test_cases()方法用于执行实际的过滤操作，对于测试任务中的多个过滤器，循环遍历并调用其 filter()方法即可，代码如下：

```
def filter_test_cases(self):
    for test_case_filter in self.test_case_filters:
        self.test_cases = test_case_filter.filter(self.test_cases)
```

最后一个待实现的方法是 clear_test_task()，其用于重置测试任务，实际上就是清空测试用例和测试用例过滤器，代码如下：

```
def clear_test_task(self):
    self.test_cases.clear()
    self.test_case_filters.clear()
```

6.4 实现测试记录器模块

测试记录器用于记录和统计测试结果，并生成测试报告。测试记录器与测试任务一样，都会被用作参数传递给测试执行器，这一点在后续章节会介绍。

测试记录器应该包含测试任务中的测试用例列表，以便对测试用例进行操作。此外需要记录测试用例的数量，包含总数、通过数量、失败数量、阻塞数量、超时数量和未执行数量，这些数量会被用于统计测试结果和测试报告中。当然还包括执行的开始时间和结束时间。为此新增 recorder 模块，代码如下：

```
from abc import ABC
from typing import Optional, List

from .case import TestCase


class TestRecorder(ABC):
    """
    测试记录器抽象类
    """

    def __init__(self):
        self.start_time = 0.0
        self.end_time = 0.0
        self.total_count = 0
        self.pass_count = 0
        self.fail_count = 0
        self.block_count = 0
        self.timeout_count = 0
        self.not_executed_count = 0
        self.test_cases: Optional[List[TestCase]] = None
```

在以上代码中，TestRecorder 是测试记录器的抽象类；开始时间 start_time 和结束时间 end_time 记录的是时间戳，因此使用的是浮点类型；Optional 表示 Python 中的可选类型；test_cases 属性表示可选 List[TestCase]或 None。

testauto 提供了一个内置的测试记录器实现类，即 DefaultTestRecorder，代码如下：

```
class DefaultTestRecorder(TestRecorder):
    """
    默认测试记录器实现类
    """

    def __init__(self):
        super().__init__()
        self.writer = Writer()
```

在 DefaultTestRecorder 的构造方法中，相比父类 TestRecorder 增加了一个 writer 属性，其是一个 Writer 对象，详见 6.4.1 节。

6.4.1 实现辅助类

测试记录器会进行大量的信息记录和输出，因此本节先实现一个辅助类 Writer。Writer 有两个作用：一是写日志；二是在控制台打印字符串。写日志时使用 Python 自带的 logging 包；在控制台打印字符串使用了系统标准错误输出。这里将 Writer 类放在了 util 模块中，代码如下：

```
class Writer:
    """
    写工具类
    """

    def __init__(self, format_str = '%(asctime)s[%(levelname)s]: %(message)s'):
        self.logger = logging
        self.logger.basicConfig(format = format_str)
        self.writer = sys.stderr

    def write_debug(self, msg):
        self.logger.log(logging.DEBUG, msg)

    def write_info(self, msg):
        self.logger.log(logging.INFO, msg)

    def write_warning(self, msg):
        self.logger.log(logging.WARNING, msg)

    def write_error(self, msg):
        self.logger.log(logging.ERROR, msg)

    def write_line(self, msg: AnyStr = ''):
        self.writer.write(msg)
        self.writer.write('\n')
```

在 Writer 类的构造方法中，初始化了日志格式，格式是可选参数，默认格式是 %(asctime)s[%(levelname)s]：%(message)s，其中的 asctime、levelname 和 message 分别表示时间、日志级别和具体的日志。Writer 类封装了打印不同级别日志的 4 个方法。write_line()方法用于写一行字符串，并默认换行。

在本节的后续内容会对 Writer 类的具体使用做详细介绍。

以上代码还需要添加导入语句，代码如下：

```
import logging
import sys
from typing import AnyStr
```

6.4.2 记录测试结果

在实现记录测试结果的功能之前，首先回顾一下测试用例的实例属性。

（1）start_time：表示开始执行时间。

（2）stop_time：表示结束执行时间。

（3）result：表示执行结果，是一个 TestCaseResult 枚举类。

（4）result_detail：结果详情，用于当测试用例非正常结束时存放其详细信息，如异常堆栈信息。

由于记录测试结果的本质就是更新测试用例的以上实例属性值，那么应该在哪些时间点执行更新操作呢？首先应该在开始执行时更新一次，然后在结束执行时再更新一次。为此在 TestRecorder 类中增加了 start_run()和 stop_run()两个抽象方法，代码如下：

```
@abstractmethod
def start_run(self, test_case: TestCase):
    pass

@abstractmethod
def stop_run(self, test_case: TestCase, result: TestCaseResult, result_detail = ''):
    pass
```

在开始执行时，需要更新开始执行时间和执行结果(即改为执行中)；而在结束执行时，需要更新结束执行时间、执行结果和结果详情。

以上代码还需要添加导入语句，代码如下：

```
from abc import abstractmethod
from .case import TestCaseResult
```

在实现以上两个抽象方法之前，先在 util 模块中创建一个辅助函数 format_timestamp()，其用于将时间戳格式化成指定格式的字符串，代码如下：

```
def format_timestamp(src_time: float, target_format = '%Y-%m-%d %H:%M:%S'):
    """
    格式化时间戳
    :param src_time: 时间戳
    :param target_format: 指定的格式
    :return:
    """
    return strftime(target_format, localtime(int(src_time)))
```

默认格式是%Y-%m-%d %H:%M:%S，示例：2021-06-25 08:28:30。

以上代码用到了 time 模块的 strftime()和 localtime()方法，因此需要导入它们，代码如下：

```
from time import strftime, localtime
```

接着就是在 DefaultTestRecorder 类中实现 start_run()和 stop_run()方法了。

在开始执行时，需要更新开始执行时间和执行结果。开始执行时间使用 time 模块的 time()方法获取时间即可，然后结合 format_timestamp()辅助函数对其进行格式化；而执行结果更新为执行中即可，代码如下：

```
def start_run(self, test_case: TestCase):
```

```
    test_case.start_time = format_timestamp(time(), target_format='%H:%M:%S')
    test_case.result = TestCaseResult.EXECUTING
```

结束执行时，需要更新的信息就相对较多了，包括结束执行时间、执行结果和结果详情，代码如下：

```
def stop_run(self, test_case: TestCase, result: TestCaseResult, result_detail=''):
    test_case.stop_time = format_timestamp(time(), target_format='%H:%M:%S')
    test_case.result = result
    test_case.result_detail = result_detail
    if test_case.result == TestCaseResult.FAIL:
        self.writer.write_error(f'"{test_case.title}"执行失败:{result_detail}')
    elif test_case.result == TestCaseResult.TIMEOUT:
        self.writer.write_error(f'"{test_case.title}"执行超时:{result_detail}')
    elif test_case.result == TestCaseResult.BLOCK:
        self.writer.write_error(f'"{test_case.title}"执行阻塞:{result_detail}')
```

由于在执行失败、超时或阻塞时需要向用户展示原因，因此这里使用了之前创建的 Writer 工具类完成展示原因的操作。

以上代码还需要添加导入语句，代码如下：

```
from time import time
from .util import format_timestamp
```

6.4.3 统计测试结果

统计测试结果就是在测试执行完成后，将测试用例列表中的所有测试用例执行结果进行统计，在 TestRecorder 类中增加一个抽象方法 calculate_test_result()，代码如下：

```
@abstractmethod
def calculate_test_result(self):
    """
    统计测试结果
    :return:
    """
    pass
```

然后在 DefaultTestRecorder 类中实现它，代码如下：

```
def calculate_test_result(self):
    self.pass_count = 0
    self.fail_count = 0
    self.block_count = 0
    self.timeout_count = 0
    self.not_executed_count = 0
    self.total_count = len(self.test_cases)
    for test_case in self.test_cases:
        if test_case.result == TestCaseResult.PASS:
            self.pass_count += 1
        elif test_case.result == TestCaseResult.FAIL:
```

```
        self.fail_count += 1
    elif test_case.result == TestCaseResult.BLOCK:
        self.block_count += 1
    elif test_case.result == TestCaseResult.TIMEOUT:
        self.timeout_count += 1
    elif test_case.result == TestCaseResult.NOT_EXECUTED:
        self.not_executed_count += 1
```

以上代码中，测试用例总数取值为测试用例列表的长度，通过数量、失败数量、阻塞数量、超时数量和未执行数量分别在遍历测试用例时计数即可。另外，为了防止以上数量在统计结果之前被修改，应该先对它们进行清零操作。

6.4.4 生成测试报告

测试记录器的另一个重要作用是生成测试报告，在 TestRecorder 类中定义了一个抽象方法 gen_test_report()用于生成测试报告，代码如下：

```
@abstractmethod
def gen_test_report(self):
    """
    生成测试报告
    :return:
    """
    pass
```

那么 gen_test_report()应该如何在 DefaultTestRecorder 类中实现呢？这里实现了以下两种测试报告。

（1）简单测试报告：这种测试报告其实就是在控制台或者命令行窗口中打印的测试结果，称为简单测试报告。

（2）HTML 测试报告：HTML 测试报告是目前各种单元测试框架的主流报告形式，但 HTML 测试报告本身也分为两种常见形式，即单页 HTML 测试报告和非单页 HTML 测试报告，前者把 CSS、JavaScript 等静态资源整合到 HTML 文件中，后者是把它们进行了分离。单页 HTML 测试报告的好处是可以很方便地使用邮件来发送，不过缺点是比较臃肿，毕竟其包含了太多的内容。本节实现一个单页 HTML 测试报告。

1. 生成简单测试报告

不管是实现简单测试报告还是 HTML 测试报告，首先要确定的是测试报告应该长什么样子，只有把这一点想清楚了才能编码实现它。

对于简单测试报告，没有复杂的 UI 元素，简洁明了即可，这里定义的简单测试报告示例如下：

```
================================================================
执行总数:15
开始时间:2021 - 06 - 26 09:55:01 结束时间:2021 - 06 - 26 09:55:17 执行耗时:00 时 00 分 16 秒
----------------------------------------------------------------
```

```
执行结果    数量    百分比(%)
通过        11      73.33
失败        3       20.0
阻塞        1       6.67
超时        0       0.0
未执行      0       0.0
==================================================================================
```

以上测试报告包含了不可变和可变的部分,不可变的部分直接硬编码,可变的部分用变量代替即可。这个测试报告可以使用之前实现的 Writer 类中的 write_line()方法一行一行地打印。比如打印第一行,代码如下:

```
self.writer.write_line('=' * 150)
```

以上代码在一行中打印了 150 个等号(=),用于在视觉上达到显示测试报告上边界的作用。同理下边界也可以使用该语句来打印。

在测试概述和详情之间用了 150 个减号(-)作为分隔,此时的打印语句代码如下:

```
self.writer.write_line('-' * 150)
```

接着分析测试报告中涉及的变量。

测试概述包含执行总数、开始时间、结束时间和执行耗时 4 个变量。其中,执行总数已经在 calculate_test_result()方法中赋了值,而其他 3 个变量需要自行计算,代码如下:

```
start_time = format_timestamp(self.start_time)
end_time = format_timestamp(self.end_time)
take_time = seconds_to_time(int(self.end_time - self.start_time))
```

以上代码用到了一个新方法 seconds_to_time(),其位于 util 模块中,作用是将秒转换为时、分、秒,代码如下:

```
def seconds_to_time(seconds: int):
    """
    秒转换为时、分、秒
    :param seconds: 秒
    :return:
    """
    m, s = divmod(seconds, 60)
    h, m = divmod(m, 60)
    return f'{h:0>2}时{m:0>2}分{s:0>2}秒'
```

测试详情包含通过、失败、阻塞、超时、未执行的数量和百分比,共计 10 个变量。其中,通过、失败、阻塞、超时和未执行的数量已经使用 calculate_test_result()方法统计了出来,可直接使用;而百分比需要计算。下面以百分比为例,通过数量除以总数即可得到这个比值,代码如下:

```
pass_percentage = float(f'{self.pass_count / self.total_count * 100.0:.2f}')
```

使用同样方法可以获取失败、阻塞和超时的百分比,不过为了消除尾差,未执行的百分比不能直接这么算,而是要使用 100%减去通过、失败、阻塞和超时的百分比,代码如下:

```
not_executed_percentage = float(
    f'{100 - pass_percentage - fail_percentage - block_percentage - timeout_percentage:.
2f}')
```

生成简单测试报告的完整代码如下：

```
self.writer.write_line('=' * 150)
self.writer.write_line(f'执行总数:{self.total_count}')
start_time = format_timestamp(self.start_time)
end_time = format_timestamp(self.end_time)
take_time = seconds_to_time(int(self.end_time - self.start_time))
self.writer.write_line(f'开始时间:{start_time} 结束时间:{end_time} 执行耗时:{take_time}')
self.writer.write_line('-' * 150)
self.writer.write_line(f'{"执行结果":<10}{"数量":<10}百分比(%)')
pass_percentage = float(f'{self.pass_count / self.total_count * 100.0:.2f}')
self.writer.write_line(f'{"通过":<10}{self.pass_count:<10}{pass_percentage}')
fail_percentage = float(f'{self.fail_count / self.total_count * 100.0:.2f}')
self.writer.write_line(f'{"失败":<10}{self.fail_count:<10}{fail_percentage}')
block_percentage = float(f'{self.block_count / self.total_count * 100.0:.2f}')
self.writer.write_line(f'{"阻塞":<10}{self.block_count:<10}{block_percentage}')
timeout_percentage = float(f'{self.timeout_count / self.total_count * 100.0:.2f}')
self.writer.write_line(f'{"超时":<10}{self.timeout_count:<10}{timeout_percentage}')
not_executed_percentage = float(
    f'{100 - pass_percentage - fail_percentage - block_percentage - timeout_percentage:.
2f}')
self.writer.write_line(f'{"未执行":<10}{self.not_executed_count:<10}{not_executed_
percentage}')
self.writer.write_line('=' * 150)
```

以上代码还需要添加导入语句，代码如下：

```
from .util import seconds_to_time
```

2. 生成 HTML 测试报告

先设计 HTML 测试报告的外观，将 HTML 测试报告分为以下 3 个部分。

（1）标题：HTML 测试报告的标题，格式为“项目名称＋测试报告”，比如“IMS 测试报告”。

（2）概述：包括“简单测试报告”中的全部内容。

（3）详情：显示每条测试用例的模块、标题、优先级、开始时间、结束时间和测试结果。

HTML 测试报告如图 6-2 所示。

对于未执行成功的测试用例，可以单击测试结果中的超链接查看详情，如图 6-3 所示。

由于 HTML 测试报告的概述和详情都使用了 HTML 中的表格，因此可以在<head>标签中增加<style>标签，并将公共样式放在这里，代码如下：

```
<style>

    table, caption, tr, th, td {
        border: 2px solid gray;
        border-collapse: collapse;
```

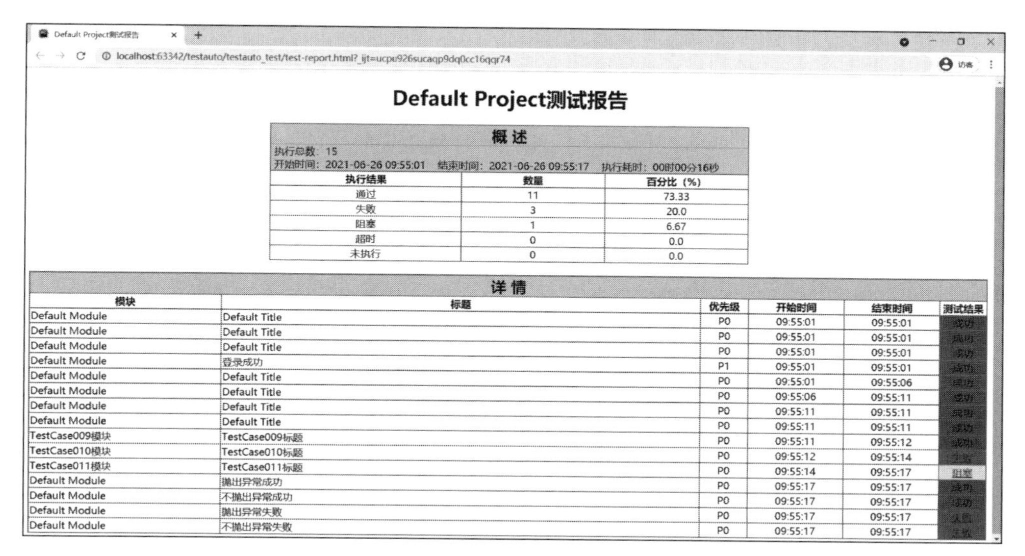

图 6-2　HTML 测试报告

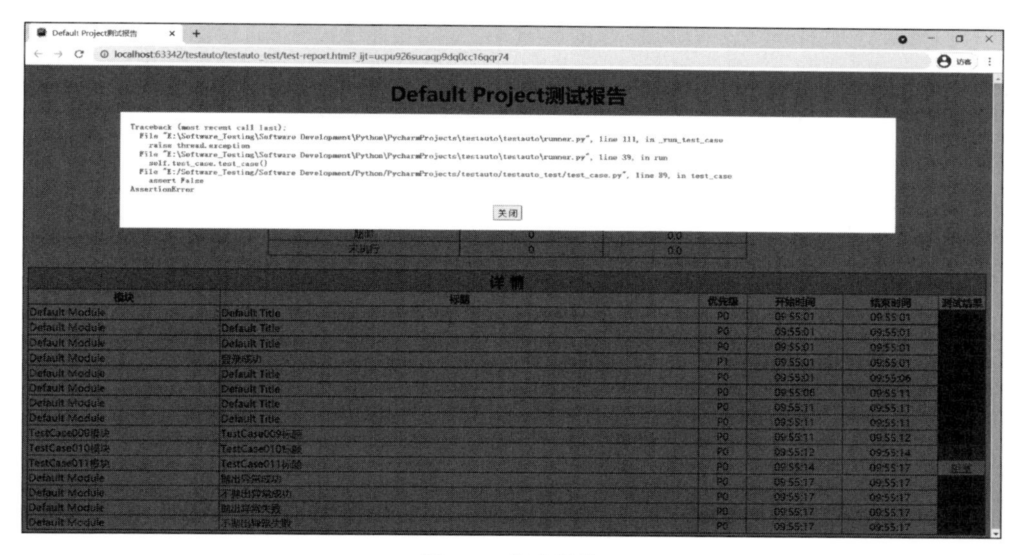

图 6-3　失败详情

```
    }

</style>
```

以上代码将表格(table)、表格标题(caption)、表格行(tr)、表头单元格(th)和表数据单元格(td)的边框设置为两个像素的实线灰色边框，并将边框合并(border-collapse：collapse)。在默认情况下，HTML 的表格边框是分离的。

先来实现 HTML 测试报告的标题。这里使用了 HTML 中的标题 1，并将文字居中，代码如下：

```
<h1 style = "text - align: center"> Default Project 测试报告</h1 >
```

Default Project 暂时是硬编码的数据，后续再行替换。

概述部分使用了一个小表格，宽度为50%即可，并且水平居中，代码如下：

```
<table style = "width: 50 % ; margin: auto; text - align: center">
</table>
```

以上代码中，text-align 值为 center，因此表格中的文字也是水平居中的。

接着在表格中实现表头，将表头分成了3个区域，即标题、执行总数和执行时间（开始时间、结束时间和执行耗时），代码如下：

```
<caption style = "border - bottom: none; background - color: lightgray">
    <div style = "border - bottom: 1px solid gray; font - size: 1.5rem; font - weight: bold">概述</div>
    <div style = "padding: 0 5px; text - align: left">执行总数:15 </div>
    <div style = "padding: 0 5px; text - align: left">开始时间:2021 - 06 - 26 09:55:01    结束时间:2021 - 06 - 26 09:55:17    执行耗时:00 时 00 分 16 秒</div>
</caption>
```

在以上代码中，使用了 border-bottom：none 样式去掉表头的下边框，否则看上去会很粗，因为表格自己还有一个上边框。表头的背景色是浅灰色。标题区域的下边框是一条1像素的灰色实线，即图6-2中"概述"紧挨着下面的那条灰色实线，在视觉上用于分隔执行总数和执行时间。字体设置为1.5倍根元素字号大小，并且做了加粗处理。由于表格的字体被设置为了水平居中，因此对于执行总数和执行时间，单独使用了 text-align：left 样式以保证它们是水平居左的。padding：0 5px 样式表示上下不设间距，而左右设置5像素的间距，这样可以保证文字不至于贴到表格标题的边框。 是 HTML 中的字符实体，表示一个空格。

说明

由于浏览器会自动删除 HTML 中一个以上的空格，因此要使浏览器显示多个空格，可以使用空格的字符实体" "，这样浏览器就不会删除多余的空格了。

使用< tr >和< th >标签可以实现表格的表头，代码如下：

```
<tr>
    <th style = "width: 40 % ">执行结果</th>
    <th style = "width: 30 % ">数量</th>
    <th style = "width: 30 % ">百分比( % )</th>
</tr>
```

以上代码显式指定了表格各列的宽度。

表格中的具体数据使用< tr >和< td >即可实现，概述中"通过"的示例代码如下：

```
<tr>
    <td>通过</td>
    <td> 11 </td>
    <td> 73.33 </td>
</tr>
```

失败、阻塞、超时和未执行的实现方式和“通过”是一致的。

以上概述部分的 HTML 就实现完成了。

接着使用了一个空行来分隔两个表格(即分隔概述和详情),代码如下:

```
<br>
```

考虑到详情的表格显示的内容较多,将宽度设置为 100%,表格中的文字仍然设置为水平居中,代码如下:

```
<table style="width: 100%; text-align: center">
</table>
```

详情的表格标题沿用概述的样式,代码如下:

```
<caption style="border-bottom: none; background-color: lightgray; font-size: 1.5rem;
font-weight: bold">详 情
</caption>
```

详情的表格包含模块、标题、优先级、开始时间、结束时间和测试结果 6 个字段,此处仍然通过显式指定宽度来限制每列的宽,代码如下:

```
<tr>
    <th style="width: 20%">模块</th>
    <th style="width: 50%">标题</th>
    <th style="width: 5%">优先级</th>
    <th style="width: 10%">开始时间</th>
    <th style="width: 10%">结束时间</th>
    <th style="width: 5%">测试结果</th>
    <th style="display: none">详情</th>
</tr>
```

以上代码多了一列“详情”,由于其样式使用了 display: none,因此其是一个默认隐藏的字段,稍后会介绍该字段是如何显示出来的。

接着需要实现详情中的表格数据,从图 6-2 可以看出,对于不同的测试结果,表格的样式是不同的,如通过显示为绿色、失败显示为红色等。下面分别介绍每个字段的 HTML 代码是如何实现的。

模块、标题、优先级、开始时间和结束时间是每个测试用例都有的元素,因此实现方式不会因为不同的测试结果而有所差异。因为即使是未执行的测试用例,开始时间和结束时间可以留空或者标记为“——”(表示不可用),但这个只是数据层面的不一样,样式层面没有任何区别,代码如下:

```
<td style="text-align: left">Default Module</td>
<td style="text-align: left">Default Title</td>
<td>P0</td>
<td>09:55:01</td>
<td>09:55:01</td>
```

以上代码使用了 text-align: left 样式来覆盖表格设置的水平居中,从而使模块和标题显示为水平居左。

对于测试结果为成功的测试用例，测试结果显示为绿色背景，并且详情是没有内容的，代码如下：

```
<td style="background-color: green">成功</td>
<td style="display: none"></td>
```

对于测试结果为失败的测试用例，测试结果显示为红色背景，并且详情是有内容的，代码如下：

```
<td style="background-color: red; color: -webkit-link; cursor: pointer; text-decoration: underline" onclick="openDetail(this)">失败</td>
<td style="display: none">这里是失败详情的内容</td>
```

以上代码中的 color：-webkit-link；cursor：pointer；text-decoration：underline 样式用于在表格中模拟超链接的视觉效果。openDetail()是一个 JavaScript 函数，用于打开详情，稍后会介绍。

对于测试结果为阻塞的测试用例，测试结果显示为黄色背景，并且详情也是有内容的，代码如下：

```
<td style="background-color: yellow; color: -webkit-link; cursor: pointer; text-decoration: underline" onclick="openDetail(this)">阻塞</td>
<td style="display: none">这里是阻塞详情的内容</td>
```

对于测试结果为超时的测试用例，测试结果显示为浅灰色背景，并且详情也是有内容的，代码如下：

```
<td style="background-color: lightgray; color: -webkit-link; cursor: pointer; text-decoration: underline" onclick="openDetail(this)">超时</td>
<td style="display: none">这里是超时详情的内容</td>
```

对于测试结果为未执行的测试用例，测试结果显示为默认颜色，并且详情是没有内容的，代码如下：

```
<td>未执行</td>
<td style="display: none"></td>
```

详情表格至此实现完成，不过还有一个重要功能没有实现，那就是查看详情。为此专门编写了一个默认隐藏的区域来显示详情，将其称为区域 1，代码如下：

```
<div style="position: fixed; left: 0; top: 0; width: 100%; height: 100%; background-color: rgba(0,0,0,0.5); display: none" id="detail" onclick="closeDetail()">
</div>
```

以上代码首先实现了一个背景半透明层，这个半透明层使用了 position：fixed；left：0；top：0；width：100%；height：100%样式来使其覆盖整个浏览器的可视范围。id 属性用于后续的 JavaScript 代码中使用，closeDetail()函数用于关闭详情，稍后介绍。

半透明层只是详情的背景，真正的详情内容是在另一个区域中，下面这个区域嵌套在区域 1 内部，将其称为区域 2，代码如下：

```
<div style="width: 80%; max-height: 80%; margin: 5% auto; overflow: auto; background-
```

```
color: white" onclick = "event.cancelBubble = true">
</div>
```

以上代码将实际的详情显示区域宽度限制为 80%，并且最大高度也被限制为 80%，内容超过最大高度时会显示垂直滚动条，如图 6-4 所示。

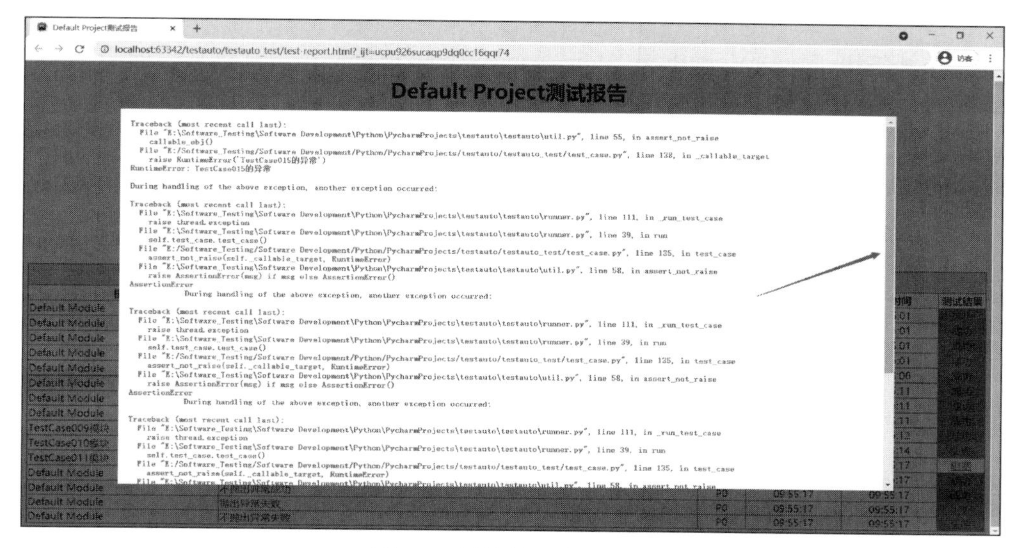

图 6-4　详情的垂直滚动条

margin：5% auto 样式表示上下外边距为 5%且水平居中。背景色为白色。overflow：auto 样式表示一行过宽时显示水平滚动条，如图 6-5 所示。

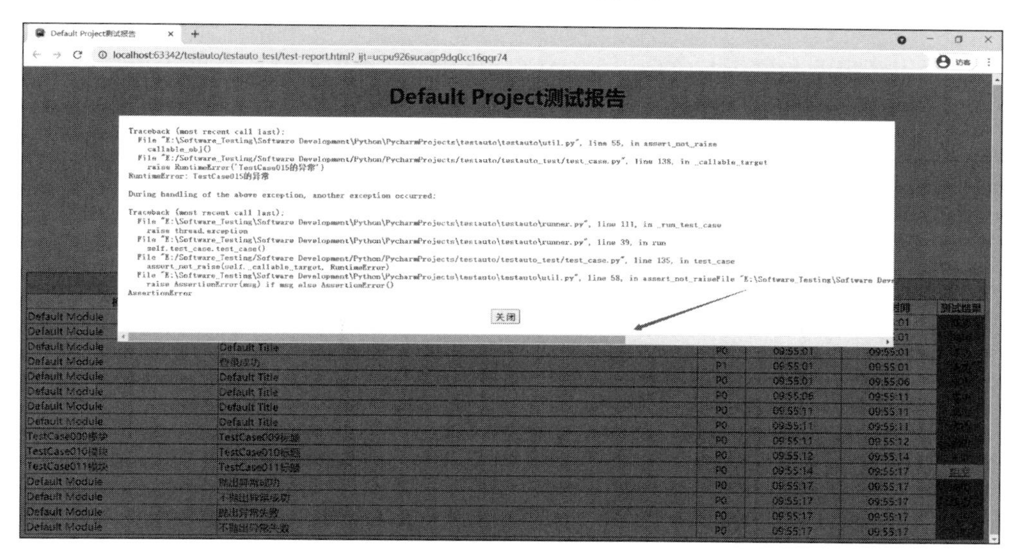

图 6-5　详情的水平滚动条

event.cancelBubble = true 表示禁止事件冒泡，也就是内部区域的事件不会传递给外部区域，如此，在单击“关闭”按钮和灰色背景时就可以关闭详情，但单击白色背景不会关闭详情。

接着才是真正实现详情显示的部分，以下代码位于区域 2 内，代码如下：

```
<pre style = "margin: 1rem; color: red; font - weight: bold" id = "detail - content"></pre>
<div style = "margin - bottom: 1rem; text - align: center">
    <button onclick = "closeDetail()">关 闭</button>
</div>
```

<pre>标签用于原样显示内容。由于是错误信息，这里使用了红色加粗的字体，并且为了不紧贴区域边缘，将外边距设置为 1rem。对于“关闭”按钮，将其字体设置为了 1rem 大小并且水平居中。这里的 id 属性同样用于后续的 JavaScript 代码中使用，closeDetail()函数用于关闭详情，稍后介绍。

最后一步是实现前面提到的 openDetail()和 closeDetail()两个 JavaScript()函数，代码如下：

```
<script>

    function openDetail(obj) {
        document.getElementById( 'detail - content' ).innerHTML = obj.nextElementSibling.
innerHTML;
        document.getElementById( 'detail' ).style.display = 'inline';
    }

    function closeDetail() {
        document.getElementById( 'detail' ).style.display = 'none';
    }

</script>
```

当单击表格中的超链接时会调用 openDetail()函数，该函数将隐藏的区域填充内容，这些内容对应的是当前测试用例的“详情”字段中的内容。由于“测试结果”之后的元素即是已经被隐藏的“详情”字段，因此可以使用 nextElementSibling.innerHTML 来获取“详情”字段中的内容，nextElementSibling.innerHTML 用于返回指定元素之后的下一个兄弟元素的内容。openDetail()函数的另一个作用是将详情区域的显示状态改成 inline(即显示该区域)。closeDetail()函数的作用是将详情区域的显示状态改成 none，即隐藏掉该区域。

测试报告设计完成后，使用 Python 将其写入文件即可。在写入之前先获取项目名称，代码如下：

```
project = self.test_cases[0].project
```

由于同一个测试任务中的测试用例都属于同一个项目，因此取第一个测试用例的项目名称即可。

接着就是写测试报告的逻辑，代码如下：

```
with open( 'test - report.html', 'w', encoding = 'UTF - 8' ) as file:
            file.write( '<!DOCTYPE html>\n' )
            file.write( '<html lang = "en">\n' )
            file.write( '<head>\n' )
            file.write( '<style>\n' )
```

```
            file.write('\n')
            file.write('table, caption, tr, th, td {\n')
            file.write('border: 2px solid gray;\n')
            file.write('border-collapse: collapse;\n')
            file.write('}\n')
            file.write('\n')
            file.write('</style>\n')
            file.write('<meta charset="UTF-8">\n')
            file.write(f'<title>{project}测试报告</title>\n')
            file.write('</head>\n')
            file.write('<body>\n')
            file.write(f'<h1 style="text-align: center">{project}测试报告</h1>\n')
            file.write('<table style="width: 50%; margin: auto; text-align: center">\n')
              file.write('<caption style="border-bottom: none; background-color: 
lightgray">\n')
            file.write(
                '<div style="border-bottom: 1px solid gray; font-size: 1.5rem; font-
weight: bold">概 述</div>\n')
            file.write(f'<div style="padding: 0 5px; text-align: left">执行总数:{self.
total_count}</div>\n')
            file.write(f'<div style="padding: 0 5px; text-align: left">开始时间:{start_
time}'
                       f'    结束时间:{end_time}   
 执行耗时:{take_time}</div>\n')
            file.write('</caption>\n')
            file.write('<tr>\n')
            file.write('<th style="width: 40%">执行结果</th>\n')
            file.write('<th style="width: 30%">数量</th>\n')
            file.write('<th style="width: 30%">百分比(%)</th>\n')
            file.write('</tr>\n')
            file.write('<tr>\n')
            file.write('<td>通过</td>\n')
            file.write(f'<td>{self.pass_count}</td>\n')
            file.write(f'<td>{pass_percentage}</td>\n')
            file.write('</tr>\n')
            file.write('<tr>\n')
            file.write('<td>失败</td>\n')
            file.write(f'<td>{self.fail_count}</td>\n')
            file.write(f'<td>{fail_percentage}</td>\n')
            file.write('</tr>\n')
            file.write('<tr>\n')
            file.write('<td>阻塞</td>\n')
            file.write(f'<td>{self.block_count}</td>\n')
            file.write(f'<td>{block_percentage}</td>\n')
            file.write('</tr>\n')
            file.write('<tr>\n')
            file.write('<td>超时</td>\n')
            file.write(f'<td>{self.timeout_count}</td>\n')
            file.write(f'<td>{timeout_percentage}</td>\n')
            file.write('</tr>\n')
            file.write('<tr>\n')
```

```
                file.write('<td>未执行</td>\n')
                file.write(f'<td>{self.not_executed_count}</td>\n')
                file.write(f'<td>{not_executed_percentage}</td>\n')
                file.write('</tr>\n')
                file.write('</table>\n')
                file.write('<br>\n')
                file.write('<table style="width: 100%; text-align: center">\n')
                file.write('<caption style="border-bottom: none; background-color: lightgray; font-size: 1.5rem; '
                           'font-weight: bold">详 情\n')
                file.write('</caption>\n')
                file.write('<tr>\n')
                file.write('<th style="width: 20%">模块</th>\n')
                file.write('<th style="width: 50%">标题</th>\n')
                file.write('<th style="width: 5%">优先级</th>\n')
                file.write('<th style="width: 10%">开始时间</th>\n')
                file.write('<th style="width: 10%">结束时间</th>\n')
                file.write('<th style="width: 5%">测试结果</th>\n')
                file.write('<th style="display: none">详情</th>\n')
                file.write('</tr>\n')
                # 生成每条测试用例的测试结果
                for test_case in self.test_cases:
                    file.write('<tr>\n')
                    file.write(f'<td style="text-align: left">{test_case.module}</td>\n')
                    file.write(f'<td style="text-align: left">{test_case.title}</td>\n')
                    file.write(f'<td>{test_case.priority.name}</td>\n')
                    if test_case.result == TestCaseResult.PASS:
                        file.write(f'<td>{test_case.start_time}</td>\n')
                        file.write(f'<td>{test_case.stop_time}</td>\n')
                        file.write('<td style="background-color: green">成功</td>\n')
                    elif test_case.result == TestCaseResult.FAIL:
                        file.write(f'<td>{test_case.start_time}</td>\n')
                        file.write(f'<td>{test_case.stop_time}</td>\n')
                        file.write('<td style="background-color: red; color: -webkit-link; cursor: pointer; '
                                   'text-decoration: underline" onclick="openDetail(this)">失败</td>\n')
                    elif test_case.result == TestCaseResult.BLOCK:
                        file.write(f'<td>{test_case.start_time}</td>\n')
                        file.write(f'<td>{test_case.stop_time}</td>\n')
                        file.write('<td style="background-color: yellow; color: -webkit-link; cursor: pointer; '
                                   'text-decoration: underline" onclick="openDetail(this)">阻塞</td>\n')
                    elif test_case.result == TestCaseResult.TIMEOUT:
                        file.write(f'<td>{test_case.start_time}</td>\n')
                        file.write(f'<td>{test_case.stop_time}</td>\n')
                        file.write('<td style="background-color: lightgray; color: -webkit-link; cursor: pointer; '
                                   'text-decoration: underline" onclick="openDetail(this)">超时</td>\n')
```

```
                elif test_case.result == TestCaseResult.NOT_EXECUTED:
                    file.write('<td>--</td>\n')
                    file.write('<td>--</td>\n')
                    file.write('<td>未执行</td>\n')
                file.write(f'<td style="display: none">{test_case.result_detail}</td>\n')
                file.write('</tr>\n')
            file.writelines('''</table>
<div style="position: fixed; left: 0; top: 0; width: 100%; height: 100%; background-color: rgba(0,0,0,0.5); display: none" id="detail" onclick="closeDetail()">
    <div style="width: 80%; max-height: 80%; margin: 5% auto; overflow: auto; background-color: white" onclick="event.cancelBubble = true">
        <pre style="margin: 1rem; color: red; font-weight: bold" id="detail-content"></pre>
        <div style="margin-bottom: 1rem; text-align: center">
            <button onclick="closeDetail()">关 闭</button>
        </div>
    </div>
</div>
<script>

    function openDetail(obj) {
        document.getElementById('
detail-content').innerHTML = obj.nextElementSibling.innerHTML;
        document.getElementById('
detail').style.display = 'inline';
    }

    function closeDetail() {
        document.getElementById('
detail').style.display = 'none';
    }

</script>
</body>
</html>\n''')
```

以上代码比较长，但其中大部分是硬编码的 HTML 内容，在前面已经对这个 HTML 进行了详细讲解。而其中的项目名称、执行总数等变量在之前也都介绍了获取的方法，这里不再赘述。

6.5 实现测试执行器模块

测试执行器是 testauto 框架的核心，用于加载测试任务，并执行测试任务中的测试用例，执行过程会使用测试记录器记录测试结果，最后在测试完成后使用测试记录器统计测试结果并生成测试报告。

TestRunner 是测试执行器抽象类，只包含一个抽象方法 run()，代码如下：

```
from abc import ABC, abstractmethod
```

```
class TestRunner(ABC):
    """
    测试执行器抽象类
    """

    @abstractmethod
    def run(self, *args, **kwargs):
        pass
```

DefaultTestRunner是内置的测试执行器实现类,实现了TestRunner的run()方法,代码如下:

```
class DefaultTestRunner(TestRunner):
    """
    默认测试执行器实现类
    """

    def run(self, test_task: TestTask, test_recorder: TestRecorder):
        self.test_task = test_task
        self.test_recorder = test_recorder
        self.test_recorder.test_cases = self.test_task.test_cases
        self.test_recorder.start_time = time()
        self._run_test_task()
        self.test_recorder.end_time = time()
        self.test_recorder.calculate_test_result()
        self.test_recorder.gen_test_report()
```

从以上代码可以看出,run()方法接收一个测试任务和测试记录器作为参数,接着首先将测试任务中的测试用例传递给测试记录器,然后就是开始计时、执行测试任务、结束计时、统计测试结果和生成测试报告5个步骤。_run_test_task()是一个内部私有方法,其用于具体的执行测试任务操作,代码如下:

```
def _run_test_task(self):
    """
    执行测试任务
    :return:
    """
    for test_case in self.test_task.test_cases:
        self.test_recorder.start_run(test_case)
        try:
            test_case.setup()
            test_case.test_case()
            test_case.teardown()
            self.test_recorder.stop_run(test_case, TestCaseResult.PASS)
        except Exception as e:
            if isinstance(e, AssertionError):
                self.test_recorder.stop_run(test_case, TestCaseResult.FAIL, traceback.
format_exc())
```

```
            else:
                self.test_recorder.stop_run(test_case, TestCaseResult.BLOCK, traceback.
format_exc())
```

在_run_test_task()方法中，循环遍历测试任务中的测试用例。首先使用测试记录器将测试用例标记为执行中，即调用 start_run()方法。然后依次调用测试用例的前置条件、测试用例和后置条件方法。在这个过程中，如果没有抛出异常，就认为测试用例是执行成功的；如果抛出 AssertionError 异常，就认为执行失败；如果抛出其他异常，就认为是执行阻塞。无论执行失败还是阻塞，都将使用 traceback 模块的 format_exc()函数来提取异常堆栈。这些堆栈信息会被写入测试用例的结果详情中。

以上代码还需要添加导入语句，代码如下：

```
import traceback
from time import time
from .case import TestCaseResult
from .recorder import TestRecorder
from .task import TestTask
```

6.6 实现高级功能

前面已经实现了 testauto 框架的主要功能，但是与主流的单元测试框架相比，还缺乏一些常见的高级功能，包括参数化测试、多线程测试、终止策略、重试策略和超时时间等功能，本节将逐一实现它们。

6.6.1 参数化测试

参数化测试指测试用例可以接收多组测试数据，每组测试数据执行一次测试逻辑，以达到减少冗余测试代码的目的。为此可以定义一个字符串元组 Tuple[str, ...]用于存放参数名，定义一个元素为元组的列表 List[tuple]用于存放参数值，其中每个元组对应一组参数值。那么参数名和参数值如何传递给测试用例呢？在 Python 中，通常使用装饰器来修改类的属性或方法，为此在 util 模块中定义了一个装饰器 parameterized，其用于将参数名和参数值传递给测试用例，代码如下：

```
def parameterized(param_names: Tuple[str, ...], param_values: List[tuple]):
    """
    参数化测试装饰器
    :param param_names: 参数名
    :param param_values: 参数值
    :return:
    """

    def decorator(test_case):
        if issubclass(test_case, TestCase):
            setattr(test_case, '_param_names', param_names)
            setattr(test_case, '_param_values', param_values)
```

```
        return test_case

    return decorator
```

为了防止将 parameterized 装饰器用于非测试用例类，以上代码使用了 issubclass()函数检测被修饰的对象类型，如果是测试用例类，就将参数名和参数值分别赋值给私有属性_param_names 和_param_values。

以上代码还需要添加导入语句，代码如下：

```
from typing import Tuple, List
from .case import TestCase
```

接着需要修改 TestCase 类。由于 parameterized 装饰器传递了多组测试数据，而每组测试数据需要执行一次测试，因此在测试用例的实例化时需要将多组测试数据分配给多个实例，比如有两组测试数据，必然会有两个测试用例的实例。为此在测试用例的构造方法中新增两个参数，分别接收测试参数名和一组参数值，代码如下：

```
def __init__(self, param_names: Tuple[str, ...] = None, param_values: tuple = None):
    """
    :param param_names: 参数名:参数化测试时,配合@parameterized 装饰器使用
    : param param_values: 参数值:参数化测试时,配合@parameterized 装饰器使用
    """
    self.start_time = ''
    self.stop_time = ''
    self.result = TestCaseResult.NOT_EXECUTED
    self.result_detail = ''
    builtin_instance_attr = self.__dict__.keys()
    if param_names and param_values:
        if len(param_names) != len(param_values):
            raise ValueError('参数名数量与参数值数量不匹配!')
        for i, param_name in enumerate(param_names):
            if param_name in builtin_instance_attr:
                raise ValueError('参数名与内置的实例属性名冲突了!')
            self.__dict__[param_name] = param_values[i] # 动态添加实例数性
    elif not param_names and not param_values:
        pass
    else:
        raise ValueError('只有参数名或参数值!')
```

以上代码将传入的一组测试数据添加到测试用例的实例属性中，这个过程进行了一系列的校验，包括参数名和参数值是否为 None、参数名和参数值数量是否相等及参数名是否与已存在的内置实例属性冲突。

以上代码还需要添加导入语句，代码如下：

```
from typing import Tuple
```

另外，为了方便地获取测试用例的参数值，笔者还在 TestCase 类中提供了一个 get_param_value()方法，用于根据参数名获取参数值，代码如下：

```
def get_param_value(self, param_name: str):
```

```
        """
        获取参数值:参数化测试时,配合@parameterized装饰器使用
        : param param_name: 参数名
        :return:
        """
        try:
            return self.__dict__[param_name]
        except KeyError:
            raise ValueError(f'参数{param_name}不存在!')
```

最后,还需要修改的是测试任务,因为测试用例的实例化实际上是在测试任务中完成的。

首先,编写一个私有辅助函数_gen_test_case_instances()用于生成测试用例列表,它的作用是检测测试用例是否有参数化数据,如果有,就遍历多组数据,每组数据实例化一个测试用例。如果没有,就直接实例化该测试用例,代码如下:

```
    @staticmethod
    def _gen_test_case_instances(test_case):
        """
        生成测试用例实例:参数化测试时,配合@parameterized装饰器使用
        : param test_case: 测试用例类
        :return:
        """
        if not issubclass(test_case, TestCase):
            raise ValueError('不是测试用例类!')
        param_names = getattr(test_case, '_param_names') if hasattr(test_case, '_param_names')
    else None
        param_values = getattr(test_case, '_param_values') if hasattr(test_case, '_param_
    values') else None
        if param_names and param_values: # 测试用例有参数化数据
            # 类型检查:参数名类型应该为 Tuple[str, ...
    ],参数值类型应该为 List[tuple]
            if isinstance(param_names, tuple) and isinstance(param_values, list):
                # 类型检查:每个参数名类型应该为 str
                if not all([isinstance(param_name, str) for param_name in param_names]):
                    raise ValueError('参数名不是字符串!')
                test_cases = list()
                for param_value in param_values:
                    if len(param_names) != len(param_value):
                        raise ValueError('参数名数量与参数值数量不匹配!')
                    if not isinstance(param_value, tuple):
                                                # 类型检查:一组参数值类型应该为 tuple
                        raise ValueError('该组参数值不是元组!')
                    test_cases.append(test_case(param_names = param_names, param_values = param
    _value))
                return test_cases
            else:
                raise ValueError('参数名或参数值的类型错误!')
        elif not param_names and not param_values: # 测试用例无参数化数据
            return [test_case()]
```

```
    else:
        raise ValueError('只有参数名或参数值!')
```

以上代码看上去较长，但大部分都是对参数的各种校验，逻辑并不复杂。

最后，要做的是对 add_test_cases_by_classes()、add_test_cases_by_modules()和_add_test_cases_by_file()这 3 个增加测试用例的方法进行修改。只需要删除以下代码：

```
self.add_test_case(tmp_class())
```

并新增以下代码：

```
self.add_test_cases(*self._gen_test_case_instances(tmp_class))
```

6.6.2 多线程测试

当测试用例规模较大时，采用单线程执行测试用例显然不是一个有效方法，为了提高测试效率，常见的一个方案是使用多线程执行测试用例。在本节，将使用 concurrent.futures.thread 模块的 ThreadPoolExecutor 类完成 testauto 的多线程测试功能。

在开始修改代码之前，首先需要确定线程执行的最小单元，以便将该执行单元传递给线程。testauto 的执行单元是测试任务，但是实际执行时是遍历测试任务中的测试用例来执行的，因此最小单元是测试用例。为此首先重构 DefaultTestRunner 类的_run_test_task()方法，将单个测试用例的执行剥离出来，即将_run_test_task()方法拆分成_run_test_task()和_run_test_case()两个方法，代码如下：

```
def _run_test_task(self):
    """
    执行测试任务
    :return:
    """
    for test_case in self.test_task.test_cases:
        self._run_test_case(test_case)

def _run_test_case(self, test_case: TestCase):
    """
    执行测试用例
    :param test_case: 测试用例
    :return:
    """
    self.test_recorder.start_run(test_case)
    try:
        test_case.setup()
        test_case.test_case()
        test_case.teardown()
        self.test_recorder.stop_run(test_case, TestCaseResult.PASS)
    except Exception as e:
        if isinstance(e, AssertionError):
            self.test_recorder.stop_run(test_case, TestCaseResult.FAIL, traceback.format_
exc())
        else:
```

```
            self.test_recorder.stop_run(test_case, TestCaseResult.BLOCK, traceback.format_
exc())
```

从以上代码可以看出，拆分后的_run_test_task()方法只保留了循环语句，循环体的逻辑被全部移到了_run_test_case()方法中。

为了控制并行执行的线程数量，并行数量应该由用户传入，体现到 DefaultTestRunner 类中，即需要在 run()方法中传入，代码如下：

```
def run(self, test_task: TestTask, test_recorder: TestRecorder, parallel: int):
    # 省略其他代码
    self.parallel = parallel
    # 省略其他代码
```

以上代码在 run()方法中新增了一个 parallel 参数表示并行线程数量。

最后，使用线程池运行测试用例即可，为此重构_run_test_task()方法，重构后的代码如下：

```
def _run_test_task(self):
    """
    执行测试任务
    :return:
    """
    with ThreadPoolExecutor(max_workers = self.parallel) as executor:
        futures = list()
        for test_case in self.test_task.test_cases:
            futures.append(executor.submit(self._run_test_case, test_case))
        wait(futures)
```

以上代码使用了 wait()函数阻塞主线程，以便当所有线程结束后再返回结果。

若需以上代码生效，还需要添加导入语句，代码如下：

```
from concurrent.futures._base import wait
from concurrent.futures.thread import ThreadPoolExecutor
from .case import TestCase
```

6.6.3 终止策略

为了快速反馈测试结果，有时并不希望测试用例全部执行完成。例如，希望在第一个用例未执行成功时就停止测试或第一个 P0 级别用例未执行成功时就停止测试。为此在 runner 模块新增一个枚举 StopStrategy 用于表示终止策略，代码如下：

```
class StopStrategy(Enum):
    ALL_COMPLETED = ('全部完成', 0)
    FIRST_NOT_PASS = ('第一个未执行成功', 1)
    FIRST_P0_NOT_PASS = ('第一个 P0 测试用例未执行成功', 2)
```

以上代码的每个枚举值使用了元组来表示。将其中的数值(0、1 和 2)用于命令行执行，详见 6.7.2 节。

接着修改 DefaultTestRunner 类的 run()方法，需要将终止策略从 run()方法传入，代码如下：

```
def run(self, test_task: TestTask, test_recorder: TestRecorder, stop_strategy: StopStrategy,
parallel: int):
    # 省略其他代码
    self.stop_strategy = stop_strategy
    # 省略其他代码
```

除了对 run()方法的修改，还需要修改_run_test_task()和_run_test_case()方法。由于改动比较分散，先列出改动后的代码并标记改动点，代码如下：

```
def _run_test_task(self):
    """
    执行测试任务
    :return:
    """
    with ThreadPoolExecutor(max_workers = self.parallel) as executor:
        futures = list()
        stop_event = Event() # ①
        for test_case in self.test_task.test_cases:
            futures.append(executor.submit(self._run_test_case, test_case, stop_event))
# ②
        wait(futures, return_when = FIRST_EXCEPTION) # ③

def _run_test_case(self, test_case: TestCase, stop_event: Event): # ④
    """
    执行测试用例
    :param test_case: 测试用例
    :param stop_event: 停止事件
    :return:
    """
# ⑤
    if stop_event.is_set():
        return
    self.test_recorder.start_run(test_case)
    try:
        # 省略其他代码
    except Exception as e:
        # 省略其他代码
        # ⑥
        if self.stop_strategy == StopStrategy.FIRST_NOT_PASS or self.stop_strategy ==
StopStrategy.FIRST_P0_NOT_PASS and test_case.priority == TestCasePriority.P0:
            stop_event.set()
            raise Exception
```

整体的设计思路是使用 threading 模块的 Event 类来控制测试任务的执行。改动点①新增了一个 Event 对象表示停止事件，并通过改动点②和④传递给_run_test_case()方法。在_run_test_case()方法中首先要做的事就是检测 flag 是否被设置，这里的 flag 可以理解为“停止标记”，当 flag 被设置时，不再做后续任务操作，即直接返回结果，对应到改动点

⑤。改动点⑥是在测试用例抛出异常时检测是否满足第一个未执行成功或第一个 P0 测试用例未执行成功两个条件之一，一旦满足，就将 flag 标记为已设置并再次引发异常。这里引发异常是为了配合_run_test_task()中的 wait()函数使用的，可理解为当抛出第一次异常时停止阻塞主线程，对应改动点③。

以上代码还需要添加导入语句，代码如下：

```
from concurrent.futures._base import FIRST_EXCEPTION
from enum import Enum
from threading import Event
from .case import TestCasePriority
```

6.6.4 重试策略

在实际项目中，由于测试环境不稳定或自动化测试用例的健壮性不够导致的执行不通过，通常情况下，会重新执行该测试用例，如果执行通过了，就认为测试用例是通过的。

常见的重试策略是若测试用例执行不通过，则立即重试；或所有测试用例执行完成后再重试所有未通过的测试用例。为此新增 RetryStrategy 枚举用于表示重试策略，代码如下：

```
class RetryStrategy(Enum):
    NOT_RERUN = ('不重试', 0)
    RERUN_NOW = ('立即重新执行测试代码', 1)
                                    # 对当前未执行成功的测试用例，立即重新执行一次
    RERUN_LAST = ('最后重新执行测试代码', 2)
                                    # 对全部未执行成功的测试用例，最后批量重新执行一次
```

以上代码的每个枚举值使用了元组来表示。将其中的数值(0、1 和 2)用于命令行执行，详见 6.7.2 节。

接着修改 DefaultTestRunner 类的 run()方法，需要将重试策略从 run()方法传入，代码如下：

```
def run(self, test_task: TestTask, test_recorder: TestRecorder, stop_strategy: StopStrategy,
        retry_strategy: RetryStrategy, parallel: int): # ①
    self.test_task = test_task
    self.test_recorder = test_recorder
    self.test_recorder.test_cases = self.test_task.test_cases
    self.stop_strategy = stop_strategy
    self.retry_strategy = retry_strategy # ②
    self.parallel = parallel
    self.test_recorder.start_time = time()
    self._run_test_task()
    self.test_recorder.end_time = time()
    self.test_recorder.calculate_test_result()
    # ③
    if self.test_recorder.total_count != self.test_recorder.pass_count and self.retry_
```

```
strategy == RetryStrategy.RERUN_LAST:
            self._run_test_task()
            self.test_recorder.end_time = time()
            self.test_recorder.calculate_test_result()
        self.test_recorder.gen_test_report()
```

以上代码的改动点①和②对应的是将重试策略传入 run()方法并赋值给实例属性 retry_strategy。改动点③增加了一个判断，即测试用例是否全部通过，如果不是全部通过且重试策略是“所有测试用例执行完成后再重试所有未通过的测试用例”，那么重新执行未通过的测试用例。

由于_run_test_task()方法同时被首次执行和重试执行时调用，因此当前的_run_test_task()方法需要做一点改动才能兼容两种场景，代码如下：

```
def _run_test_task(self):
    """
    执行测试任务
    :return:
    """
    with ThreadPoolExecutor(max_workers = self.parallel) as executor:
        futures = list()
        stop_event = Event()
        for test_case in self.test_task.test_cases:
            if test_case.result != TestCaseResult.PASS: # 新增
                futures.append(executor.submit(self._run_test_case, test_case, stop_
event))
        wait(futures, return_when = FIRST_EXCEPTION)
```

以上代码的改动点很清晰，即在执行前先判断该测试用例是否是执行通过，如果已经执行通过，就不再执行。

最后，需要修改的是_run_test_case()方法，代码如下：

```
def _run_test_case(self, test_case: TestCase, stop_event: Event):
    """
    执行测试用例
    :param test_case: 测试用例
    :param stop_event: 停止事件
    :return:
    """
    # 省略其他代码
    try:
        # 省略其他代码
    except Exception as e:
        # 省略其他代码
        if self.stop_strategy == StopStrategy.FIRST_NOT_PASS or self.stop_strategy ==
StopStrategy.FIRST_P0_NOT_PASS and test_case.priority == TestCasePriority.P0:
            self.retry_strategy = RetryStrategy.NOT_RERUN # 终止策略优先级大于重试策略
            stop_event.set()
            raise Exception
        if self.retry_strategy == RetryStrategy.RERUN_NOW:
            try:
```

```
                test_case.setup()
                test_case.test_case()
                test_case.teardown()
                self.test_recorder.stop_run(test_case, TestCaseResult.PASS)
            except Exception as e2:
                if isinstance(e2, AssertionError):
                    self.test_recorder.stop_run(test_case, TestCaseResult.FAIL, traceback.
format_exc())
                else:
                        self.test_recorder.stop_run(test_case, TestCaseResult.BLOCK,
traceback.format_exc())
```

将终止策略的优先级定义为大于重试策略,因此在满足终止策略时会将重试策略设置为不重试。另外如果重试策略是"测试用例执行不通过时立即重试",那么重新执行未通过的测试用例。

6.6.5 超时时间

默认情况下,如果没有在测试用例中显式指定超时时间,那么当测试用例出现异常时可能导致线程无法结束的情况。为此在 testauto 中引入了超时时间的概念,修改 DefaultTestRunner 类的 run()方法,需要将超时时间从 run()方法传入,代码如下:

```
def run(self, test_task: TestTask, test_recorder: TestRecorder, stop_strategy: StopStrategy,
        retry_strategy: RetryStrategy, timeout: int, parallel: int):
    # 省略其他代码
    self.timeout = timeout
    # 省略其他代码
```

为了在测试用例执行超时时结束执行,需要使用到 threading 模块的 Thread 类,并将超时时间传递给 join()方法。因此要将测试用例的执行语句单独封装到一个线程中,代码如下:

```
class TestCaseThread(Thread):
    """
    测试用例执行线程
    """

    def __init__(self, test_case: TestCase):
        super().__init__()
        self.test_case = test_case
        self.exception = None

    def run(self):
        try:
            self.test_case.setup()
            self.test_case.test_case()
            self.test_case.teardown()
        except Exception as e:
            self.exception = e
```

以上代码将_run_test_case()方法的 try 语句内容封装到了一个单独的线程中。

接着重构_run_test_case()方法，代码如下：

```
def _run_test_case(self, test_case: TestCase, stop_event: Event):
    """
    执行测试用例
    :param test_case: 测试用例
    :param stop_event: 停止事件
    :return:
    """
    if stop_event.is_set(): # 设置了停止事件,则不再执行测试用例
        return
    self.test_recorder.start_run(test_case)
    try:
        # ①
        start_time = perf_counter()
        thread = TestCaseThread(test_case)
        thread.start()
        thread.join(self.timeout)
        end_time = perf_counter()
        take_time = end_time - start_time
        if take_time > self.timeout:
            raise TimeoutError
        elif thread.exception:
            raise thread.exception
        else:
            self.test_recorder.stop_run(test_case, TestCaseResult.PASS)
    except Exception as e:
        if isinstance(e, AssertionError):
            self.test_recorder.stop_run(test_case, TestCaseResult.FAIL, traceback.format_
exc())
        # ②
        elif isinstance(e, TimeoutError):
            self.test_recorder.stop_run(test_case, TestCaseResult.TIMEOUT, f'执行单个测试
用例超时,超时时间为:{self.timeout}秒')
        else:
            self.test_recorder.stop_run(test_case, TestCaseResult.BLOCK, traceback.format_
exc())
        if self.stop_strategy == StopStrategy.FIRST_NOT_PASS or self.stop_strategy ==
StopStrategy.FIRST_P0_NOT_PASS and test_case.priority == TestCasePriority.P0:
            self.retry_strategy = RetryStrategy.NOT_RERUN # 终止策略优先级大于重试策略
            stop_event.set()
            raise Exception
        if self.retry_strategy == RetryStrategy.RERUN_NOW:
            try:
                # ③
                start_time = perf_counter()
                thread = TestCaseThread(test_case)
                thread.start()
                thread.join(self.timeout)
```

```
                end_time = perf_counter()
                take_time = end_time - start_time
                if take_time > self.timeout:
                    raise TimeoutError
                elif thread.exception:
                    raise thread.exception
                else:
                    self.test_recorder.stop_run(test_case, TestCaseResult.PASS)
            except Exception as e2:
                if isinstance(e2, AssertionError):
                    self.test_recorder.stop_run(test_case, TestCaseResult.FAIL, traceback.
format_exc())
                # ④
                elif isinstance(e2, TimeoutError):
                    self.test_recorder.stop_run(test_case, TestCaseResult.TIMEOUT,
                                                f'执行单个测试用例超时,超时时间为:
{self.timeout}秒')
                else:
                        self.test_recorder.stop_run(test_case, TestCaseResult.BLOCK,
traceback.format_exc())
```

以上代码是_run_test_case()方法的完整代码,在其中标注了4个改动点。改动点①和③是重构之后的try语句内容,将直接执行测试用例改成了使用TestCaseThread线程来执行,并加入了计时和抛出TimeoutError异常的代码。改动点②和④加入了将测试结果设置为超时的代码。

若需以上代码生效,还需要添加导入语句,代码如下:

```
from threading import Thread
from time import perf_counter
```

6.6.6 异常断言

Python自带assert语句用于断言,且可以提供断言失败时的提示信息。但是Python并没有内置对异常的断言函数或方法,比如断言某个可调用对象抛出或不抛出某个异常。本节在util模块中新增assert_raise()和assert_not_raise()两个函数分别用于断言抛出异常和不抛出异常。

首先实现assert_raise()函数,由于需要断言可调用对象抛出异常,因此入参应该包含一个可调用对象和一个异常。另外,为了提供可选的断言失败时的提示信息,需要提供第三个关键字参数并设置其默认值,代码如下:

```
def assert_raise(callable_obj, exception, msg = None):
    """
    断言抛出指定异常
    :param callable_obj: 可调用对象
    :param exception: 指定异常
    :param msg: 断言失败的提示信息
    :return:
```

```
    """
    if not callable(callable_obj):
        raise ValueError('入参不是可调用对象!')
    if not issubclass(exception, Exception):
        raise ValueError('入参不是 Exception 的子类!')
    try:
        callable_obj()
    except Exception as e:
        if isinstance(e, exception):
            return
    raise AssertionError(msg) if msg else AssertionError()
```

以上代码首先检测入参是否正确，然后调用该可调用对象，并校验抛出的异常是否为期望的异常。如果是，就直接返回；否则，抛出 AssertionError 异常。

assert_not_raise()函数用于断言不抛出异常，大部分代码与 assert_raise()函数一致，代码如下：

```
def assert_not_raise(callable_obj, exception, msg=None):
    """
    断言不抛出指定异常
    :param callable_obj: 可调用对象
    :param exception: 指定异常
    :param msg: 断言失败的提示信息
    :return:
    """
    if not callable(callable_obj):
        raise ValueError('入参不是可调用对象!')
    if not issubclass(exception, Exception):
        raise ValueError('入参不是 Exception 的子类!')
    try:
        callable_obj()
    except Exception as e:
        if isinstance(e, exception):
            raise AssertionError(msg) if msg else AssertionError()
```

从以上代码可以看出，assert_not_raise()函数与 assert_raise()函数的不同之处在于检测抛出的异常是否为期望的异常。如果是，就抛出 AssertionError 异常；否则，不做处理。

6.7 实现框架的执行入口

至此，testauto 的功能已经实现完毕，但是缺乏一个用户使用的入口。本节提供了两个入口以供使用，即 IDE 执行入口和命令行执行入口。

6.7.1 IDE 执行入口

将入口定义成一个名为 TestAuto 的类，其位于 core 模块中，代码如下：

```
class TestAuto:
```

```
    def __init__(self, *args, **kwargs):
        ...
```

预期效果是可以像 unittest 或 pytest 的方式来运行测试用例，示例代码如下：

```
from testauto import main

if __name__ == '__main__':
    main()
```

从以上代码可以看出，main 作为了 testauto 的执行入口，为了在 testauto 包中能直接导入它，那么 main 必然存在于 testauto 包的__init__模块中，__init__模块的代码如下：

```
from .core import TestAuto

main = TestAuto
```

从以上代码可以看出，main 实际上就是 TestAuto 类。

接下来的任务就是实现 TestAuto 类的内部逻辑。作为执行入口，就应该是所有参数的输入入口。截至目前为止，testauto 需要输入的参数如表 6-1 所示。

表 6-1 testauto 需要输入的参数

参数名称	参数含义	参数类型
—	测试模块(位置参数)	str
test_task	测试任务 TestTask 对象	TestTask
test_recorder	测试记录器 TestRecorder 对象	TestRecorder
test_runner	测试执行器 TestRunner 对象	TestRunner
stop_strategy	终止策略 StopStrategy 对象	StopStrategy
retry_strategy	重试策略 RetryStrategy 对象	RetryStrategy
timeout	执行单个测试用例的超时时间(单位秒)	int
parallel	并行执行数量	int

在 TestAuto 类中只提供了构造方法__init__()，其用于校验入参并调用测试执行器的 run()方法，代码比较长，这里分段介绍。

首先，考虑初始化测试任务，当用户传入的是测试模块时，需要 testauto 自己完成测试任务的创建。若传入的是测试任务，则直接执行即可，代码如下：

```
if len(args) != 0: # 通过传入的测试模块创建测试任务
    test_task: TestTask = DefaultTestTask()
    try:
        test_task.add_test_cases_by_files(*args)
    except AttributeError:
        raise ValueError('测试模块不是字符串!')
else:
    result = kwargs.get('test_task', None)
    if result is not None: # 通过传入的测试任务创建测试任务
        if isinstance(result, TestTask):
            test_task = result
```

```
            else:
                raise ValueError('test_task 不是 TestTask 类型的对象!')
        else: # 自动创建测试任务
            test_task: TestTask = DefaultTestTask()
            test_task.add_test_cases_by_modules('__main__')
    if len(test_task.test_cases) == 0:
        raise ValueError('没有待执行的测试用例!')
```

以上代码对应了 3 种参数传递场景。

（1）传递了测试模块：使用 TestTask 的 add_test_cases_by_files()方法将测试模块加入测试任务中。

（2）传递了测试任务：直接使用传入的测试任务。

（3）都未传递：使用 TestTask 的 add_test_cases_by_modules()方法加载测试用例，此时传入的参数为__main__字符串，即表示当前模块。

从以上代码可以看出，无论是哪种参数传递场景，最后都需要校验测试任务中的测试用例数量。若没有测试用例，则抛出异常。

接着需要初始化测试记录器，代码如下：

```
result = kwargs.get('test_recorder', None)
if result is not None:
    if isinstance(result, TestRecorder):
        test_recorder = result
    else:
        raise ValueError('test_recorder 不是 TestRecorder 类型的对象!')
else:
    test_recorder: TestRecorder = DefaultTestRecorder()
```

从以上代码可以看出，若传递了测试记录器，则直接使用该测试记录器；否则，testauto 会使用内置的 DefaultTestRecorder 作为测试记录器。

测试执行器的初始化逻辑与测试记录器一致，代码如下：

```
result = kwargs.get('test_runner', None)
if result is not None:
    if isinstance(result, TestRunner):
        test_runner = result
    else:
        raise ValueError('test_runner 不是 TestRunner 类型的对象!')
else:
    test_runner: TestRunner = DefaultTestRunner()
```

终止策略和重试策略的初始化也差不多，只是它们的默认值分别是 StopStrategy. ALL_COMPLETED 和 RetryStrategy. NOT_RERUN，即默认为不终止和不重试，代码如下：

```
# 初始化终止策略
result = kwargs.get('stop_strategy', None)
if result is not None:
    if isinstance(result, StopStrategy):
        stop_strategy = result
    else:
```

```
        raise ValueError('stop_strategy 不是 StopStrategy 类型的对象!')
else:
    stop_strategy = StopStrategy.ALL_COMPLETED
# 初始化重试策略
result = kwargs.get('retry_strategy', None)
if result is not None:
    if isinstance(result, RetryStrategy):
        retry_strategy = result
    else:
        raise ValueError('retry_strategy 不是 RetryStrategy 类型的对象!')
else:
    retry_strategy = RetryStrategy.NOT_RERUN
```

超时时间和并行执行数量的初始化默认值分别为 60min 和一个线程(即串行执行),另外它们的入参类型都是 int,因此需要判断它们是否大于 0,代码如下:

```
# 初始化超时时间
result = kwargs.get('timeout', None)
if result is not None:
    if isinstance(result, int) and result > 0:
        timeout = result
    else:
        raise ValueError('timeout 不是正整数!')
else:
    timeout = 60 * 60 # 默认 60min 测试用例执行超时
# 初始化并行执行数量
result = kwargs.get('parallel', None)
if result is not None:
    if isinstance(result, int) and result > 0:
        parallel = result
    else:
        raise ValueError('parallel 不是正整数!')
else:
    parallel = 1 # 默认单线程(串行)执行测试用例
```

最后就是使用上述参数传递给测试执行器的 run()方法,代码如下:

```
test_runner.run(test_task = test_task, test_recorder = test_recorder, stop_strategy = stop_
strategy,
                retry_strategy = retry_strategy, timeout = timeout, parallel = parallel)
```

以上代码还需要添加导入语句,代码如下:

```
from .runner import TestRunner, DefaultTestRunner, StopStrategy, RetryStrategy
from .recorder import TestRecorder, DefaultTestRecorder
from .task import TestTask, DefaultTestTask
```

6.7.2 命令行执行入口

为了实现命令行执行 testauto 测试用例的目的,在 core 模块新增一个 CommandLine

类，并在其构造方法中实例化 TestAuto 对象，代码如下：

```
class CommandLine:

    def __init__(self):
        self.test_modules = [ ]
        self.test_task = self.test_recorder = self.test_runner = None
        self.stop_strategy = StopStrategy.ALL_COMPLETED
        self.retry_strategy = RetryStrategy.NOT_RERUN
        self.timeout = None
        self.parallel = None
        self._parse_argv()
        TestAuto(*self.test_modules, test_task=self.test_task, test_recorder=self.test_recorder,
                 test_runner=self.test_runner, stop_strategy=self.stop_strategy, retry_strategy=self.retry_strategy,
                 timeout=self.timeout, parallel=self.parallel)
```

以上代码中的_parse_argv()方法是一个私有方法，是命令行参数解析的关键。这里使用了 argparse 模块来解析命令行参数，具体来说是通过使用 ArgumentParser 对象的 parse_args()方法实现的参数解析，代码如下：

```
def _parse_argv(self):
    """
    解析命令行参数
    :return:
    """
    parser = ArgumentParser(prog='testauto', add_help=False) # 禁用默认的帮助信息
    parser.add_argument('-h', '--help', action='help', help='显示帮助信息.')
    parser.add_argument('-m', '--test-modules', type=str, nargs='*',
                        help='测试模块.示例: -m E:\\path\\to\\dictionary\\module.py')
    parser.add_argument('-t', '--test-task',
                        help='测试任务.示例: -t path.to.module.callable,其中 callable 为返回 TestTask 对象的可调用对象.')
    parser.add_argument('-r', '--test-recorder',
                        help='测试记录器.示例: -r path.to.module.callable,其中 callable 为返回 TestRecorder 对象的可调用对象.')
    parser.add_argument('-rn', '--test-runner',
                        help='测试执行器.示例: -rn path.to.module.callable,其中 callable 为返回 TestRunner 对象的可调用对象.')
    parser.add_argument('-s', '--stop-strategy', type=int, help='终止策略.参数取值: 0-全部完成(默认)/1-第一个未执行成功/2-第一个 P0 测试用例未执行成功')
    parser.add_argument('-rt', '--retry-strategy', type=int, help='重试策略.参数取值:0-不重试(默认)/1-立即重新执行测试代码/2-最后重新执行测试代码')
    parser.add_argument('-to', '--timeout', type=int, help='超时时间(单位秒).参数取值:正整数')
    parser.add_argument('-p', '--parallel', type=int, help='并行执行数量.参数取值:正整数')
    args = parser.parse_args(sys.argv[1:]) # 接收命令行参数(排除第一个参数)
```

以上代码看起来比较多，但逻辑并不复杂。在实例化 ArgumentParser 对象时传入了程序名称并禁用了默认的帮助信息，因为后续代码使用 add_argument()方法自动添加了一个显示帮助信息的命令，该命令为-h/--help。在 add_argument()方法中，前两个参数指定命令的缩写和全称，type 参数指定入参类型，nargs 参数指定该命令可以接收的参数数量(星号 * 表示可以是零个或多个)，help 参数指定帮助信息。另外，在接收命令行参数时需要排除第一个参数(以上代码的最后一行)，因为第一个参数会传递当前 Python 脚本的名称，而不是真正用户想传入的参数。

接收到参数后，接着就是对参数的解析。

先解析测试模块和测试任务，代码如下：

```
self.test_modules = args.test_modules if args.test_modules else [ ]
if not self.test_modules:
    self.test_task = self._parse_object(args.test_task, TestTask) if args.test_task
else None
```

以上代码的逻辑是将参数中的测试模块赋值给 test_modules 属性，如果 test_modules 是一个空列表，可将入参中的测试任务赋值给 test_task 属性。这里涉及另一个私有方法_parse_object()，其用于将字符串转换为可调用对象，代码如下：

```
@staticmethod
def _parse_object(callable_obj_src: str, target_class: Any):
    """
    执行字符串表示的可调用对象,返回指定类型的对象
    :param callable_obj_src: 字符串表示的可调用对象
    :param target_class: 指定类型
    :return:
    """
    tmp_module = import_module('.'.join(callable_obj_src.split('.')[:-1]))
    tmp_callable_name = callable_obj_src.split('.')[-1]
    if hasattr(tmp_module, tmp_callable_name):
        tmp_callable = getattr(tmp_module, tmp_callable_name)
        if callable(tmp_callable):
            tmp_object = tmp_callable()
        else:
            raise ValueError(f'该对象不可调用:{tmp_callable_name}!')
        if isinstance(tmp_object, target_class):
            return tmp_object
        else:
            """
            获取对象对应类的类名:object.__class__.__name__
            获取类的类名:class.__name__
            """
            raise ValueError(f'源对象类型{tmp_object.__class__.__name__}与目标类型
{target_class.__name__}不匹配!')
    else:
        raise ValueError(f'无该可调用对象:{tmp_callable_name}!')
```

_parse_object()方法的核心是使用动态导入，其仍然借助内置的 importlib 模块的

import_module()函数实现。导入模块后，再使用 hasattr()和 getattr()方法分别检测对象是否有某属性和获取对象的某属性。

测试记录器和测试执行器可以使用测试任务一样的方法来解析，代码如下：

```
self.test_recorder = self._parse_object(args.test_recorder, TestRecorder) if args.test_recorder else None
self.test_runner = self._parse_object(args.test_runner, TestRunner) if args.test_runner else None
```

接着解析终止策略，由于命令行是通过 int 类型传递的入参，需要与枚举值进行比对，比对成功时给 stop_strategy 属性赋值，否则抛出异常，代码如下：

```
tmp_stop_strategy = args.stop_strategy
stop_strategy_flag = True
if tmp_stop_strategy:
    for stop_strategy in StopStrategy:
        if tmp_stop_strategy == stop_strategy.value[1]:
            stop_strategy_flag = False
            self.stop_strategy = stop_strategy
            break
    if stop_strategy_flag:
        raise ValueError('终止策略(-s/--stop-strategy)的参数输入错误,请执行-h/--help获取帮助信息!')
```

使用同样方式可以解析重试策略，代码如下：

```
tmp_retry_strategy = args.retry_strategy
retry_strategy_flag = True
if tmp_retry_strategy:
    for retry_strategy in RetryStrategy:
        if tmp_retry_strategy == retry_strategy.value[1]:
            retry_strategy_flag = False
            self.retry_strategy = retry_strategy
            break
    if retry_strategy_flag:
        raise ValueError('重试策略(-rt/--retry-strategy)的参数输入错误,请执行-h/--help获取帮助信息!')
```

最后超时时间和并行执行数量的解析就很简单了，代码如下：

```
self.timeout = args.timeout if args.timeout else None
self.parallel = args.parallel if args.parallel else None
```

以上代码还需要添加导入语句，代码如下：

```
import sys
from argparse import ArgumentParser
from importlib import import_module
from typing import Any
```

为了可以让 testauto 像运行模块一样地运行，即可以执行命令来显示帮助信息，命令如下：

```
python -m testauto -h
```

那么需要在 testauto 包中新增__main__模块,代码如下:

```
from .core import CommandLine

CommandLine()
```

6.8　测试

在发布应用程序之前,对应用程序进行测试是必要的。本节将介绍对 testauto 的测试。在对其测试之前,先在工程根目录新增一个 testauto_test 包用于存放测试代码。

6.8.1　测试用例的测试

由于 testauto 支持参数化测试,因此这里将测试用例分成常规测试用例和参数化测试用例两类。

1. 常规测试用例

对于常规测试用例,最基本的覆盖场景是不带初始化和清理操作的测试用例。为此新增 case_test 模块,代码如下:

```
from testauto import main
from testauto.case import TestCase


class TestCase01(TestCase):

    def test_case(self):
        print('TestCase0!')


if __name__ == '__main__':
    main()
```

TestCase01 类会被 testauto 识别为测试用例,因为其继承了 TestCase 基类。main 是 testauto 的 IDE 执行入口,这里不传递任何参数,testauto 会自动加载当前模块中的测试用例。

执行 case_test 模块,执行结果如下:

```
TestCase01
======================================================================
执行总数:1
开始时间:2021-07-04 09:24:08 结束时间:2021-07-04 09:24:08 执行耗时:00时00分00秒
----------------------------------------------------------------------
执行结果        数量        百分比(%)
通过            1           100.0
失败            0           0.0
阻塞            0           0.0
```

```
超时          0          0.0
未执行        0          0.0
==========================================================================
```

查看 testauto_test 包，可以看到其中生成了 test-report.html 测试报告文件。

说明

本节并不是对测试记录器的测试，因此暂不关心测试报告的输出是否正确。

为了证实不继承 TestCase 基类的类不会被 testauto 识别为测试用例，可以新增 TestCase02 类，该类不继承 TestCase 基类，代码如下：

```
class TestCase02:

    def test_case(self):
        print('TestCase02')
```

重新执行测试代码，可以看到 TestCase02 并没有在控制台被打印出来，说明 TestCase02 没有被识别为测试用例。

接着需要测试的是带初始化和清理操作的测试用例，为此新增 TestCase03，代码如下：

```
class TestCase03(TestCase):

    def setup(self):
        print('TestCase03 - setup')

    def test_case(self):
        print('TestCase03')

    def teardown(self):
        print('TestCase03 - teardown')
```

再次执行测试用例，执行结果如下：

```
TestCase03 - setup
TestCase03
TestCase03 - teardown
```

2. 参数化测试用例

参数化测试需要用到 util 模块定义的 parameterized 装饰器，其第一个参数是一个字符串类型的元组，每个字符串代表一个参数，可传递多个参数；第二个参数是由一个元组组成的列表，每个元组代表一组参数，元组中参数的个数必须与参数数量一致。传递后在测试用例中通过 get_param_value()方法来获取参数。为此新增 TestCase04，代码如下：

```
@parameterized(
    ('username', 'password'),
    [
        ('zhangsan', 'zhangsan123456'),
        ('lisi', 'lisi123456')
```

```
    ]
)
class TestCase04(TestCase):

    def test_case(self):
        username = self.get_param_value('username')
        password = self.get_param_value('password')
        print(f'我的用户名是:{username},我的密码是:{password}!')
```

执行测试用例后，执行结果如下：

```
我的用户名是: zhangsan,我的密码是: zhangsan123456!
我的用户名是: lisi,我的密码是: lisi123456!
```

另外，当使用参数化测试将测试用例执行多次时，会被 testauto 多次计数。例如上述代码中的 TestCase04 实际上会被实例化成两个 TestCase04 对象，即被计数为两条测试用例。

以上代码还需要添加导入语句，代码如下：

```
from testauto.util import parameterized
```

如果不按 parameterized 装饰器的规则传参，那么执行测试用例就会抛出异常。比如新增一个 TestCase05，其参数值数量大于参数名数量，代码如下：

```
@parameterized(
    ('username', 'password'),
    [
        ('zhangsan', 'zhangsan123456', 111),
        ('lisi', 'lisi123456', 222)
    ]
)
class TestCase05(TestCase):

    def test_case(self):
        username = self.get_param_value('username')
        password = self.get_param_value('password')
        print(f'我的用户名是:{username},我的密码是:{password}!')
```

以上代码将参数值多写了一个，执行测试用例时会被抛出 ValueError 异常，并提示“参数名数量与参数值数量不匹配!”。

类似的其他错误写法也将引发 testauto 抛出异常，读者可自行试验，比如参数名多写一个、参数名不是字符串、多组参数值数量不一致等。

6.8.2 测试任务的测试

将测试任务模块的测试分成 4 个部分：添加和删除测试用例、添加和删除测试用例过滤器、过滤测试用例和清空测试任务。

1. 添加和删除测试用例

先新增一个 task_test 模块，并在其中新增待测试的 4 个测试用例，代码如下：

```
from testauto.case import TestCase, TestCasePriority


# P0 已完成
class TestCase01(TestCase):
    priority = TestCasePriority.P0
    completed = True

    def test_case(self):
        print('TestCase01')


# P0 已完成
class TestCase02(TestCase):
    priority = TestCasePriority.P0
    completed = True

    def test_case(self):
        print('TestCase02')


# P1 已完成
class TestCase03(TestCase):
    priority = TestCasePriority.P1
    completed = True

    def test_case(self):
        print('TestCase03')


# P0 未完成
class TestCase04(TestCase):
    priority = TestCasePriority.P0
    completed = False

    def test_case(self):
        print('TestCase04')
```

如果想添加单个测试用例，那么可以直接使用 add_test_case()方法，代码如下：

```
test_task_01 = DefaultTestTask()
test_task_01.add_test_case(TestCase01())
assert len(test_task_01.test_cases) == 1
```

添加多个测试用例，可以使用 add_test_cases()方法，代码如下：

```
test_task_02 = DefaultTestTask()
test_task_02.add_test_cases(TestCase01(), TestCase02())
assert len(test_task_02.test_cases) == 2
```

另外还可以以字符串形式给 add_test_cases_by_classes()、add_test_cases_by_modules()、add_test_cases_by_files()或 add_test_cases_by_paths()方法传参来进行不同粒度的测试用

例添加，以 add_test_cases_by_classes()方法为例，代码如下：

```
test_task_03 = DefaultTestTask()
test_task_03.add_test_cases_by_classes('testauto_test.task_test.TestCase01', 'testauto_
test.task_test.TestCase02',
                                       'testauto_test.task_test.TestCase03')
assert len(test_task_03.test_cases) == 3
```

删除测试用例使用 remove_test_case()或 remove_test_cases()方法，代码如下：

```
test_task_04 = DefaultTestTask()
test_case01 = TestCase01()
test_case02 = TestCase02()
test_case03 = TestCase03()
test_task_04.add_test_cases(test_case01, test_case02, test_case03)
assert len(test_task_04.test_cases) == 3
test_task_04.remove_test_case(test_case01)
assert len(test_task_04.test_cases) == 2
test_task_04.remove_test_cases(test_case02, test_case03)
assert len(test_task_04.test_cases) == 0
```

以上代码还需要添加导入语句，代码如下：

```
from testauto.task import DefaultTestTask
```

由于 testauto 具备一定的容错机制，因此读者可以传递一些异常参数来自行试验，比如传递不合规范的类/模块名、传递的类/模块名不存在等。

2. 添加和删除测试用例过滤器

相比添加和删除测试用例，添加和删除测试用例过滤器的方法就少很多了。先来看添加单个测试用例过滤器，代码如下：

```
test_task_05 = DefaultTestTask()
test_task_05.add_filter(TestCasePriorityShouldBe(OperationMethod.EQUAL, TestCasePriority.
P0))
assert len(test_task_05.test_case_filters) == 2
```

由于 DefaultTestTask 默认会包含 TestCaseCompletedShouldBe 测试用例过滤器，因此以上代码在添加了一个测试用例过滤器后，测试任务中就存在两个测试用例过滤器。

添加多个测试用例过滤器使用 add_filters()方法，代码如下：

```
test_task_06 = DefaultTestTask()
test_task_06.add_filters(TestCasePriorityShouldBe(OperationMethod.EQUAL, TestCasePriority.
P0),TestCasePriorityShouldBe(OperationMethod.EQUAL, TestCasePriority.P1))
assert len(test_task_06.test_case_filters) == 3
```

删除测试用例过滤器使用 remove_filter()和 remove_filters()方法，代码如下：

```
test_task_07 = DefaultTestTask()
filter_01 = TestCasePriorityShouldBe(OperationMethod.EQUAL, TestCasePriority.P0)
```

```
filter_02 = TestCasePriorityShouldBe(OperationMethod.EQUAL, TestCasePriority.P1)
filter_03 = TestCasePriorityShouldBe(OperationMethod.EQUAL, TestCasePriority.P2)
test_task_07.add_filters(filter_01, filter_02, filter_03)
assert len(test_task_07.test_case_filters) == 4
test_task_07.remove_filter(filter_01)
assert len(test_task_07.test_case_filters) == 3
test_task_07.remove_filters(filter_02, filter_03)
assert len(test_task_07.test_case_filters) == 1
```

以上代码还需要添加导入语句，代码如下：

```
from testauto.task import TestCasePriorityShouldBe, OperationMethod
```

3. 过滤测试用例

当添加了测试用例和测试用例过滤器后，就可以过滤测试用例了，以本节开头新增的4个测试用例为例，先以模块形式添加它们，代码如下：

```
test_task_08 = DefaultTestTask()
test_task_08.add_test_cases_by_modules('testauto_test.task_test')
assert len(test_task_08.test_cases) == 4
```

接着增加测试用例过滤器，目的是筛选出优先级为P0的测试用例，代码如下：

```
test_task_08.add_filter(TestCasePriorityShouldBe(OperationMethod.EQUAL, TestCasePriority.
P0))
```

最后执行过滤操作，代码如下：

```
test_task_08.filter_test_cases()
assert len(test_task_08.test_cases) == 2
```

由于TestCase03的优先级为P1，而TestCase04处于未完成的状态，因此在执行过滤操作后，测试任务中的测试用例只剩下了两条。

4. 清空测试任务

清空测试任务使用clear_test_task()方法，清空后测试任务中的测试用例和测试用例过滤器数量都应该为0，代码如下：

```
test_task_09 = DefaultTestTask()
test_task_09.add_test_case(TestCase01())
assert len(test_task_09.test_cases) == 1
assert len(test_task_09.test_case_filters) == 1
test_task_09.clear_test_task()
assert len(test_task_09.test_cases) == 0
assert len(test_task_09.test_case_filters) == 0
```

6.8.3 测试记录器的测试

测试记录器的调用逻辑都在测试执行器中，为了对测试记录器进行单独测试，可以手动传入测试用例列表，并调用测试记录器的各种方法。

新增 recorder_test 模块，新增一个参数化测试用例，代码如下：

```
from testauto.case import TestCase
from testauto.util import parameterized


@parameterized(
    ('target_result',),
    [
        ('PASS',),
        ('PASS',),
        ('PASS',),
        ('FAIL',),
        ('FAIL',),
        ('BLOCK',),
        ('TIMEOUT',),
        ('NOT_EXECUTED',)
    ]
)
class TestCase01(TestCase):

    def test_case(self):
        ...
```

以上代码使用了参数化的方式定义了一个测试用例，在真正执行时会被实例化为 8 个测试用例。

接着，定义一个测试任务来手动加载上面的 8 个测试用例，代码如下：

```
test_task = DefaultTestTask()
test_task.add_test_cases_by_classes('testauto_test.recorder_test.TestCase01')
```

最后，使用手动调用测试记录器的方法模拟测试用例的执行过程，并生成测试报告，代码如下：

```
test_recorder = DefaultTestRecorder()
test_recorder.test_cases = test_task.test_cases
test_recorder.start_time = time()
for test_case in test_recorder.test_cases:
    test_recorder.start_run(test_case)
    target_result = test_case.get_param_value('target_result')
    if target_result == 'PASS':
        test_recorder.stop_run(test_case, TestCaseResult.PASS)
    elif target_result == 'FAIL':
        test_recorder.stop_run(test_case, TestCaseResult.FAIL, '失败详情...')
    elif target_result == 'BLOCK':
        test_recorder.stop_run(test_case, TestCaseResult.BLOCK, '阻塞详情...')
    elif target_result == 'TIMEOUT':
        test_recorder.stop_run(test_case, TestCaseResult.TIMEOUT, '超时详情...')
    elif target_result == 'NOT_EXECUTED':
        test_recorder.stop_run(test_case, TestCaseResult.NOT_EXECUTED)
test_recorder.end_time = time()
```

```
test_recorder.calculate_test_result()
test_recorder.gen_test_report()
```

以上代码根据参数化测试中传入的数据动态给每个测试用例赋予不同的测试结果，最后再调用 calculate_test_result()和 gen_test_report()方法分别用于统计测试结果和生成测试报告。

执行以上代码后，执行结果如下：

```
2021 - 07 - 04 16:02:46,890[ERROR]: "Default Title"执行失败:失败详情...
2021 - 07 - 04 16:02:46,890[ERROR]: "Default Title"执行失败:失败详情...
2021-07 - 04 16:02:46,890[ERROR]: "Default Title"执行阻塞:阻塞详情...
2021 - 07 - 04 16:02:46,890[ERROR]: "Default Title"执行超时:超时详情...
=================================================================
执行总数:8
开始时间:2021 - 07 - 04 16:02:46 结束时间:2021 - 07 - 04 16:02:46 执行耗时:00 时 00 分 00 秒
-----------------------------------------------------------------
执行结果        数量        百分比(%)
通过             3          37.5
失败             2          25.0
阻塞             1          12.5
超时             1          12.5
未执行           1          12.5
=================================================================
```

而生成的 HTML 测试报告如图 6-6 所示。

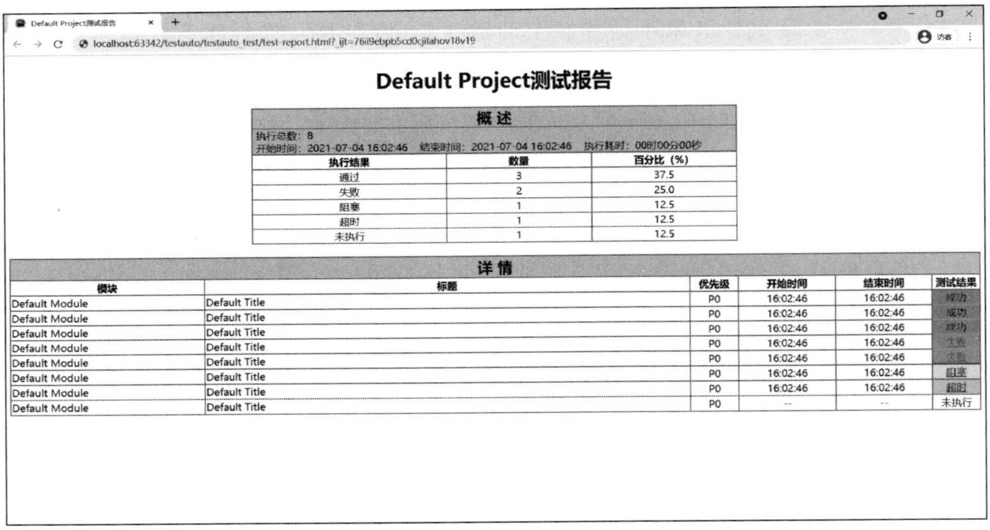

Default Project测试报告

localhost:63342/testauto/testauto_test/test-report.html?_ijt=76ii9ebpb5cd0cjilahov18v19

Default Project测试报告

概述		
执行总数：8 开始时间：2021-07-04 16:02:46 结束时间：2021-07-04 16:02:46 执行耗时：00时00分00秒		
执行结果	数量	百分比（%）
通过	3	37.5
失败	2	25.0
阻塞	1	12.5
超时	1	12.5
未执行	1	12.5

详情					
模块	标题	优先级	开始时间	结束时间	测试结果
Default Module	Default Title	P0	16:02:46	16:02:46	成功
Default Module	Default Title	P0	16:02:46	16:02:46	成功
Default Module	Default Title	P0	16:02:46	16:02:46	成功
Default Module	Default Title	P0	16:02:46	16:02:46	失败
Default Module	Default Title	P0	16:02:46	16:02:46	失败
Default Module	Default Title	P0	16:02:46	16:02:46	阻塞
Default Module	Default Title	P0	16:02:46	16:02:46	超时
Default Module	Default Title	P0	--	--	未执行

图 6-6　测试报告

以上测试报告显示了 3 个测试用例通过、2 个失败、1 个阻塞、1 个超时和 1 个未执行，与控制台的打印一致，且符合预期结果。

在执行以上代码之前，还需要添加导入语句，代码如下：

```
from time import time
```

```
from testauto.case import TestCaseResult
from testauto.recorder import DefaultTestRecorder
from testauto.task import DefaultTestTask
```

6.8.4 测试执行器的测试

测试执行器的测试相对较为复杂,因为在测试执行器中需要兼顾多线程测试、终止策略、重试策略和超时时间。

1. 单线程和多线程执行测试用例

假设现在有两个测试用例 TestCase01 和 TestCase02,分别需要 1s 和 2s 才能执行完成,代码如下:

```
from time import sleep

from testauto.case import TestCase


class TestCase01(TestCase):

    def test_case(self):
        sleep(1)


class TestCase02(TestCase):

    def test_case(self):
        sleep(2)
```

如果采用单线程执行,那么大约需要 3s 执行完成。此时使用默认的测试执行器策略,即不传任何参数,代码如下:

```
if __name__ == '__main__':
    main()
```

当然不要忘记导入 main,代码如下:

```
from testauto import main
```

使用多线程执行测试用例的目的是提高测试效率,对于 TestCase01 和 TestCase02,如果采用两个线程并行执行,测试时间应该是 2s 左右。为此在 main 中传入 parallel 参数,并将其值指定为 2 即可。

重新执行测试代码,从执行结果可以看出,使用并行执行后,执行耗时为 2s,与预期结果一致。

2. 不同的终止策略

不同的终止策略对应不同的测试结果;而在默认情况下,testauto 会把所有测试用例都执行完才会终止测试。

为了配合测试不同的终止策略，先增加 3 个测试用例，代码如下：

```
class TestCase03(TestCase):
    title = 'TestCase03'
    priority = TestCasePriority.P1

    def test_case(self):
        assert False


class TestCase04(TestCase):
    title = 'TestCase04'
    priority = TestCasePriority.P0

    def test_case(self):
        assert False


class TestCase05(TestCase):
    title = 'TestCase05'
    priority = TestCasePriority.P0

    def test_case(self):
        ...
```

TestCase03 和 TestCase04 都会执行失败，不同之处在于 TestCase03 是 P1 测试用例，而 TestCase04 是 P0 测试用例。

接着，使用“第一个未执行成功”的终止策略来执行测试用例，代码如下：

```
test_task_01 = DefaultTestTask()
test_task_01.add_test_cases(TestCase03(), TestCase04(), TestCase05())
main(test_task = test_task_01, stop_strategy = StopStrategy.FIRST_NOT_PASS)
```

执行以上代码后，有两个测试用例未执行，符合预期结果。但如果换用“第一个 P0 测试用例未执行成功”的终止策略，代码如下：

```
main(test_task = test_task_01, stop_strategy = StopStrategy.FIRST_P0_NOT_PASS)
```

重新执行测试代码，会发现未执行的测试用例数为 1，因为 TestCase03 不是 P0 级别测试用例，当它执行失败后，仍然会继续执行 TestCase04。

以上代码还需要添加导入语句，代码如下：

```
from testauto.case import TestCasePriority
from testauto.runner import StopStrategy
from testauto.task import DefaultTestTask
```

3. 不同的重试策略

默认的重试策略是不重试，即测试用例未执行成功就不再重新执行了。testauto 内置了两种重试策略，即立即重新执行和最后重新执行。

先看一下“立即重新执行测试代码”的重试策略，代码如下：

```
test_task_02 = DefaultTestTask()
test_task_02.add_test_cases(TestCase03(), TestCase04(), TestCase05())
main(test_task = test_task_02, retry_strategy = RetryStrategy.RERUN_NOW)
```

执行测试代码后,执行结果如下(已省略不相关的部分):

```
2021 - 07 - 04 17:57:25,725[ERROR]: "TestCase03"执行失败:Traceback (most recent call last):
...
2021 - 07 - 04 17:57:25,726[ERROR]: "TestCase03"执行失败:Traceback (most recent call last):
...
2021 - 07 - 04 17:57:25,726[ERROR]: "TestCase04"执行失败:Traceback (most recent call last):
...
2021 - 07-04 17:57:25,727[ERROR]: "TestCase04"执行失败:Traceback (most recent call last):
...
```

从以上输出可以看出,当 TestCase03 执行失败时会立即重试一次,对于 TestCase04 的情况也是一样的。

如果使用"最后重新执行测试代码"的重试策略,代码如下:

```
main(test_task = test_task_02, retry_strategy = RetryStrategy.RERUN_LAST)
```

重新执行测试代码后,执行结果如下(已省略不相关的部分):

```
2021 - 07 - 04 18:16:01,755[ERROR]: "TestCase03"执行失败:Traceback (most recent call last):
...
2021 - 07 - 04 18:16:01,755[ERROR]: "TestCase04"执行失败:Traceback (most recent call last):
...
2021 - 07 - 04 18:16:01,757[ERROR]: "TestCase03"执行失败:Traceback (most recent call last):
...
2021 - 07 - 04 18:16:01,757[ERROR]: "TestCase04"执行失败:Traceback (most recent call last):
...
```

从以上输出可以看出,当全部测试用例执行完成后才会重新执行 TestCase03 和 TestCase04,结果与预期一致。

以上代码还需要添加导入语句,代码如下:

```
from testauto.runner import RetryStrategy
```

4. 测试用例执行超时

测试用例默认是 60min 超时,如果要自定义超时时间,可以传递 timeout 参数,单位是秒,代码如下:

```
test_task_03 = DefaultTestTask()
test_task_03.add_test_cases(TestCase01(), TestCase02())
main(test_task = test_task_03, timeout = 2)
```

以上代码将超时时间设置为 2s,由于 TestCase02 测试用例休眠了 2s,因此实际执行时间会略大于 2s,导致超时。因此执行以上代码会发现 TestCase01 测试用例执行成功,而 TestCase02 测试用例由于超时而执行失败。

6.8.5 异常断言的测试

testauto 的异常断言功能属于 util 模块，因此先在 testauto_test 包中新增 until_test 模块。

对于抛出异常和不抛出异常的断言都需要一个可调用对象作为入参，为此先在 until_test 模块中编写一个可调用对象，代码如下：

```
def callable_func():
    raise RuntimeError
```

接着测试抛出异常的断言方法 assert_raise()，代码如下：

```
assert_raise(callable_func, RuntimeError)
```

由于可调用对象会抛出 RuntimeError 异常，符合预期，因此以上代码执行后断言成功了。

如果将 assert_raise()中的 RuntimeError 异常改成其他异常，比如 ValueError 异常，代码如下：

```
assert_raise(callable_func, ValueError)
```

重新执行以上代码则会断言失败，抛出 AssertionError 异常。

如果想增加断言失败时的提示信息，增加 assert_raise()函数的第三个参数即可，代码如下：

```
assert_raise(callable_func, ValueError, msg = '没有抛出 RuntimeError 异常!')
```

对于不抛出异常的断言函数 assert_not_raise()与 assert_raise()函数的逻辑相反，比如断言以上可调用对象不抛出 ValueError 异常，代码如下：

```
assert_not_raise(callable_func, ValueError)
```

由于可调用对象会抛出 RuntimeError 异常，符合不抛出 ValueError 异常的预期，因此以上代码执行后断言成功了。

以上代码还需要添加导入语句，代码如下：

```
from testauto.util import assert_raise, assert_not_raise
```

6.8.6 执行入口的测试

在测试执行入口之前，先新增一个 core_test 模块用于存放测试代码，并将 6.8.4 节中的 5 个测试用例复制过来以备使用。

1. 测试 IDE 执行入口

在前面的几个小节中，已经顺便测试了 IDE 执行入口的主要场景，包括测试任务、终止策略、重试策略、多线程测试和超时时间等。还有几个参数的传递还未测试，包括测试模块、测试记录器和测试执行器。

测试模块的传递是通过传递表示 Python 模块的字符串实现的，如执行当前 core_test 模块中的 5 个测试用例，代码如下：

```
main(__file__)
```

__file__在 Python 中表示当前 Python 模块的完整路径。在笔者的计算机上，__file__的值如下：

```
E:/Software_Testing/Software Development/Python/PycharmProjects/testauto/testauto_test/
core_test.py
```

说明

当执行当前模块的所有测试用例时，使用 main(__file__)与直接使用 main()效果是一样的。

IDE 执行入口支持传递多个测试模块，只需将它们以位置参数的形式传入即可，读者可自行试验。

测试记录器和测试执行器的传入主要提供给第三方开发者用于扩展 testauto 而设计的，由于此处只是测试 IDE 执行入口的参数传递功能，因此可以直接传入默认的测试记录器和测试执行器，代码如下：

```
main(test_recorder = DefaultTestRecorder(), test_runner = DefaultTestRunner())
```

以上代码还需要添加导入语句，代码如下：

```
from time import sleep
from testauto import main
from testauto.case import TestCase, TestCasePriority
from testauto.recorder import DefaultTestRecorder
from testauto.runner import DefaultTestRunner
```

2. 测试命令行执行入口

对于命令行应用程序而言，最常用的命令是显示帮助信息。可在控制台的 Terminal 窗口输入命令打印帮助信息，命令如下：

```
python -m testauto -h
```

打印的帮助信息如下：

```
usage: testauto [-h] [-m [TEST_MODULES [TEST_MODULES ...]]] [-t TEST_TASK]
                [-r TEST_RECORDER] [-rn TEST_RUNNER] [-s STOP_STRATEGY]
                [-rt RETRY_STRATEGY] [-to TIMEOUT] [-p PARALLEL]

optional arguments:
  -h, --help 显示帮助信息.
  -m [TEST_MODULES [TEST_MODULES ...]], --test-modules [TEST_MODULES [TEST_MODULES ...]]
                        测试模块.示例: -m E:\path\to\dictionary\module.py
```

```
  - t TEST_TASK, -- test - task TEST_TASK
                        测试任务.示例: - t
                        path.to.module.callable,其中 callable 为返回 TestTask 对象的可调用
对象.
  - r TEST_RECORDER, -- test - recorder TEST_RECORDER
                        测试记录器.示例: - r path.to.module.callable,其中 callable 为返
回 TestR
                        ecorder 对象的可调用对象.
  - rn TEST_RUNNER, -- test - runner TEST_RUNNER
                        测试执行器.示例: - rn path.to.module.callable,其中 callable 为返
回 Test
                        Runner 对象的可调用对象.
  - s STOP_STRATEGY, -- stop - strategy STOP_STRATEGY
                        终止策略.参数取值:0 - 全部完成(默认)/1 - 第一个未执行成功/2 - 第
一个 P0 测试用例未执行成功
  - rt RETRY_STRATEGY, -- retry - strategy RETRY_STRATEGY
                        重试策略.参数取值:0 - 不重试(默认)/1 - 立即重新执行测试代码/2 -
最后重新执行测试代码
  - to TIMEOUT, -- timeout TIMEOUT
                        超时时间(单位秒).参数取值:正整数
  - p PARALLEL, -- parallel PARALLEL
                        并行执行数量.参数取值:正整数
```

下面以帮助信息的打印顺序来测试各个功能。

首先，传递测试模块，在 Terminal 窗口执行以下命令来传递 core_test 模块中的测试用例，命令如下：

```
python - m testauto - m "E:/Software_Testing/Software Development/Python/PycharmProjects/
testauto/testauto
_test/core_test.py"
```

与 IDE 执行入口一样，命令行执行入口也可以传递多个测试模块，读者可自行试验。

测试任务、测试记录器和测试执行器都需要传入一个可调用对象，该可调用对象要分别返回测试任务、测试记录器和测试执行器的实例，代码如下：

```
def test_task_func_01():
    test_task = DefaultTestTask()
    test_task.add_test_case(TestCase01())
    return test_task


def test_recorder_func():
    return DefaultTestRecorder()


def test_runner_func():
    return DefaultTestRunner()
```

此时可使用命令行调用以上代码定义的各个对象，命令如下：

```
python - m testauto - t "testauto_test.core_test.test_task_func_01" - r "testauto_test.core_
```

```
test.test_recorder_func" -rn "testauto_test.core_test.test_runner_func"
```

在命令行执行入口中，终止策略和重试策略都被限制为了 int 类型的入参。

首先测试终止策略。新增一个 test_task_func_02()函数用于返回一个测试任务，代码如下：

```
def test_task_func_02():
    test_task = DefaultTestTask()
    test_task.add_test_cases(TestCase03(), TestCase04(), TestCase05())
    return test_task
```

将"第一个未执行成功"的终止策略传递给 testauto 的命令如下：

```
python -m testauto -t "testauto_test.core_test.test_task_func_02" -s 1
```

如果要使用"第一个 P0 测试用例未执行成功"的终止策略，将-s 后面的数字 1 改成 2 即可，命令如下：

```
python -m testauto -t "testauto_test.core_test.test_task_func_02" -s 2
```

test_task_func_02()函数可以直接用于重试策略的测试，要使用"立即重新执行测试代码"的重试策略，命令如下：

```
python -m testauto -t "testauto_test.core_test.test_task_func_02" -rt 1
```

如果要使用"最后重新执行测试代码"的重试策略，将-rt 后面的数字 1 改成 2 即可，命令如下：

```
python -m testauto -t "testauto_test.core_test.test_task_func_02" -rt 2
```

为了测试超时功能，先新增一个 test_task_func_03()函数用于返回测试任务，代码如下：

```
def test_task_func_03():
    test_task = DefaultTestTask()
    test_task.add_test_cases(TestCase01(), TestCase02())
    return test_task
```

接着将超时时间设置为 2s，命令如下：

```
python -m testauto -t "testauto_test.core_test.test_task_func_03" -to 2
```

执行以上命令后，仅有一条测试用例（TestCase01）执行成功了，因为 TestCase02 的实际执行时间是略大于 2s 的。

test_task_func_03()函数还可以用于多线程的测试，要并发两个线程执行测试任务，命令如下：

```
python -m testauto -t "testauto_test.core_test.test_task_func_03" -p 2
```

执行以上命令后，执行时间只有 2s，而不是 3s。

6.9 编写文档

文档是应用程序的重要组成部分，是否有完善的文档已经成为决定用户是否使用应用程序的关键因素之一。本节将介绍几种常见的文档编写，包括用户指南、变更记录和开源许可证书。但随着应用程序的复杂度及用户量的不断增加，还可以增加 API 文档、Roadmap（产品线路图）等多种其他文档。

6.9.1 用户指南

用户指南是应用程序最重要的文档之一，如果没有用户指南，用户只能靠自己的摸索来使用应用程序，这无疑大大提高了用户的学习成本。

对于 testauto，将用户指南放在了工程根目录的 README.md 文件中，之所以使用 Markdown，是为了文档可以方便地显示在 GitHub 和 PyPI 上。用户指南中的大部分示例可以直接借鉴 6.8 节中编写的测试代码。但有一点需要特别注意，用户指南是站在用户的角度来使用 testauto，而不是站在测试的角度，因此对于 6.8.3 节中的非端到端的测试代码并不适合放在用户指南中。

1. 一句话概括 testauto

用户指南的第一句话应该是可以表达出 testauto 的用途和亮点，所以一句话概括 testauto 就显得非常重要了。对 testauto 的概括如下：

```
  自动化测试框架，支持多线程和参数化测试，且自带 HTML 测试报告！
```

testauto 是一个自动化测试框架，其最大的亮点是支持多线程测试、参数化测试和自带 HTML 测试报告。在 Markdown 中， 表示一个空格，因此以上内容实现的是缩进两个空格。

2. 主要特性

将“主要特性”定义为一个一级标题，在 Markdown 中，一级标题使用“#”表示。

说明

在 Markdown 中，一级标题使用“#”表示，二级标题使用“##”表示，依此类推，一共支持 6 级标题。

这里总结了 testauto 的 6 个主要特性，并将它们以无序列表的方式展示，内容如下：

```
# 主要特性

* 支持 IDE 和命令行方式执行测试用例
* 支持多线程测试
* 支持参数化测试
* 自带 HTML 测试报告
* 支持设置终止策略、重试策略和超时时间
```

* 易扩展，开发者可自定义测试任务、测试记录器和测试执行器等

除了使用星号（*），还可以使用加号（+）或减号（-）表示无序列表。

图 6-7 所示的是截至目前用户指南的显示效果。

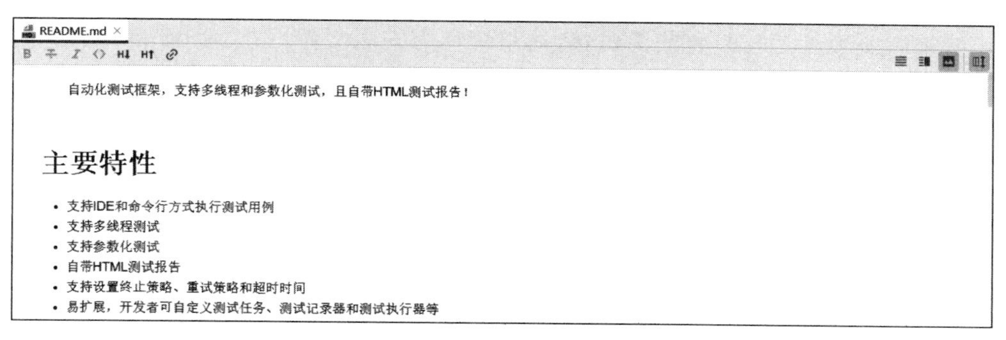

图 6-7 用户指南的显示效果

3. 安装

在使用 testauto 之前必须安装它，因此安装应该放在实操的第一步。由于 6.10 节会详细介绍 testauto 的打包和发布，因此本节假设 testauto 已经以.whl 和.tar.gz 格式被正确发布到了 PyPI 上。

说明

由于 PyPI 上 testauto 命名已经被占用，因此发布到 PyPI 上的应用名称为 test-auto。

应用程序一般分为在线安装和离线安装两种方式。

在 Python 中，当应用程序被发布到 PyPI 后，可以使用命令在线安装应用程序的最新版本，命令如下：

```
pip install app
```

如果要指定版本号，那么可以在应用程序名称后加上版本号，命令如下：

```
pip install app == X.X.X
```

Markdown 的内容如下：

~~~
# 安装

## 在线安装

  执行以下命令即可安装 testauto 的最新版本：

```
pip install test - auto
```

  如果需要安装指定版本，如安装 1.0.0 版本，则可执行以下命令：
~~~

```
...
pip install test-auto==1.0.0
...
```

在以上代码中，被反引号(`)包裹的内容会被Markdown识别为代码。

离线安装一般使用安装包或源码包，这里统称为安装文件，如果使用pip，安装包和源码包的安装方式是一样的，安装命令如下：

```
pip install filename.whl/filename.tar.gz
```

Markdown的内容如下：

```
## 离线安装

  如果已经下载了test_auto-X.X.X-py3-none-any.whl或test-auto-X.X.X.tar.
gz安装文件，那么可以使用离线安装方式安装testauto.
  你可以在PyPI的以下地址找到安装文件：

...
https://pypi.org/project/test-auto/#files
...

  或者在GitHub的以下地址找到安装文件：

...
https://github.com/lujiatao2/testauto/releases
...

  若使用test_auto-X.X.X-py3-none-any.whl安装文件，执行以下命令即可安装
testauto:

...
pip install path/to/test_auto-X.X.X-py3-none-any.whl
...

  若使用test-auto-X.X.X.tar.gz安装文件，执行以下命令即可安装testauto:

...
pip install path/to/test-auto-X.X.X.tar.gz
...
```

4. 第一个测试用例

这部分将介绍如何以最少的代码编写一个testauto测试用例，并执行它。

如果不计算空行的话，编写一个testauto测试用例最少需要4行代码，代码如下：

```
from testauto.case import TestCase


class TestCase01(TestCase):

    def test_case(self):
```

```
    ...
```

加上 IDE 执行的代码共计 7 行，代码如下：

```
from testauto import main
from testauto.case import TestCase


class TestCase01(TestCase):

    def test_case(self):
        ...


if __name__ == '__main__':
    main()
```

在用户指南中，除了写上以上示例代码，也建议显示执行结果，Markdown 的内容如下：

```
# 第一个测试用例

  来开始使用 testauto 编写第一个测试用例吧!

'''python
# case_for_doc.py
from testauto import main
from testauto.case import TestCase


class TestCase01(TestCase):

    def test_case(self):
        ...


if __name__ == '__main__':
    main()

...

  执行结果如下:

...
==========================================================================
执行总数:1
开始时间:2021-01-24 14:48:21 结束时间:2021-01-24 14:48:21 执行耗时:00 时 00 分 00 秒
--------------------------------------------------------------------------
执行结果        数量        百分比(%)
通过             1          100.0
失败             0          0.0
阻塞             0          0.0
超时             0          0.0
```

```
未执行              0              0.0
================================================================================
```

...

以上内容中以'''python 开头的部分表示这是一个 Python 代码块。

5. 各功能详解

鉴于各功能详解的内容很长，这里不打算将其完整内容放在本书中，只是介绍其中的关键部分，完整内容可以在 testauto 的 GitHub 中找到，地址详见前言二维码。

这里将写在用户指南中的各功能列表列了出来，仅供读者参考。

(1) 测试用例：介绍基本用法（继承 TestCase 抽象基类和实现 test_case()方法）、初始化和清理操作、测试用例属性。

(2) 测试任务：介绍添加和删除测试用例、添加和删除测试用例过滤器、过滤测试用例和清空测试任务。

(3) 测试用例执行：主要介绍命令行执行（IDE 执行基本已经分散在了其他章节中）。可列出帮助信息，由于帮助信息中已经将使用方法说明得很清楚了，因此不建议在用户指南中再对每个命令做详细演示。

(4) 多线程测试：框架亮点之一，需要突出其优点是提高测试效率。

(5) 参数化测试：框架亮点之一，需要突出其优点是减少代码冗余，提高测试用例的维护效率。

(6) 测试报告：尽可能演示不同测试结果在测试报告中的显示效果，并附上测试报告的截图。

(7) 其他：其他高级功能的介绍，包括终止策略、重试策略、超时时间和异常断言。

6.9.2 变更记录

变更记录有助于用户理解每个版本的改动点。在变更记录中，应该对不同类型的改动点进行归类。

(1) 缺陷修复：不涉及功能的增删改，仅做缺陷的修复。

(2) 新特性：新增特性。

(3) 弃用：删除已有特性。

(4) 优化：对已有特性进行优化。

如果版本号为 X.Y.Z（主版本号.次版本号.修订号）的格式，缺陷修复应该将 Z 增加 1，新特性和优化根据改动大小可将 X 或 Y 增加 1，而弃用通常建议将 X 增加 1。

说明

弃用通常代表着删除，因此是一种不能向前兼容的改动，而这种改动通常建议在主版本号变更时进行。因此小的新特性和优化时，应该保持 API 的向前兼容，因为它们只是涉及改动次版本号。

在编写本书时，笔者已经将 testauto 发布到了 PyPI 上，且已经有了两个缺陷修复版本，变更记录的内容如下：

```
# 1.0.2

## 缺陷修复

* 使用"最后重新执行测试代码"重试策略时，测试报告会重复计数

# 1.0.1

## 缺陷修复

* 无法通过路径增加测试用例
```

笔者将变更记录放在了 CHANGELOG.md 文件中。从以上内容可以看出，变更记录的顺序是倒序的，即最新的版本在最前面。

6.9.3 开源许可证书

开源许可证书用于申明应用程序的许可信息，不同许可证书的授权方式是有差异的，详细可参考 Choose a License 网站，地址详见前言二维码。

笔者对 testauto 采用了最宽松的 MIT 许可证书。为了让 GitHub 自动获取许可信息，可在工程的根目录新增 LICENSE 文件，内容如下：

```
Copyright (c) 2021 卢家涛

Permission is hereby granted, free of charge, to any person obtaining a copy
of this software and associated documentation files (the "Software"), to deal
in the Software without restriction, including without limitation the rights
to use, copy, modify, merge, publish, distribute, sublicense, and/or sell
copies of the Software, and to permit persons to whom the Software is
furnished to do so, subject to the following conditions:

The above copyright notice and this permission notice shall be included in all
copies or substantial portions of the Software.

THE SOFTWARE IS PROVIDED "AS IS", WITHOUT WARRANTY OF ANY KIND, EXPRESS OR
IMPLIED, INCLUDING BUT NOT LIMITED TO THE WARRANTIES OF MERCHANTABILITY,
FITNESS FOR A PARTICULAR PURPOSE AND NONINFRINGEMENT. IN NO EVENT SHALL THE
AUTHORS OR COPYRIGHT HOLDERS BE LIABLE FOR ANY CLAIM, DAMAGES OR OTHER
LIABILITY, WHETHER IN AN ACTION OF CONTRACT, TORT OR OTHERWISE, ARISING FROM,
OUT OF OR IN CONNECTION WITH THE SOFTWARE OR THE USE OR OTHER DEALINGS IN THE
SOFTWARE.
```

6.10 打包和发布

截至目前，所有的准备工作都已经准备完成。本节将介绍如何将 testauto 发布到 PyPI 上，以便公网用户可以下载和使用它。

6.10.1 打包

在 5.1.3 节中已经对打包进行了简单介绍，本节将会基于 testauto 介绍更多打包参数的配置。

在 testauto 工程中新增 setup.py 模块，代码如下：

```
from setuptools import setup

with open('README.md', 'r', encoding = 'UTF-8') as file:
    long_description = file.read()

setup(
    name = 'test-auto',
    version = '1.0.2',
    description = '自动化测试框架,支持多线程和参数化测试,且自带 HTML 测试报告!',
    long_description = long_description,
    long_description_content_type = 'text/markdown',
    author = '卢家涛',
    author_email = '522430860@qq.com',
    url = 'https://github.com/lujiatao2',
    packages = ['testauto', 'testauto_test'],
    license = "MIT",
    project_urls = {
        'Source': 'https://github.com/lujiatao2/testauto',
        'Changelog': 'https://github.com/lujiatao2/testauto/blob/master/CHANGELOG.md'
    },
    classifiers = [
        'Topic :: Software Development',
        'Topic :: Software Development :: Testing',
        'Topic :: Software Development :: Testing :: Unit',
        'Development Status :: 5 - Production/Stable',
        'License :: OSI Approved :: MIT License',
        'Programming Language :: Python',
        'Programming Language :: Python :: 3',
        'Programming Language :: Python :: 3.7',
        'Intended Audience :: Developers',
        'Natural Language :: Chinese (Simplified)'
    ]
)
```

现对以上 setup()函数的参数解释如下：

(1) name：应用程序的名称。在 PyPI 中，该应用程序的 URL 会被指定为 https://

pypi.org/project/test-auto/，并可使用 pip install test-auto 命令来安装它。

(2) version：应用程序的版本号。

(3) description：应用程序的简单描述。

(4) long_description：应用程序的详细描述。此处详细描述的内容来源于 6.9.1 节中编写的用户指南，即 README.md 文件。

(5) long_description_content_type：应用程序详细描述的内容类型。由于用户指南使用了 Markdown，因此类型为 text/markdown。

(6) author：作者姓名。

(7) author_email：作者电子邮箱。

(8) url：项目主页。

(9) packages：需要打包的目录。

(10) license：开源许可信息。

(11) project_urls：项目链接。此处只填写了源代码和变更记录的链接。在 PyPI 中，项目主页(url)也会被归类到项目链接下。

(12) classifiers：分类器。PyPI 将读取分类器的列表数据对应用程序进行分类，以上代码对 testauto 进行了主题、开发状态、许可信息、开发语言、目标用户和自然语言进行了分类。

由于 testauto 包含了用户指南需要用到的测试报告截图(PNG 文件)及 HTML 测试报告示例(HTML 文件)，这些都属于非 Python 文件。在默认情况下，非 Python 文件是不会被打包的，因此需要在项目根目录增加 MANIFEST.in 文件用于包含非 Python 文件，内容如下：

```
recursive-include testauto_test *.png testauto_test *.html
```

执行命令进行打包前校验，命令如下：

```
python setup.py check
```

执行命令安装 wheel 依赖，命令如下：

```
pip install wheel
```

执行命令将应用程序打包到工程的 dist 目录，命令如下：

```
python setup.py sdist bdist_wheel
```

执行完成后，工程的 dist 目录已经生成了 test_auto-1.0.2-py3-none-any.whl 和 test-auto-1.0.2.tar.gz 两个打包文件。

6.10.2　发布

执行命令安装 twine 依赖，命令如下：

```
pip install twine
```

执行命令将 testauto 发布到 PyPI，命令如下：

```
twine upload dist/*
```

发布完成后即可访问 PyPI 以查看 testauto，如图 6-8 所示。

图 6-8 testauto 的 PyPI 主页

项目链接（project_urls）和分类器（classifiers）的展示分别如图 6-9 和图 6-10 所示。

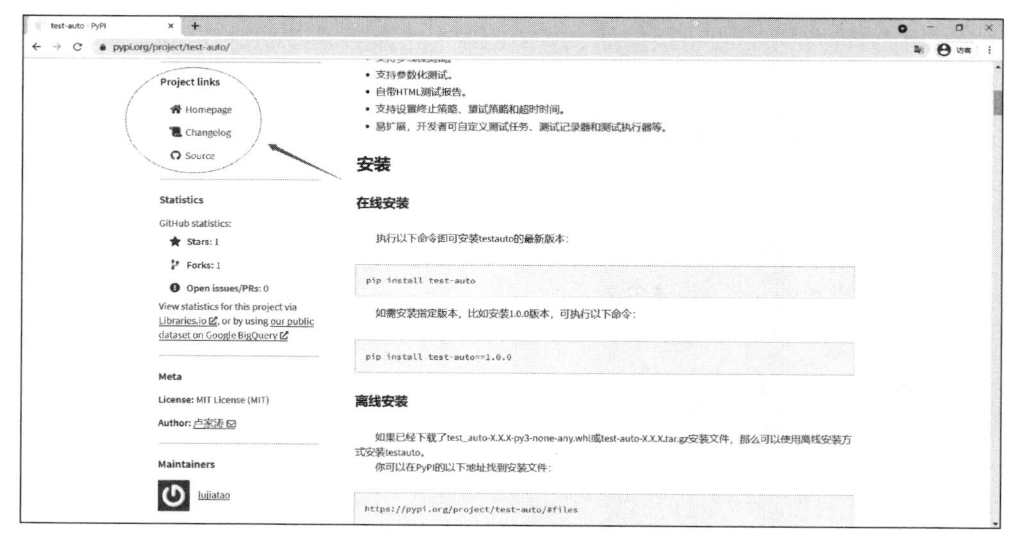

图 6-9 testauto 的项目链接

在本节的最后，将演示 testauto 的在线安装和使用。

切换到 mastering-test-automation-for-test 工程，执行命令安装 testauto，命令如下：

```
pip install test-auto
```

安装完成后，在 mastering-test-automation-for-test 工程中新增 use_testauto 包，并新增 use_testauto 模块，代码如下：

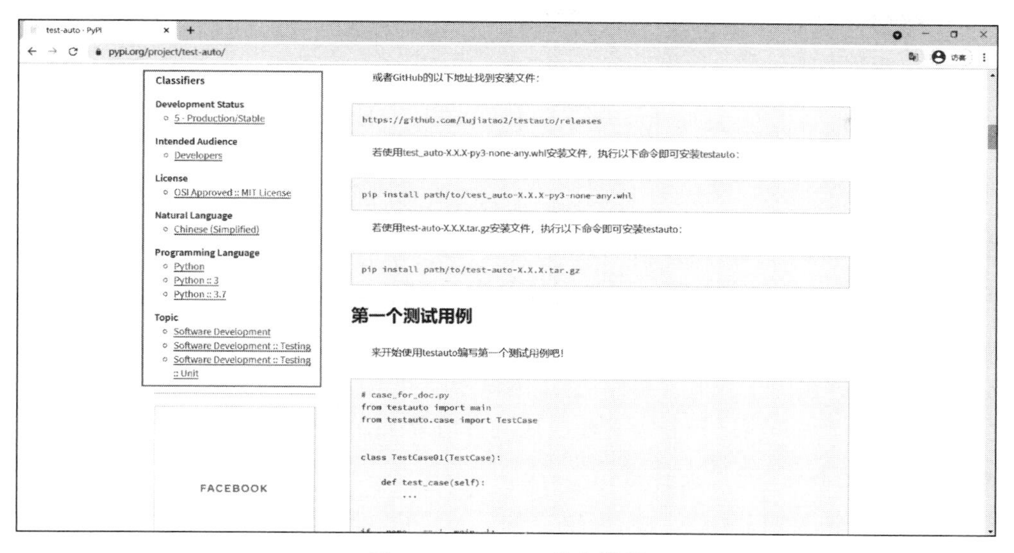

图 6-10 testauto 的分类器

```
from testauto import main
from testauto.case import TestCase


class MyTestCase(TestCase):

    def test_case(self):
        ...


if __name__ == '__main__':
    main()
```

执行以上测试代码，执行成功，因此说明 testauto 已经被正确安装和使用了。

6.11 优化建议

自从 1.0.0 版本发布以来，截止编写本书时，testauto 只迭代了两个缺陷修复版本，即 1.0.1 和 1.0.2。因此，目前 testauto 的整体功能只是达到了满足基本的使用要求，还有许多需要优化的地方如下。

1. 将测试记录器重构成测试报告

虽然测试记录器承担了测试记录的功能，但对于最终结果而言，其目的在于报告测试结果。因此无论从命名还是内部结构，都应该偏向于报告测试结果，而非记录测试结果。

2. 增加独立的日志功能

testauto 的当前版本并没有独立的日志功能，而是借助 util 模块的 Writer 类来实现日志的打印。一个测试框架，最好具备独立的日志功能，并能支持不同级别的日志输出模式。

3. 增加测试任务嵌套功能

目前，测试任务只能包含测试用例和测试用例过滤器。在实际项目中，测试场景可能是由其他子场景组合而成的，因此测试任务作为测试场景的抽象存在，应该支持嵌套功能。

4. 控制测试用例执行顺序

目前，测试用例的执行顺序是按照添加进测试任务的顺序确定的，在实际项目中，往往需要按照一定的顺序来执行测试用例，如需要按照测试用例等级的从高到低顺序来执行。

5. 增加测试模块和测试任务级别的初始化和清理操作

初始化和清理操作是自动化测试过程中不可或缺的部分，当前 testauto 的设计只考虑了测试用例级别的初始化和清理操作，缺少测试模块和测试任务级别的初始化和清理操作，导致不能在测试模块和测试任务级别轻松地进行前置条件和后置条件的设置。

6. 增强重试策略，使其支持重试 *N* 次

目前重试策略仅支持重试一次，可增加重试次数的定制功能，让用户想重试几次就重试几次。

7. 增强终止策略，使其支持失败 *N* 个测试用例或失败比例达到阈值时终止

目前终止策略仅支持在第一个测试用例/第一个 P0 测试用例失败时终止，可增加测试用例达到指定数量或指定比例（如 20%）时终止。

8. 重构异常断言函数为上下文管理器形式

由于 Python 语言的特殊性，其支持上下文管理器功能。可将异常断言函数重构为上下文管理器形式，可使代码更易读，使用起来也更加方便。

9. 优化自带的 HTML 测试报告

自带的 HTML 测试报告还比较简陋，还可以进一步优化，如增加饼图、详情筛选等功能。

10. 增加异常终止的处理能力

当前 testauto 的异常处理能力较弱，比如在命令行执行过程中按 Ctrl+C 组合键会直接抛出 KeyboardInterrupt 异常而终止测试，并没有测试结果和测试报告的输出。

第3部分　实战篇

第7章

项 目 实 战

本章将以 IMS 为例介绍接口自动化测试的项目实战。

7.1 搭建基础框架

视频讲解

在 mastering-test-automation 工程根目录新增 chapter_07 包用于存放本章的示例代码。

7.1.1 准备

首先需要选择单元测试框架。本章使用目前 Python 较流行的 pytest 作为单元测试框架。关于 pytest 的基础知识详见 2.3 节。

其次需要选择 HTTP 函数库。在 Python 中，Requests 是最流行的 HTTP 函数库，本章将使用 Requests 来对 IMS 的 HTTP 接口进行测试。关于 Requests 的基础知识详见 3.3 节。

最后需要选择一个测试报告。Allure 是目前流行的测试报告框架，本章将使用 Allure 来收集测试结果并生成测试报告。

由于 mastering-test-automation 工程在之前的章节已经安装了 pytest、Requests 和 allure-pytest，因此此处不再重复安装。

在 5.1.2 节中，笔者开发了 calculator_plugin 插件，为了不让其干扰本章的测试代码，需要在 chapter_07 包中新增 pytest.ini 配置文件，并在其中配置禁用 calculator_plugin 插件（-p no:calculator_plugin）。另外，笔者还在 pytest.ini 配置文件中配置了 Allure 的测试结果保存目录。pytest.ini 配置文件的完整内容如下：

```
[pytest]
addopts = -p no:calculator_plugin --alluredir allure_results
```

7.1.2 编写简单测试用例

首先，在 chapter_07 包中新增 test_ims 模块用于存放测试用例。

其次，编写一个测试函数 test_login()用于存放登录测试用例，代码如下：

```
from pytest import main


def test_login():
    ...


if __name__ == '__main__':
    main()
```

在编写登录测试用例之前，可以手动访问 IMS(网址详见前言二维码)，然后通过浏览器开发者工具查看登录的接口请求和响应，分别如图 7-1 和图 7-2 所示。

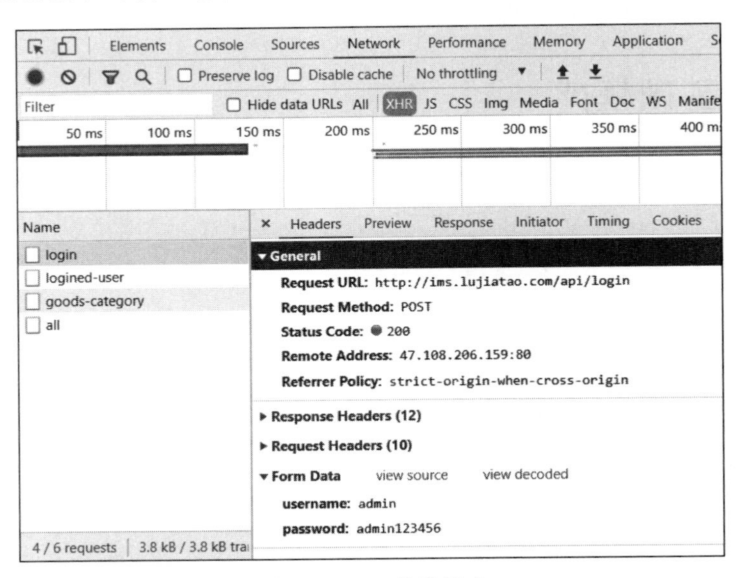

图 7-1　IMS 登录请求

从图 7-1 和图 7-2 可以看出，登录请求是一个 POST 请求，请求体使用了表单形式(Form Data)来构建。登录响应体是一个 JSON，code 为 0。

为此在 test_login()函数中新增登录请求，并通过断言响应体中的 code 来校验结果，新增后便完成了登录 IMS 的完整测试代码。

【例 7-1】 登录 IMS 的完整测试代码。

```
import requests
```

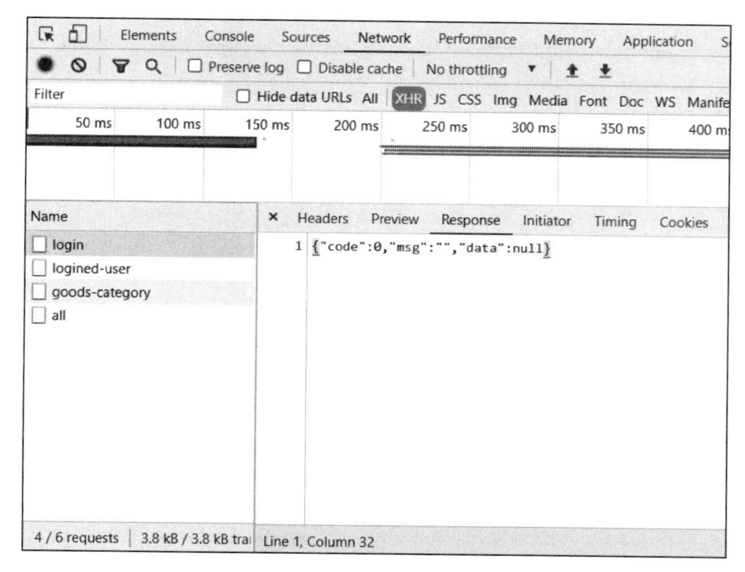

图 7-2　IMS 登录响应

```
from pytest import main


def test_login():
    body = {
        'username': 'admin',
        'password': 'admin123456'
    }
    response = requests.post('http://ims.lujiatao.com/api/login', data=body)
    assert response.json()['code'] == 0


if __name__ == '__main__':
    main()
```

执行以上测试代码后，chapter_07 包中会生成一个 allure_results 目录，其中存放的是 Allure 收集的测试结果。接着使用 Allure 命令行工具(关于 Allure 命令行工具详见 2.3.12 节)生成测试报告，命令如下：

```
allure serve chapter_07\allure_results
```

除了测试登录功能，还可测试入库功能，大致步骤是“登录”→“查询物品入库前库存”→“入库”→“查询物品入库后库存”→“校验库存是否增加”。为此新增一个测试函数 test_in_warehouse()来对 Mac Pro 执行入库操作，代码如下：

```
def test_in_warehouse():
    # 登录
    body = {
        'username': 'admin',
        'password': 'admin123456'
```

```
    }
    response = requests.post('http://ims.lujiatao.com/api/login', data=body)
    cookie = response.cookies
    # 查询物品入库前库存
    params = {
        'goodsCategoryId': 2,
        'brand': 'Apple',
        'model': 'Mac Pro',
    }
    response = requests.get('http://ims.lujiatao.com/api/goods/search', params=params,
cookies=cookie)
    old_count = response.json()['data'][2][0]['count']
    # 入库
    body = {
        'count': 1,
        'id': 21
    }
    requests.put('http://ims.lujiatao.com/api/goods', json=body, cookies=cookie)
    # 查询物品入库后库存
    response = requests.get('http://ims.lujiatao.com/api/goods/search', params=params,
cookies=cookie)
    new_count = response.json()['data'][2][0]['count']
    # 校验库存是否增加
    assert new_count == old_count + 1
```

以上代码中的请求入参和响应数据仍然可以通过浏览器开发者工具查看，在此不再赘述。

对比 test_login()函数，test_in_warehouse()函数复杂了很多，因为此处完全是从手工测试角度考虑，一步一步以“线性化”的方式来组织测试用例，其类似于使用测试工具直接录制生成的测试代码。

7.1.3 如何优化测试用例

当以“线性化”方式组织测试用例后，对于较为复杂的测试场景，测试代码看上去会非常臃肿，那么如何优化测试用例呢？

1. 分层

对 IMS 的所有操作都必须建立在已登录的条件下，如果每个测试用例都编写登录代码，那么将产生大量的重复代码。以 test_login()和 test_in_warehouse()函数为例，其中的登录代码就是它们的重复部分。当登录逻辑发生改变（比如增加验证码）时，需要修改所有包含登录逻辑的测试用例。这样造成的后果就是代码复用率低、维护工作量大。为此需要将测试代码进行分层，将公共部分封装成可复用部分，详见 7.2 节和 7.3 节。

2. 解耦

test_login()和 test_in_warehouse()函数中的测试数据被硬编码在了代码中，如果换一个用户或换一个测试环境（即换一个域名、IP 地址或端口号）都需要修改代码来做适配，因

此数据耦合也不利于测试用例的维护。关于数据解耦详见7.4节。

除了分层和解耦，本章余下部分还将介绍自动化测试实战中另外两个常见主题，即关键字驱动测试和使用第三方断言函数库。前者是为了让不懂编程语言的人员可以参与编写自动化测试用例，详见7.5节；后者是为了更直观地描述断言，详见7.6节。

7.2　使用模块化

视频讲解

模块化即将测试代码中的公共部分剥离出来，以供其他测试代码调用。被剥离的公共部分可以单独维护，这样可以极大地降低维护工作量。

7.2.1　将公共部分封装为函数

以test_login()和test_in_warehouse()函数为例，可以将登录单独剥离出来，即单独封装成一个函数。为此新增login()函数，代码如下：

```
def login():
    body = {
        'username': 'admin',
        'password': 'admin123456'
    }
    return requests.post('http://ims.lujiatao.com/api/login', data = body)
```

以上代码将登录后的响应作为返回值返回给了函数调用者。

有了login()函数后，便可以重构test_login()和test_in_warehouse()函数，删除其中的重复冗余代码，重构后的test_login()和test_in_warehouse()函数代码如下：

```
def test_login():
    response = login()
    assert response.json()['code'] == 0


def test_in_warehouse():
    # 登录
    response = login()
    cookie = response.cookies
    # 查询物品入库前库存
    # 省略其他代码
```

7.2.2　参数化可变代码

login()函数虽然将公共部分封装了起来，但其复用性并不高，因为它将用户名和密码硬编码在了代码中，因此只能使用admin账户登录。更好的方式是将用户名和密码作为参数来传递，重构后的login()函数代码如下：

```
def login(username, password):
    body = {
        'username': username,
```

```
        'password': password
    }
    return requests.post('http://ims.lujiatao.com/api/login', data=body)
```

对应的 test_login()和 test_in_warehouse()函数也需要修改其调用方式，修改后的代码如下：

```
def test_login():
    response = login('admin', 'admin123456')
    assert response.json()['code'] == 0


def test_in_warehouse():
    # 登录
    response = login('admin', 'admin123456')
    cookie = response.cookies
    # 查询物品入库前库存
    # 省略其他代码
```

此时的 login()函数支持传入不同账户来实现登录的操作。

7.2.3 将公共部分存放到独立模块

由于 test_ims 模块本身是用于存放测试用例的，将公共部分放在测试用例当中显然是不合适的，因为如果有另一个测试用例模块需要调用公共部分，那么必须导入 test_ims 模块中的 login()函数才能达到代码复用的目的，这种方式增加了测试用例之间的耦合性。

为此，笔者在 chapter_07 包中新增 common_module 模块，并将 login()函数移到 common_module 中。

【例 7-2】 将公共部分存放到独立模块。

```
import requests


def login(username, password):
    body = {
        'username': username,
        'password': password
    }
    return requests.post('http://ims.lujiatao.com/api/login', data=body)
```

接着，在 test_ims 中新增一条导入语句即可，代码如下：

```
from chapter_07.common_module import login
```

使用同样思路可以将查询物品库存和入库也封装成函数存放在 common_module 模块中，代码如下：

```
def get_goods_inventory(goods_category_id, brand, model, cookie):
    params = {
```

```
            'goodsCategoryId': goods_category_id,
            'brand': brand,
            'model': model,
        }
        response = requests.get('http://ims.lujiatao.com/api/goods/search', params = params,
cookies = cookie)
        return response.json()['data'][2][0]['count']


def in_warehouse(count, id, cookie):
    body = {
        'count': count,
        'id': id
    }
    requests.put('http://ims.lujiatao.com/api/goods', json = body, cookies = cookie)
```

接着在 test_ims 模块导入 get_goods_inventory()和 in_warehouse()函数，并重构 test_in_warehouse()函数，重构后的代码如下：

```
def test_in_warehouse():
    # 登录
    response = login('admin', 'admin123456')
    cookie = response.cookies
    # 查询物品入库前库存
    old_count = get_goods_inventory(2, 'Apple', 'Mac Pro', cookie)
    # 入库
    in_warehouse(1, 21, cookie)
    # 查询物品入库后库存
    new_count = get_goods_inventory(2, 'Apple', 'Mac Pro', cookie)
    # 校验库存是否增加
    assert new_count == old_count + 1
```

7.2.4 进一步优化

结合 2.3.3 节和 3.3.5 节的知识，可以在一个测试模块的所有测试用例中使用同一会话，以此减少因建立会话而产生的开销，提高测试代码的执行效率。

先在 test_ims 模块中新增初始化和清理操作，代码如下：

```
@pytest.fixture(scope = 'module')
def session():
    session = Session()
    yield session
    session.close()
```

以上代码使用了 pytest 的 fixture 来提供初始化和清理操作，此处将 fixture 作用范围设置为模块级别，以便在同一个模块中共用该会话。

要使用以上代码，还需要添加导入语句，代码如下：

```
import pytest
```

```
from requests import Session
```

接着需要修改 test_login()函数，增加会话相关参数，代码如下：

```
def test_login(session):
    response = login('admin', 'admin123456', session)
    assert response.json()['code'] == 0
```

test_in_warehouse()函数也需要做相应修改，修改后的代码如下：

```
def test_in_warehouse(session):
    # 登录
    login('admin', 'admin123456', session)
    # 查询物品入库前库存
    old_count = get_goods_inventory(2, 'Apple', 'Mac Pro', session)
    # 入库
    in_warehouse(1, 21, session)
    # 查询物品入库后库存
    new_count = get_goods_inventory(2, 'Apple', 'Mac Pro', session)
    # 校验库存是否增加
    assert new_count == old_count + 1
```

从以上代码可以看出，之前需要手动传递 Cookie 的地方已经被修改为传递会话了。

为了配合使用会话，common_module 模块中的代码当然也要做相应改动，改动后的代码如下：

```
def login(username, password, session):
    # 省略其他代码
    return session.post('http://ims.lujiatao.com/api/login', data=body)


def get_goods_inventory(goods_category_id, brand, model, session):
    # 省略其他代码
    response = session.get('http://ims.lujiatao.com/api/goods/search', params=params)
    return response.json()['data'][2][0]['count']


def in_warehouse(count, id, session):
    # 省略其他代码
    session.put('http://ims.lujiatao.com/api/goods', json=body)
```

如果 chapter_07 包中有多个测试模块，并希望共用一个会话，结合 2.3.9 节的知识，可以将会话用于包级别共享，即将 test_ims 中的 fixture 移到 conftest 模块中，并将范围改成包级别。

【例 7-3】 在包级别共享会话。

```
import pytest
from requests import Session


@pytest.fixture(scope='package')
```

```
def session():
    session = Session()
    yield session
    session.close()
```

最后重新执行 test_ims 中的测试代码，测试结果仍然为通过，因此证明以上重构正确且生效了。

本节使用了模块化对测试代码进行了分层，可以将测试代码总结为分成了3层。

(1) 公共逻辑层：公共函数/方法的封装，该部分代码与具体业务无关，适用于所有项目。对应本节的 conftest 模块。

(2) 业务逻辑层：业务函数/方法的封装，该部分代码与具体业务有关，仅适用于当前项目。对应本节的 common_module 模块。

(3) 测试用例层：具体的测试用例。对应本节的 test_ims 模块。

如果对于大型的测试项目，一个项目可能包含多个大模块，而一个大模块又包含多个小模块。这种情况下建议采用更精细化的测试代码分层策略，比如将业务逻辑层再进行细分。

(1) 项目级业务逻辑层：适用于当前测试项目，在多个大模块中复用。

(2) 模块级业务逻辑层：适用于当前大模块，在多个小模块中复用。

(3) 用例级业务逻辑层：适用于当前小模块，在多个测试用例中复用。

通过以上这种精细化分层方式后，整个大型测试项目的测试用例层次结构更为合理和清晰。不过这里笔者只是列举一种精细化分层策略，读者应该结合项目的实际情况来使用适合自己当前项目的分层策略，切忌生搬硬套。

7.3 使用函数库

视频讲解

使用模块化在一定程度上提高了代码复用率、降低了维护工作量。但是当待测系统很庞大，比如被分成了若干个微服务，甚至若干个微服务集群，如果仍然将测试代码放在同一个测试工程，就会造成测试工程的结构过于复杂，且对其中的权限也很难控制。针对这种情况，一种常见的解决方案是将一个大的测试工程拆成较小的多个测试工程，拆分后的每个测试工程代表一个产品线或部门，该产品线或部门下的每个测试项目即为该测试工程下的一个 Python 包。

由于公共逻辑层和业务逻辑层是可以被多个测试用例共享的，当测试代码被拆分到多个测试工程后，这些公共部分如何在不同测试工程之间共享呢？有人可能会说直接复制就行了，的确这是一种解决方式，但并不是最好的。假设一个测试工程需要依赖多个公共逻辑层和业务逻辑层的封装，并且公共逻辑层和业务逻辑层的代码还在不停地变更，这样通过复制的方式就很难保证依赖的完整性和时效性。更好的方式是将可跨工程共享的代码单独打包供其他工程引入和使用，这些被单独打成包的代码称之为函数库，也被称为依赖包、SDK 等。

7.3.1 搭建 Python 私有仓库

对于 Python 而言，PyPI 是最著名的存放函数库的公共仓库，使用 pip 安装第三方依赖包时默认是从 PyPI 下载的。但对于公司内部而言，在不同项目之间共享的代码并不希望放在公共仓库，因此需要使用私有仓库。

在本节中将介绍一个流行且简单的 Python 私有仓库 pypiserver 的部署。此处提供了两种部署方式，读者可根据实际情况选择其中一种方式部署即可。

1. 使用 Docker 方式部署

假设读者已经按照附录 A.1 节搭建好了 Docker 环境。

执行 Docker 命令即可启动 pypiserver 服务，命令如下：

```
docker run -p 8085:8080 -v /opt/pypiserver/packages:/data/packages pypiserver/pypiserver:
v1.4.2 -P . -a .
```

以上命令将 pypiserver 服务的 8080 端口映射到宿主机的 8085 端口，并将依赖包的存放路径/data/packages 映射到宿主机的/opt/pypiserver/packages 路径。读者可根据实际情况修改端口号和依赖包路径。出于简便考虑，笔者还使用了-P . -a . 命令用于关闭 pypiserver 服务器的身份认证。

此时可以访问网址（详见前言二维码）查看 pypiserver，如图 7-3 所示。

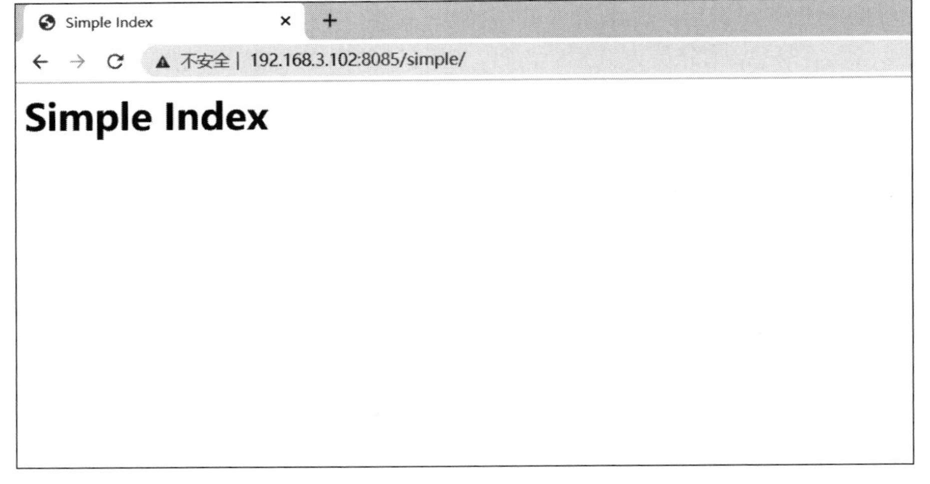

图 7-3 未上传依赖包的 pypiserver

图 7-3 所示中的 192.168.3.102 为笔者的 Docker 宿主机 IP 地址，读者需根据实际情况进行替换。由于还没有上传依赖包，因此图 7-3 中显示的内容没有任何依赖包。

2. 使用传统方式部署

如果使用传统方式部署，以本地 Windows 计算机为例。首先，执行命令安装 pypiserver，命令如下：

```
pip install pypiserver
```

接着，创建依赖包目录，命令如下：

```
mkdir E:\Other\pypiserver
```

以上命令中，E:\Other\pypiserver 为笔者的依赖包存放路径，读者可根据实际情况

修改。

最后，启动 pypiserver 服务器，命令如下：

```
pypi-server -P . -a . -p 8085 E:\Other\pypiserver &
```

以上命令中，8085 为笔者的 pypiserver 服务端口号，读者可根据实际情况修改。

此时可以访问网址（详见前言二维码），显示结果与图 7-3 所示的一致。

7.3.2 发布函数库

编写函数库的测试人员需要将函数库发布到 Python 私有仓库，以便其他测试人员使用。笔者以发布 common_module 模块为例介绍函数库的发布。

1. 打包 common_module 模块

在 chapter_07 包中新增 setup 模块，该模块中存放打包所需的配置信息。

【例 7-4】 打包所需的配置信息。

```
from setuptools import setup

setup(
    name='ims-business-logic',
    version='1.0.0',
    description='IMS 业务逻辑层',
    author='卢家涛',
    author_email='522430860@qq.com',
    url='https://github.com/lujiatao2',
    py_modules=['chapter_07.common_module']
)
```

以上代码将函数库命名为 ims-business-logic，并通过 py_modules 参数指定待打包的模块为 common_module。

接着，执行命令进行打包前校验，命令如下：

```
python chapter_07\setup.py check
```

执行命令将应用程序打包到工程的 dist 目录，命令如下：

```
python chapter_07\setup.pysdist bdist_wheel
```

执行完成后，工程的 dist 目录已经生成了 ims_business_logic-1.0.0-py3-none-any.whl 和 ims-business-logic-1.0.0.tar.gz 两个打包文件。

2. 发布 common_module 模块

执行命令将 ims-business-logic 发布到 Python 私有仓库 pypiserver，命令如下：

```
twine upload --repository-url http://192.168.3.102:8085 dist/*
```

发布完成后即可访问 pypiserver 查看 ims-business-logic，如图 7-4 所示。

单击 ims-business-logic 链接，可以看到里面有两个安装包，如图 7-5 所示。

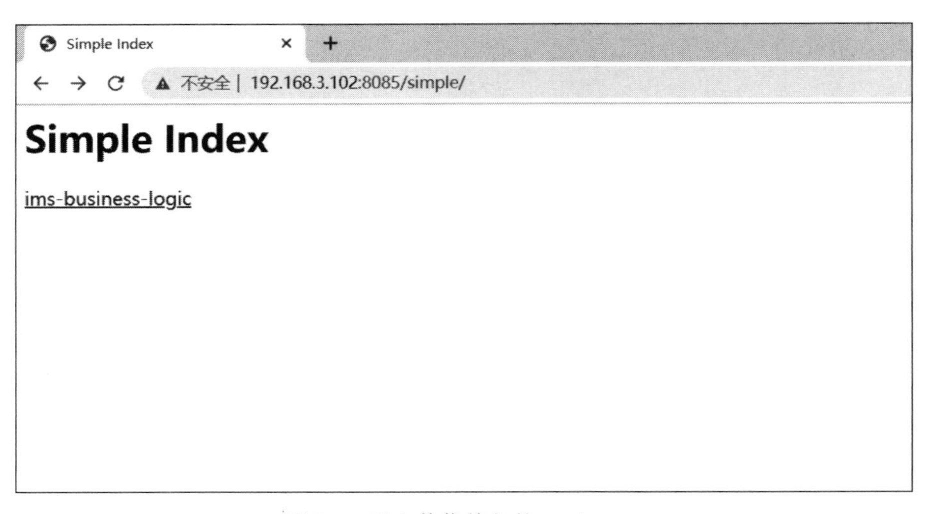

图 7-4　已上传依赖包的 pypiserver

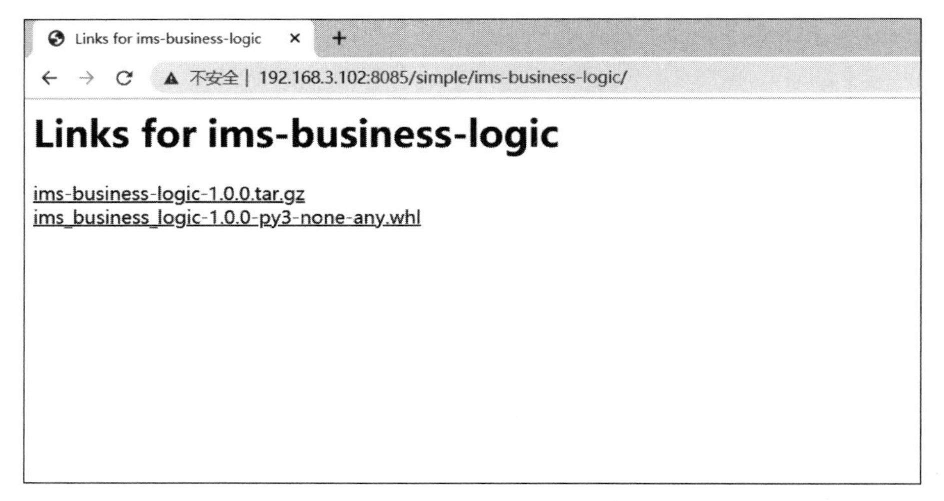

图 7-5　ims-business-logic 的安装包

7.3.3　使用函数库

首先，切换到 mastering-test-automation-for-test 工程，假设该工程需要依赖 ims-business-logic，那么在 mastering-test-automation-for-test 工程的 Terminal 控制台执行命令即可安装 ims-business-logic，命令如下：

```
pip install --index-url http://192.168.3.102:8085/simple/ --trusted-host 192.168.3.102
ims-business-logic
```

由于 pypiserver 没有使用 HTTPS，因此需要使用--trusted-host 192.168.3.102 命令以信任服务器，否则无法下载依赖包。

新增 use_ims_business_logic 包，并将 mastering-test-automation 工程 chapter_07 包中

的 test_ims、conftest 和 pytest.ini 文件复制到 use_ims_business_logic 包中。

由于 mastering-test-automation-for-test 工程并未使用 Allure 测试报告，因此需要删除 pytest.ini 文件中的--alluredir allure_results 配置。另外还需要在工程中安装 Requests。

最后，执行 test_ims 模块中的测试代码，执行结果为通过，因此说明 ims-business-logic 依赖包已经被正确安装和使用了。

7.4　使用数据驱动测试

视频讲解

数据驱动测试(Data-Driven Testing，DDT)是一种将测试数据和测试用例分开的测试实践。在自动化测试中，通常使用自动化测试框架的参数化功能，再配合数据源实现数据驱动测试。关于参数化测试，详见 2.2.8 节和 2.3.7 节，它们分别介绍了 unittest 和 pytest 的参数化测试。本节将以 pytest 为例，介绍使用不同的数据源作为测试数据的载体。

7.4.1　使用 CSV 作为数据源

CSV(Comma-Separated Values，逗号分隔值)文件以 csv 为文件后缀名，在数据驱动测试领域使用非常广泛，比如 JUnit 的@CsvFileSource 注解、JMeter 配置元件中的 CSV 数据文件设置等。

在 Python 标准库中，内置了一个 csv 模块用于处理 CSV 文件，因此不需要再安装第三方依赖包。

先在 chapter_07 包中新增 data_source_util 模块，并在其中新增一个读取 CSV 文件的 read_csv()函数，代码如下：

```
from csv import reader


def read_csv(file_path):
    result = [ ]
    with open(file_path, encoding = 'UTF - 8') as file:
        for row in reader(file):
            result.append([str(data).strip() for data in row])
    return result
```

read_csv()函数的代码很简单，直接将 CSV 文件按行读取，并将空格去掉，最后放到一个新列表中返回给调用者。

假设现在要测试多个用户登录，在 chapter_07 中新增 test-data.csv 文件，将用户名和密码放在该文件中，文件内容如下：

```
username,password
admin,admin123456
user,user123456
```

接着修改 test_login()函数，并新增读取测试数据的代码，代码如下：

```
test_data = read_csv('test - data.csv')
```

```
@pytest.mark.parametrize(test_data[0], test_data[1:])
def test_login(session, username, password):
    response = login(username, password, session)
    assert response.json()['code'] == 0
```

在2.3.7节中@pytest.mark.parametrize装饰器的传参是元组（作为参数名）及元素为元组的列表（作为参数值），实际上@pytest.mark.parametrize装饰器的参数还可以支持其他可迭代对象，比如本节就使用了列表（作为参数名）及元素为列表的列表（作为参数值）。

如果要执行以上代码，还需要添加导入语句，代码如下：

```
import pytest
from chapter_07.data_source_util import read_csv
```

以上提到的test-data.csv文件的第一行（标题）表示参数名，其余行表示参数值。但有时CSV文件没有标题，这时就需要显式在@pytest.mark.parametrize装饰器中手动添加参数名了。

7.4.2 使用Excel作为数据源

Excel是常用的电子表格，以.xlsx或.xls作为文件后缀。在本节中使用著名的第三方函数库openpyxl和xlrd来读取Excel中的测试数据。执行命令来安装openpyxl：

```
pip install openpyxl
```

openpyxl只能读取.xlsx格式的Excel文件。

执行命令安装xlrd，命令如下：

```
pip install xlrd
```

xlrd只能读取.xls格式的Excel文件。

接着，在data_source_util模块中新增读取Excel文件的read_excel()函数，代码如下：

```
def read_excel(file_path, sheet_name = 'Sheet1'):
    result = []
    if file_path.endswith('.xlsx'):
        excel_reader = load_workbook(file_path)
        sheet = excel_reader[sheet_name]
        for row_num in range(1, sheet.max_row + 1):
            row = []
            for col_num in range(1, sheet.max_column + 1):
                row.append(sheet.cell(row_num, col_num).value)
            result.append(row)
    else:
        excel_reader = open_workbook(file_path)
        sheet = excel_reader.sheet_by_name(sheet_name)
        for row_num in range(sheet.nrows):
            result.append(sheet.row_values(row_num))
    return result
```

从以上代码可以看出，由于需要兼容.xlsx和.xls两种后缀的Excel文件，read_excel()函数对文件后缀作了判断，如果是以.xlsx作为后缀的Excel文件，就使用openpyxl，否则使用xlrd。对比openpyxl和xlrd可以看出，前者API更为复杂，获取一行数据需要使用行号和列号；而后者只需要行号即可。默认读取的Sheet是Sheet1。

在使用以上代码之前，还需要添加导入语句，代码如下：

```
from openpyxl import load_workbook
from xlrd import open_workbook
```

新增Excel文件test-data.xlsx，其内容如图7-6所示。

username	password
admin	admin123456
user	user123456

图7-6 Excel文件内容

将test_ims模块的read_csv()函数改成read_excel()函数，代码如下：

```
read_excel('test-data.xlsx')
```

最后添加导入语句，代码如下：

```
from chapter_07.data_source_util import read_excel
```

重新执行test_login()测试函数，测试通过，说明读取Excel文件成功。

如果使用后缀为.xls的Excel文件，结果是一样的，读者可自行试验。

7.4.3 使用Properties作为数据源

Properties是常用的配置文件，以properties后缀结尾。虽然Python标准库没有提供读取Properties文件的API，但是可以简单地封装一个。

先在data_source_util类中新增读取Properties文件的read_properties()函数，代码如下：

```
def read_properties(file_path, key=''):
    with open(file_path, encoding='UTF-8') as file:
        datas = {}
        for line in file:
            if line.find('=') > 0:
                strs = line.replace('\n', '').split('=')
                datas[strs[0]] = strs[1]
    return datas if key == '' else datas[key]
```

以上代码将Properties文件以普通文件来读取，然后根据等号(=)来分隔键和值，并把键和值存在一个字典中。当调用方不传入键或传入空字符串作为键时返回整个字典，否则返回指定键的值。

由于Properties一般用于配置文件，因此很适合存放测试项目的配置。在common_module模块中，多个函数都会发送HTTP请求，且请求的URL前缀是一致的，因此可以将URL前缀作为配置数据来参数化。

新增test-data.properties文件，将URL前缀放在其中，文件内容如下：

```
base.url=http://ims.lujiatao.com/api
```

最后修改 common_module 模块，修改后的代码如下：

```
from chapter_07.data_source_util import read_properties

base_url = read_properties('test-data.properties', 'base.url')


def login(username, password, session):
    # 省略其他代码
    return session.post(f'{base_url}/login', data=body)


def get_goods_inventory(goods_category_id, brand, model, session):
    # 省略其他代码
    response = session.get(f'{base_url}/goods/search', params=params)
    return response.json()['data'][2][0]['count']


def in_warehouse(count, id, session):
    # 省略其他代码
    session.put(f'{base_url}/goods', json=body)
```

以上代码的改动点非常清晰，就是定义一个模块级变量用于读取 Properties 文件的 URL 前缀，然后将所有函数中的 URL 前缀都使用该变量来替换即可，这样当 URL 前缀变化时可以只改动一行代码。

重新执行测试代码，测试通过，说明读取 Properties 文件成功。

7.4.4 使用 YAML 作为数据源

YAML(YAML Ain't Markup Language，YAML 不是一种标记语言)文件比 Properties 文件语法更简洁，它也常被用于配置文件中，其文件后缀以.yaml 或.yml 结尾。

PyYAML 是 Python 中读取 YAML 文件的常用函数库，执行命令即可安装 PyYAML，命令如下：

```
pip install PyYAML
```

接着在 data_source_util 类中新增读取 YAML 文件的 read_yaml()函数，代码如下：

```
def read_yaml(file_path, *keys):
    with open(file_path, encoding='UTF-8') as file:
        datas = load(file, Loader=CLoader)
        for key in keys:
            datas = datas[key]
    return datas
```

以上代码将 YAML 文件读取后，根据传入的键来获取值。当调用方不传入键时返回加载 YAML 文件后的全部数据。此处加载器使用了 PyYAML 中的 CLoader，这是官方的推荐用法。

使用以上代码之前，还需要添加导入语句，代码如下：

```
from yaml import load, CLoader
```

新增 test-data.yaml 文件，将 URL 前缀放在其中，文件内容如下：

```
base:
  url: http://ims.lujiatao.com/api
```

将 common_module 模块的 read_properties()函数改成 read_yaml()函数，代码如下：

```
read_yaml('test-data.yaml', 'base', 'url')
```

重新执行测试代码，测试仍然为通过，说明读取 YAML 文件成功。

读者可自行使用后缀为.yml 的 YAML 文件进行测试，使用效果保持一致。

7.4.5　使用数据库作为数据源

数据库是数据持久化的常用方式。因此在数据驱动测试中，可以将测试数据存储在数据库中，当需要使用测试数据时，从数据库读取即可。笔者将在本节中以 MySQL 数据库为例介绍使用数据库作为数据源。

PyMySQL 函数库是 MySQL 数据库的常用驱动程序。由于 2.4.5 节中已经安装了 PyMySQL，此处不再重复安装。

为了方便操作 MySQL 数据库，应先创建一个 MySQL 客户端模块 mysql_client。

【例 7-5】 创建一个 MySQL 客户端模块。

```
import collections
from typing import List, OrderedDict

from pymysql import connect


class MySQLClient:

    def __init__(self, host = 'localhost', port = 3306, user = 'root', password = '', database
= 'mysql'):
        self.host = host
        self.port = port
        self.user = user
        self.password = password
        self.database = database
        self.connection = None
        self.cursor = None

    def connect(self):
        """
        建立会话
        :return:
        """
```

```
        try:
            self.connection = connect(host = self.host, port = self.port, user = self.user,
password = self.password,
                                      database = self.database)
            self.cursor = self.connection.cursor()
        except Exception as e:
            raise RuntimeError(f'连接数据库失败:{e}')

    def disconnect(self):
        """
        断开会话
        :return:
        """
        try:
            if self.cursor is not None:
                self.cursor.close()
                self.cursor = None
            if self.connection is not None:
                self.connection.close()
                self.connection = None
        except Exception as e:
            raise RuntimeError(f'关闭数据库失败:{e}')

    def select(self, sql):
        """
        查询数据,执行后自动断开会话
        :param sql: 查询数据的 SQL
        :return:
        """
        return self._select(sql, True)

    def select_keep_connect(self, sql):
        """
        查询数据,执行后不自动断开会话
        :param sql: 查询数据的 SQL
        :return:
        """
        return self._select(sql, False)

    def _select(self, sql, auto_disconnect) -> List[OrderedDict]:
        """
        查询数据
        :param sql: 查询数据的 SQL
        :param auto_disconnect: 是否自动断开会话
        :return:
        """
        try:
            self.cursor.execute(sql)
            result = [ ]
            for row in self.cursor:
                tmp = collections.OrderedDict()
```

```
                for index, cell in enumerate(row):
                    tmp[self.cursor.description[index][0]] = cell
                result.append(tmp)
            return result
        except Exception as e:
            raise RuntimeError(f'查询数据失败:{e}')
        finally:
            if auto_disconnect:
                self.disconnect()

    def insert_update_delete(self, sql):
        """
        增、删、改数据,执行后自动断开会话
        :param sql: 插入、更新或删除数据的 SQL
        :return:
        """
        return self._insert_update_delete(sql, True)

    def insert_update_delete_keep_connect(self, sql):
        """
        增、删、改数据,执行后不自动断开会话
        :param sql: 插入、更新或删除数据的 SQL
        :return:
        """
        return self._insert_update_delete(sql, False)

    def _insert_update_delete(self, sql, auto_disconnect):
        """
        增、删、改数据
        :param sql: 插入、更新或删除数据的 SQL
        :param auto_disconnect: 是否自动断开会话
        :return:
        """
        try:
            self.cursor.execute(sql)
            self.connection.commit()
        except Exception as e:
            try:
                self.connection.rollback()
            except Exception as e2:
                raise RuntimeError(f'回滚数据失败:{e2}')
            raise RuntimeError(f'增、删、改数据失败:{e}')
        finally:
            if auto_disconnect:
                self.disconnect()
```

以上代码比较长,因此笔者给每个方法都添加了文档注释。为了减少连接数据库的开销,这里将断开连接封装成了 disconnect()方法,并在执行增加、删除、修改和查询数据的操作后,根据用户的期望实现保持连接[select_keep_connect()和 insert_update_delete_keep_connect()方法]或关闭连接[select()和 insert_update_delete()方法]。

mysql_client 模块的作用是作为一个简单的 MySQL 数据库通用客户端操作模块，可对 MySQL 数据库进行建立会话、断开会话、查询数据和修改数据等操作。由于对 MySQL 数据库的操作是非常普遍的，因此该模块的作用不仅限于数据驱动测试，还可以用于其他需操作 MySQL 数据库的场景。鉴于 mysql_client 模块的通用性，它不可能提供定制化的功能(即返回 List[List[object]]类型的数据)，因此需要一个"翻译"将数据库的返回数据类型从 List[OrderedDict]转换为 List[List[object]]。为此在 dada_source_util 模块中新增读取数据库数据的 read_db()函数，代码如下：

```
def read_db(host, port, user, password, database, sql):
    result = [ ]
    client = MySQLClient(host, port, user, password, database)
    client.connect()
    datas = client.select(sql)
    params = [ ]
    for key in datas[0].keys():
        params.append(key)
    result.append(params)
    for data in datas:
        values = [ ]
        for value in data.values():
            values.append(value)
        result.append(values)
    return result
```

由于每个 OrderedDict 对象实际上表示一行记录，键表示字段名称，值表示对应到该行的字段值，因此以上代码取第一个 OrderedDict 对象的键作为字段名称即可。

在使用以上代码之前，还需要添加导入语句，代码如下：

```
from chapter_07.mysql_client import MySQLClient
```

接着创建一个名为 mastering_test_automation 的 MySQL 数据库，再执行 SQL 语句初始化测试数据，SQL 语句如下：

```
CREATE TABLE test_data (
username VARCHAR ( 128 ) NOT NULL,
password VARCHAR ( 128 ) NOT NULL
);

INSERT INTO test_data
VALUES
    ( 'admin', 'admin123456' ),
    ('user','user123456');
```

将 test_ims 模块的 read_excel()函数改成 read_db()函数，代码如下：

```
read_db('192.168.3.102', 10002, 'root', 'root123456', 'mastering_test_automation', 'SELECT
 * FROM test_data')
```

以上代码的 IP、端口、用户名和密码为笔者搭建的 MySQL 数据库，读者需要根据实际情况进行替换。

重新执行测试代码,测试通过,说明读取 MySQL 数据库的数据成功。

本节共介绍了 5 种数据源,那么每种数据源适合哪种场景使用呢?

(1) 测试数据的存放:推荐使用 CSV 或 Excel 作为数据源。

(2) 配置数据的存放:推荐使用 Properties 或 YAML 作为数据源。

(3) 跨项目共享测试数据或配置数据:推荐使用数据库作为数据源。

当然,除了本节介绍的数据源,还可以使用其他方式存储测试数据,如.txt 或.ini 文件,甚至使用 Redis 等非关系型数据库。

7.5 使用关键字驱动测试

视频讲解

由于关键字驱动测试(Keyword-Driven Testing,KDT)使用了"填表格"的方式完成测试用例的设计,因此它又被称为表格驱动测试(Table-Driven Testing)。本节先对关键字进行简介,然后介绍业界著名的关键字驱动测试框架 Robot Framework 中关键字的使用。

7.5.1 关键字简介

关键字是一种对测试步骤的高度抽象,它将测试步骤建模为对象、动作和数据 3 个部分,含义如下所述。

(1) 对象:可操作的元素,如输入框、按钮等。

(2) 动作:对对象进行的操作,如输入、单击等。

(3) 数据:动作附加的数据,如用户名、密码等。

其中,动作被命名为关键字的名称,而对象和数据则作为关键字的参数。

但在实际使用中,关键字也并非完全按照上述结构实现,这一点可从本节后续的 Robot Framework 关键字看出。

7.5.2 安装 Robot Framework

Robot Framework 是业界著名的关键字驱动测试框架,执行命令即可安装 Robot Framework,命令如下:

```
pip install robotframework
```

除了安装 Robot Framework 本身,还需要安装一个 Robot Framework 测试代码的编辑器,官方首推的是使用 RIDE,可将 RIDE 看成 Robot Framework 的集成开发环境。执行命令安装 RIDE,命令如下:

```
pip install robotframework - ride
```

安装完成后,可执行命令打开 RIDE,命令如下:

```
python "E:\Software_Testing\Software Development\Python\PycharmProjects\mastering - test -
automation\venv\Scripts\ride.py"
```

以上路径是笔者本地的，读者需根据实际情况进行替换。笔者在 mastering-test-automation 工程中使用了 Python 虚拟环境，因此 ride. py 文件会在安装 RIDE 时被自动存放到虚拟环境的 Scripts 目录中。

如果 RIDE 被正常打开，那么其主界面如图 7-7 所示。

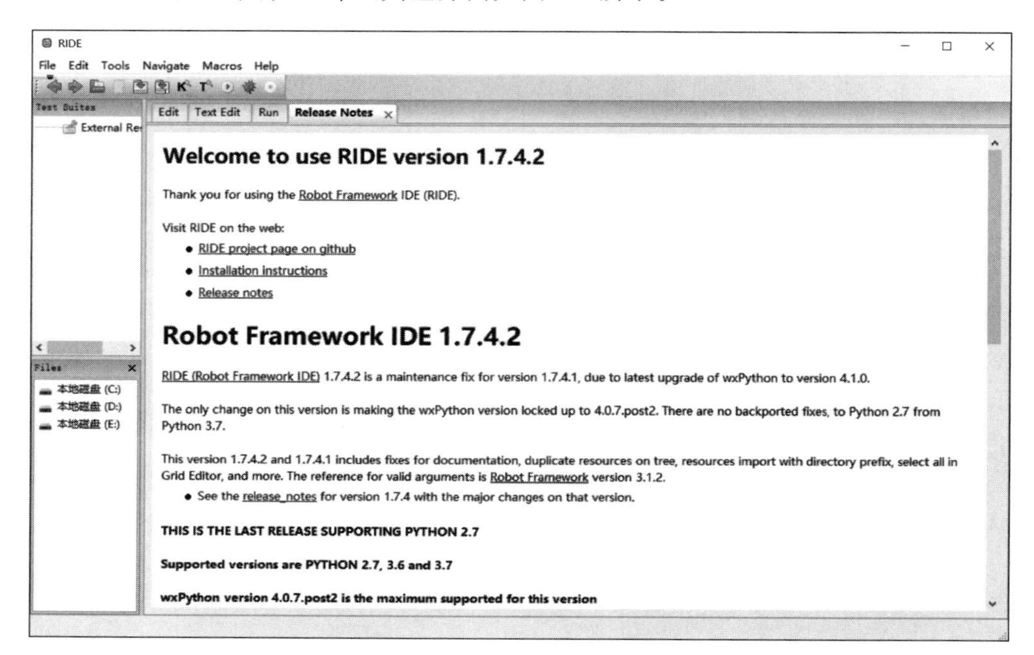

图 7-7　RIDE 主界面

7.5.3　Robot Framework 关键字库

Robot Framework 的关键字库分为 3 种。

（1）标准关键字库：由 Robot Framework 官方提供，共 13 个标准关键字库。

① BuiltIn：提供常用的通用操作。Robot Framework 默认会导入该关键字，无须显式导入。

② Collections：提供处理 Python 列表和字典的能力。

③ DateTime：提供处理日期和时间转换的能力。

④ Dialogs：暂停执行，并需要人工介入。

⑤ Easter：该关键字库只有一个名为 None Shall Pass 的关键字，其作用是强制抛出断言异常。

⑥ OperatingSystem：允许在 Robot Framework 运行的系统中执行各种与系统相关的任务。

⑦ Process：提供在系统中运行进程的能力。

⑧ Remote：远程关键字库的本地代理。

⑨ Reserved：Robot Framework 的保留关键字库。

⑩ Screenshot：提供截图功能。

⑪String：提供字符串的各种操作。

⑫Telnet：建立 Telnet 连接，并执行相关命令。

⑬XML：提供 XML 文件的各种操作。

(2) 外部关键字库：非 Robot Framework 官方提供，外部关键字库数量很庞大。本节后续会使用 RequestsLibrary 来进行接口自动化测试。RequestsLibrary 就属于外部关键字库，其底层基于 Requests 函数库。

(3) 自定义关键字库：由用户开发而成，其中存放了用户自定义的关键字，自定义关键字库实际上也属于外部关键字库。

除了以上介绍的 3 种关键字库，Robot Framework 中还有用户关键字的概念，用户关键字即 Robot Framework 中的 User Keyword，它是使用标准关键字或(和)外部关键字封装而成的可复用部分，定义用户关键字不需要编写代码。

由于本节不是对 Robot Framework 的完整介绍，因此关于自定义关键字和用户关键字的详细介绍请查阅 Robot Framework 的官方文档。其地址详见前言二维码。

以上官方文档中的 4.1 节和 2.7 节分别详细地介绍了自定义关键字和用户关键字。

7.5.4　使用标准关键字库

在 RIDE 中选择 File → New Project 选项或按 Ctrl+N 组合键可创建工程。笔者创建的工程名为 learning_robot_framework，父目录选择 chapter_07，如图 7-8 所示。

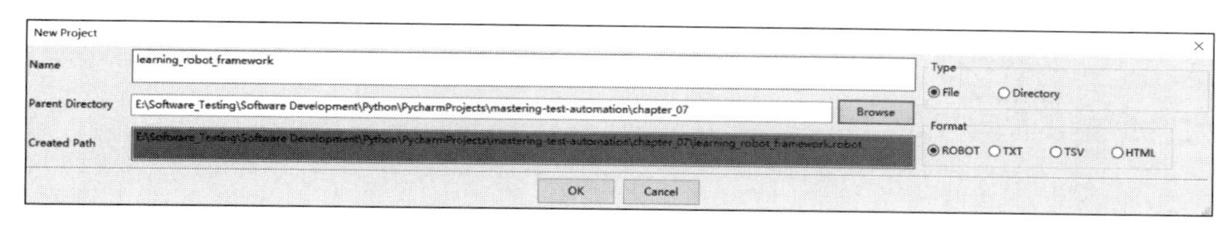

图 7-8　创建工程

接着在工程中新增测试用例 use_standard_keyword，如图 7-9 所示。

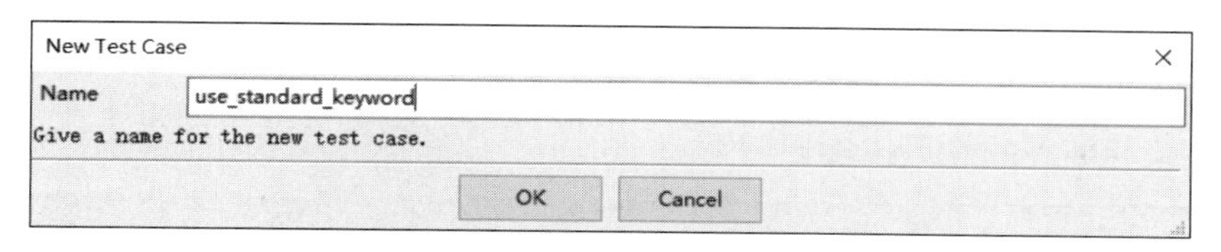

图 7-9　新增测试用例

1. Hello World!

Robot Framework 使用了一种 DSL(Domain-Specific Language，领域特定语言)来构建自己的语法标准。既然是一套语法，那就先看看如何输出 Hello World! 吧。在测试用例中输入 Log 和 Hello World!，如图 7-10 所示。

关键字 Log 用于打印内容，其作用与 Python 中的 print() 函数类似。另外，Robot Framework 对关键字的大小写不敏感，因此使用 Log 和 log 效果是一致的。

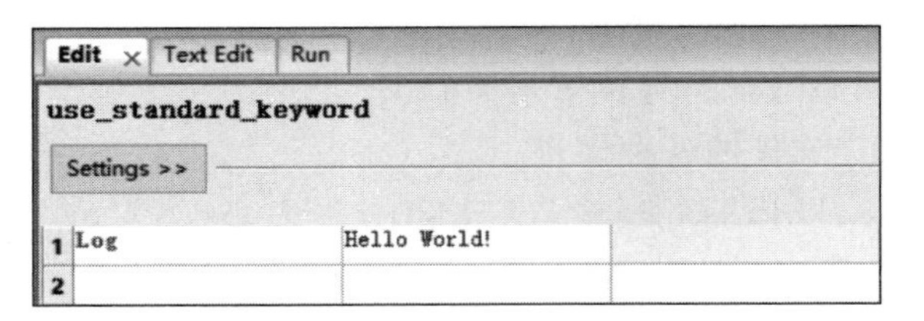

图 7-10　输入 Log 和 Hello World!

选择 File→Save 选项或按 Ctrl+S 组合键均可保存测试用例。

选择 Tools → Run Tests 选项或按 F8 键均可执行测试用例，执行后 RIDE 会自动切换到 Run 标签并显示执行结果，如图 7-11 所示。

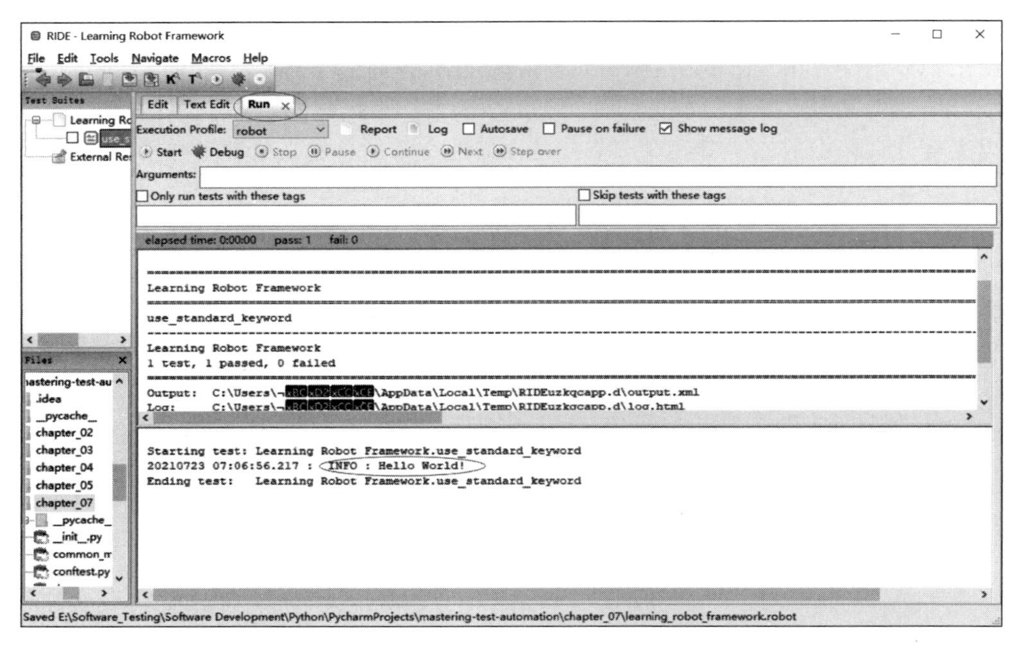

图 7-11　执行结果

从图 7-11 可以看出，测试代码执行成功，并输出了 Hello World!。

除了 Log，Log Many 也用于打印内容，不同的是后者用于打印多个值，如图 7-12 所示。

Edit　Text Edit　Run

use_standard_keyword

Settings >>

1	#Log	Hello World!			
2	Log Many	a	b	c	
3					

图 7-12　打印多个值

为了只展示 Log Many 关键字的执行效果，笔者使用了 #（井号）将第一行注释掉。

重新执行测试代码，执行结果如下：

```
Starting test: Learning Robot Framework.use_standard_keyword
20210723 07:18:16.690 : INFO : a
20210723 07:18:16.690 : INFO : b
20210723 07:18:16.690 : INFO : c
Ending test: Learning Robot Framework.use_standard_keyword
```

除了在“表格”中写测试用例，RIDE还支持直接使用文本编辑器，只需切到Text Edit标签即可，如图7-13所示。

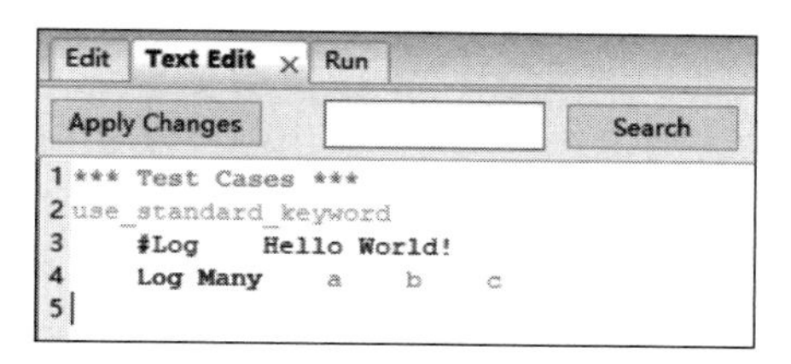

图7-13 使用文本编辑器

由于“表格”更为直观，因此笔者建议使用“表格”来编写测试用例，而不是直接使用文本编辑器。

2. 变量和常量

Robot Framework有3种变量，即Scalar、List和Dictionary，它们分别用$、@和&符号定义，如图7-14所示。

Edit | Text Edit | Run

use_standard_keyword

Settings >>

1	${var_01}	Set Variable	value		
2	@{var_02}	Create List	value_01	value_02	
3	&{var_03}	Create Dictionary	key_01=value_01	key_02=value_02	
4	Log	${var_01}			
5	Log Many	@{var_02}			
6	Log	${var_02}[0]			
7	Log Many	&{var_03}			
8	Log	${var_03}[key_01]			
9					

图7-14 使用变量

在访问List和Dictionary中某个元素时需要使用$符号来引用变量，即图7-14所示中的第6行和第8行，否则Robot Framework将会自动将它们拆成多个元素。

重新执行测试代码，执行结果如下：

```
Starting test: Learning Robot Framework.use_standard_keyword
20210723 08:04:13.936 : INFO : ${var_01} = value
20210723 08:04:13.936 : INFO : @{var_02} = [ value_01 | value_02 ]
20210723 08:04:13.945 : INFO : &{var_03} = { key_01 = value_01 | key_02 = value_02 }
20210723 08:04:13.945 : INFO : value
20210723 08:04:13.946 : INFO : value_01
20210723 08:04:13.946 : INFO : value_02
```

```
20210723 08:04:13.946 : INFO : value_01
20210723 08:04:13.946 : INFO : key_01 = value_01
20210723 08:04:13.946 : INFO : key_02 = value_02
20210723 08:04:13.946 : INFO : value_01
Ending test: Learning Robot Framework.use_standard_keyword
```

说明

Set Variable 关键字实际上可以接收多个参数，因此它可以替代 Create List 关键字用于给列表类型的变量赋值。

除了可以创建变量，也可以直接使用 Robot Framework 预定义的内置变量，比如 ${TEST_NAME}表示测试用例名称，可以直接引用。

另外，Robot Framework 默认将数字类型也当作字符串来处理，因此要使数字类型成为真正的“数字”，那么需要使用数字常量，数字常量使用“${}”进行包裹，比如${1.5}表示数字 1.5。

截至目前，笔者已经介绍了许多关键字，那么如何查看所有关键字及每个关键字的用法呢？

选择 Tools→Search Keywords 选项或按 F5 键均可打开 Search Keywords 对话框，这里可以搜索和查看导入当前工程的所有关键字及其用法，如图 7-15 所示。

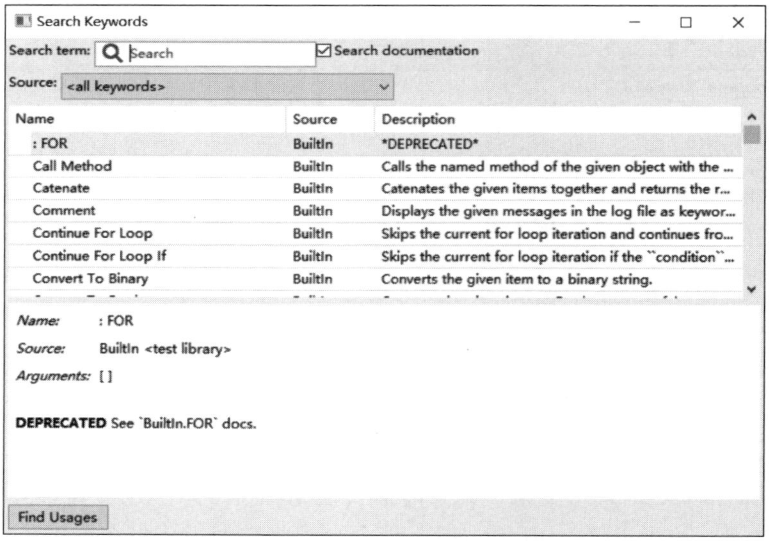

图 7-15　Search Keywords 对话框

除此之外，在测试代码中，将鼠标悬浮在关键字上，并按 Ctrl 键也可以查看关键字的用法，如图 7-16 所示。

3. 分支

Robot Framework 没有专门的分支语句，但可借助 Run Keyword If 关键字来实现，如图 7-17 所示。

Edit | Text Edit | Run

use_standard_keyword

Settings >>

1	${var_01}	Set Variable
2	@{var_02}	Create List
3	&{var_03}	Create Dictionary
4	Log	${var_01}
5	Log Many	@{var_02}
6	Log	${var_02}[0]
7	Log Many	&{var_03}
8	Log	${var_03}[key_01]
9		
10		
11		
12		
13		

Name: Set Variable
Source: BuiltIn <test library>
Arguments: [*values]

Returns the given values which can then be assigned to a variables.

This keyword is mainly used for setting scalar variables. Additionally it can be used for converting a scalar variable containing a list to a list variable or to multiple scalar variables. It is recommended to use `Create List` when creating new lists.

Examples:

${hi} =	Set Variable	Hello, world!		

图 7-16 在测试代码中查看关键字的用法

Edit | Text Edit | Run

use_standard_keyword

Settings >>

1	${a}	Set Variable	1			
2	${b}	Set Variable	2			
3	Run Keyword If	${a}>${b}	Log	a大于b!		
4	...	ELSE IF	${a}==${b}	Log	a等于b!	
5	...	ELSE	Log	a小于b!		
6						

图 7-17 分支语句

Run Keyword If 关键字支持多分支，即使用 ELSE IF 或 ELSE 增加多个分支。图 7-17 中测试代码中的英文省略号(...)表示不换行，RIDE 在保存测试代码时，会将包含英文省略号的行合并到上一行中。

执行以上测试，执行结果如下：

```
Starting test: Learning Robot Framework.use_standard_keyword
20210724 17:41:52.717 : INFO : ${a} = 1
20210724 17:41:52.717 : INFO : ${b} = 2
20210724 17:41:52.717 : INFO : a小于b!
Ending test: Learning Robot Framework.use_standard_keyword
```

ELSE IF 也可简写为 ELIF，这点与 Python 语法类似。

说明

由于 Robot Framework 的当前版本有缺陷，导致在控制台打印的中文是乱码，因此需要做一个小小的修改，即将 E:\Software_Testing\Software Development\Python\PycharmProjects\mastering-test-automation\venv\Lib\site-packages\robotide\contrib\testrunner\testrunnerplugin.py 文件的 565 行 SYSTEM 改成 OUTPUT，并重启 Robot Framework。以上路径是读者本地的，读者需根据实际情况进行替换。

4. 循环

在早期，Robot Framework 使用:FOR 作为循环的关键字；而新版本的 Robot Framework 已经将其废弃，换用更简洁明了的关键字 FOR。

循环的写法与 Python 语言非常相似，使用 IN 或 IN RANGE 来限定范围，IN 后面可以直接跟多个值，也可以是一个变量，如图 7-18 所示。

Edit | Text Edit | Run

use_standard_keyword

Settings >>

1	FOR	${tmp}	IN	1	2	3	
2		Log	${tmp}				
3	END						
4	@{var}	Create List	1	2	3		
5	FOR	${tmp}	IN	@{var}			
6		Log	${tmp}				
7	END						
8	FOR	${tmp}	IN RANGE	3			
9		Log	${tmp}				
10	END						
11							

图 7-18　循环语句

执行以上测试代码，执行结果如下：

```
Starting test: Learning Robot Framework.use_standard_keyword
20210724 18:01:21.450 : INFO : 1
20210724 18:01:21.450 : INFO : 2
20210724 18:01:21.450 : INFO : 3
20210724 18:01:21.450 : INFO : @{var} = [ 1 | 2 | 3 ]
20210724 18:01:21.450 : INFO : 1
20210724 18:01:21.450 : INFO : 2
20210724 18:01:21.450 : INFO : 3
20210724 18:01:21.450 : INFO : 0
20210724 18:01:21.458 : INFO : 1
20210724 18:01:21.459 : INFO : 2
Ending test: Learning Robot Framework.use_standard_keyword
```

Robot Framework 的循环语句中也支持继续循环（即跳过当次循环）和中止循环（即退出循环），如图 7-19 所示。

Edit | Text Edit | Run

use_standard_keyword

Settings >>

1	FOR	${tmp}	IN RANGE	10	
2		Continue For Loop If	${tmp}==3		
3		Exit For Loop If	${tmp}==5		
4		Log	${tmp}		
5	END				
6					

图 7-19　继续循环和中止循环

执行以上测试代码，执行结果如下：

```
Starting test: Learning Robot Framework.use_standard_keyword
20210724 18:14:05.762 : INFO : 0
20210724 18:14:05.762 : INFO : 1
20210724 18:14:05.762 : INFO : 2
20210724 18:14:05.762 : INFO : Continuing for loop from the next iteration.
20210724 18:14:05.770 : INFO : 4
20210724 18:14:05.770 : INFO : Exiting for loop altogether.
Ending test: Learning Robot Framework.use_standard_keyword
```

从以上执行结果可以看出，3 并没有被打印出来，而等于 5 时就提前中止了循环。因此，打印的内容只有 0、1、2 和 4。

5. 断言

Robot Framework 内置了许多断言关键字，可以直接用于自动化测试用例的断言，它们大多以 Should 作为关键字的开头。比如断言两个字符串是否相等可以使用 Should Be Equal As Strings，而断言条件是否为真可以使用 Should Be True。图 7-20 所示的是 Should Be Equal As Strings 和 Should Be True 的示例用法。

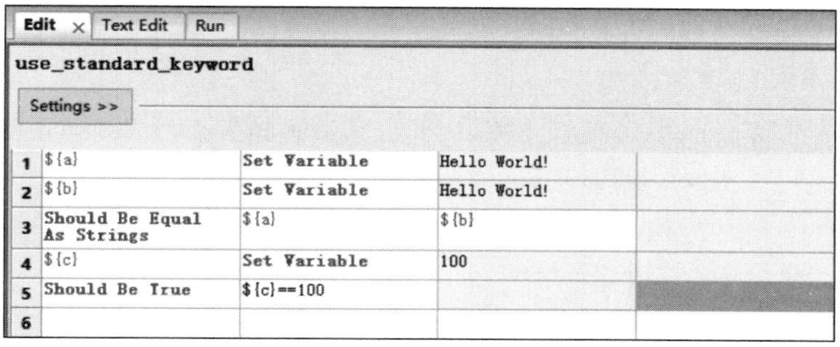

Edit | Text Edit | Run

use_standard_keyword

Settings >>

1	${a}	Set Variable	Hello World!	
2	${b}	Set Variable	Hello World!	
3	Should Be Equal As Strings	${a}	${b}	
4	${c}	Set Variable	100	
5	Should Be True	${c}==100		
6				

图 7-20 使用断言

执行以上测试代码结果为通果，说明断言成功，符合预期结果。

Robot Framework 内置的断言关键字非常多，表 7-1 列出了其完整清单。

表 7-1 Robot Framework 的断言关键字

关键字名称	关键字含义
Should Be Empty	断言指定对象为空
Should Not Be Empty	断言指定对象非空
Should Be Equal	断言两个对象相等
Should Not Be Equal	断言两个对象不相等
Should Be Equal As Integers	断言两个对象转换为整型后相等
Should Not Be Equal As Integers	断言两个对象转换为整型后不相等
Should Be Equal As Numbers	断言两个对象转换为数字类型后相等
Should Not Be Equal As Numbers	断言两个对象转换为数字类型后不相等
Should Be Equal As Strings	断言两个对象转换为字符串后相等
Should Not Be Equal As Strings	断言两个对象转换为字符串后不相等

续表

关键字名称	关键字含义
Should Be True	断言条件为真
Should Not Be True	断言条件为假
Should Contain	断言容器中包含指定元素，容器可以是字符串、列表等
Should Not Contain	断言容器中不包含指定元素，容器可以是字符串、列表等
Should Contain Any	断言容器中包含指定的任一元素，容器可以是字符串、列表等
Should Not Contain Any	断言容器中不包含指定的任一元素，容器可以是字符串、列表等
Should Contain X Times	断言字符串 1 包含 X 次字符串 2
Should Start With	断言字符串 1 以字符串 2 开头
Should Not Start With	断言字符串 1 不以字符串 2 开头
Should End With	断言字符串 1 以字符串 2 结尾
Should Not End With	断言字符串 1 不以字符串 2 结尾
Should Match	断言字符串匹配指定的模式(使用 Glob 匹配模式)
Should Not Match	断言字符串不匹配指定的模式(使用 Glob 匹配模式)
Should Match Regexp	断言字符串匹配指定的模式(使用正则表达式匹配模式)
Should Not Match Regexp	断言字符串不匹配指定的模式(使用正则表达式匹配模式)
Fail	直接抛出断言异常

6. 其他标准关键字库

以上关键字都属于 BuiltIn 关键字库，因此无须显式导入。如果要使用其他标准关键字库，就需要显式导入。例如，使用 String 关键字库，可以选择 Learning Robot Framework 选项，并在 Add Import 中单击 Library 按钮导入 String 关键字库，如图 7-21 所示。

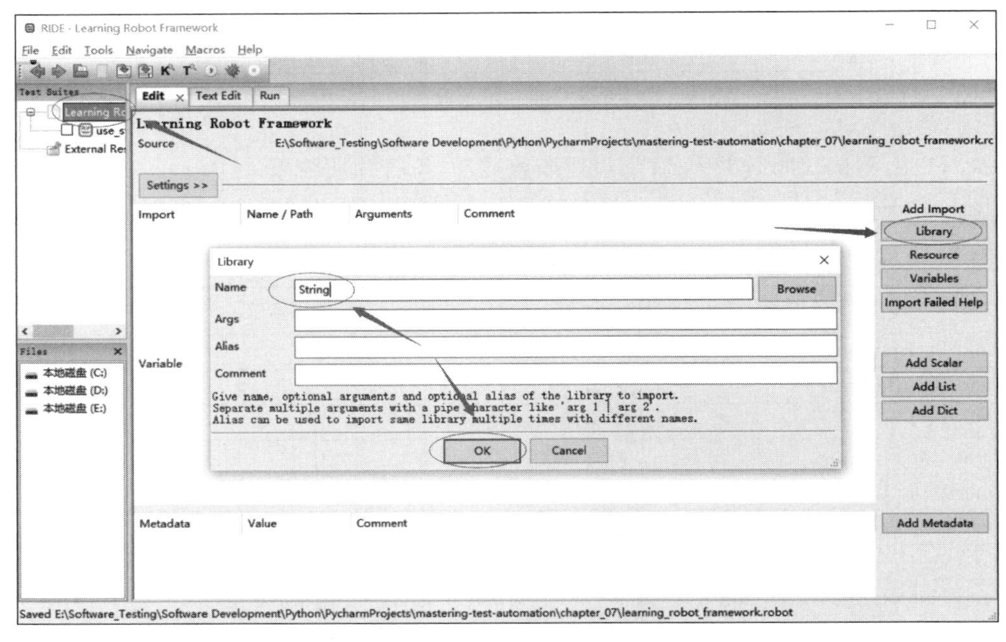

图 7-21　导入 String 关键字库

导入后便可以使用 String 关键字库中的关键字了，比如使用关键字 Convert To Uppercase 将字符串转换为全部大写，如图 7-22 所示。

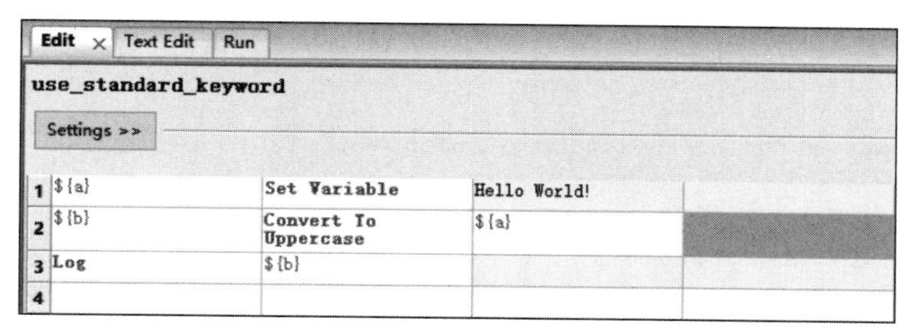

图 7-22　将字符串转换为全部大写

执行图 7-22 中测试代码，执行结果如下：

```
Starting test: Learning Robot Framework.use_standard_keyword
20210724 19:26:59.770 : INFO : ${a} = Hello World!
20210724 19:26:59.770 : INFO : ${b} = HELLO WORLD!
20210724 19:26:59.770 : INFO : HELLO WORLD!
Ending test: Learning Robot Framework.use_standard_keyword
```

7.5.5　使用外部关键字库

除了标准关键字库，Robot Framework 拥有庞大的外部关键字库，此处使用 RequestsLibrary 关键字库编写一条登录 IMS 的自动化测试用例。

先执行安装 RequestsLibrary 关键字库命令，命令如下：

```
pip install robotframework-requests
```

接着导入 RequestsLibrary 关键字库，新增测试用例 use_external_keyword，如图 7-23 所示。

Edit　Text Edit　Run

use_external_keyword

Settings >>

1	&{body}	Create Dictionary	username=admin	password=admin123456	
2	${response}	POST	http://ims.lujiatao.com/api/login	data=${body}	
3	Should Be Equal As Integers	${response.json()}[code]	0		
4					

图 7-23　使用 RequestsLibrary 关键字库

RequestsLibrary 关键字库打印的日志比较全，以上测试代码的执行结果如下：

```
Starting test: Learning Robot Framework.use_external_keyword
20210724 20:56:56.972 : INFO : &{body} = { username=admin | password=admin123456 }
20210724 20:56:57.086 : INFO :
POST Request : url=http://ims.lujiatao.com/api/login
path_url=/api/login
```

```
headers = {'User-Agent': 'python-requests/2.25.1', 'Accept-Encoding': 'gzip, deflate', 'Accept': '*/*', 'Connection': 'keep-alive', 'Content-Length': '35', 'Content-Type': 'application/x-www-form-urlencoded'}
body = username = admin&password = admin123456

20210724 20:56:57.086 : INFO :
POST Response : url = http://ims.lujiatao.com/api/login
status = 200, reason =
headers = {'Server': 'nginx/1.19.6', 'Date': 'Sat, 24 Jul 2021 12:56:56 GMT', 'Content-Type': 'application/json;charset = utf-8', 'Content-Length': '31', 'Connection': 'keep-alive', 'X-Content-Type-Options': 'nosniff', 'X-XSS-Protection': '1; mode = block', 'Cache-Control': 'no-cache, no-store, max-age = 0, must-revalidate', 'Pragma': 'no-cache', 'Expires': '0', 'X-Frame-Options': 'DENY', 'Set-Cookie': 'JSESSIONID = 73276210DCA36A3C0AF81F5731958E33; Path = /; HttpOnly'}
body = {"code":0,"msg":"","data":null}

20210724 20:56:57.086 : INFO : ${response} = <Response [200]>
20210724 20:56:57.086 : INFO :
Argument types are:
<class 'int'>
<type 'unicode'>
Ending test: Learning Robot Framework.use_external_keyword
```

从以上输出结果可以看出，RequestsLibrary 关键字库在发送请求时会在控制台打印请求和响应的详细信息。

截至目前，本章从“线性化”的测试代码组织方式开始，到使用模块化和函数库，再到使用数据驱动和关键字驱动来重构测试代码。在实际项目中，不一定要使用本章介绍的所有知识，但往往会使用其中的两三种进行“混合”搭配。

视频讲解

7.6 使用第三方断言函数库

unittest 和 pytest 的断言功能都很强大，可以满足自动化测试的日常使用需求，但它们都有一个共同缺点，即不易读。比如使用 assertEqual()断言方法或 assert 断言语句并不能一目了然地看出谁是期望结果，谁又是实际结果，不够直观易读。

7.6.1 使用 PyHamcrest 断言函数库

PyHamcrest 是著名的第三方断言函数库 Hamcrest 的 Python 版本，它具有非常流畅易读的 API。

执行命令即可安装 PyHamcrest，命令如下：

```
pip install PyHamcrest
```

1. 基本用法

笔者以 test_in_warehouse()测试函数为例，将使用 assert 语句改成使用 PyHamcrest 断言，代码如下：

```
assert_that(new_count, equal_to(old_count + 1))
```

需要删除的代码如下：

```
assert new_count == old_count + 1
```

以上代码中，assert_that()函数的第一个参数表示实际结果；第二个参数是一个包含预期结果的匹配器。除此之外，还可以包含第三个参数，其用于表示断言失败时的提示信息，代码如下：

```
assert_that(new_count, equal_to(old_count + 2), '实际结果与预期结果不匹配!')
```

由于 test_in_warehouse()测试函数中只入库了一台 Mac Pro，因此预期库存增加两台明显是不符合的，因此执行测试代码的结果为断言失败，并会打印断言失败的提示信息，执行结果如下：

```
============================= test session starts ==========================
platform win32 -- Python 3.7.9, pytest-6.2.3, py-1.10.0, pluggy-0.13.1
rootdir: E:\Software_Testing\Software Development\Python\PycharmProjects\mastering-test-automation\chapter_07, configfile: pytest.ini
plugins: allure-pytest-2.8.40, forked-1.3.0, html-3.1.1, metadata-1.11.0, mock-3.6.0, xdist-2.2.1
collected 1 item

test_ims.py F [100%]

=================================== FAILURES ===============================
_______________________________ test_in_warehouse ______________________________

session = <requests.sessions.Session object at 0x000002A6B2E90A48>

    def test_in_warehouse(session):
        # 登录
        login('admin', 'admin123456', session)
        # 查询物品入库前库存
        old_count = get_goods_inventory(2, 'Apple', 'Mac Pro', session)
        # 入库
        in_warehouse(1, 21, session)
        # 查询物品入库后库存
        new_count = get_goods_inventory(2, 'Apple', 'Mac Pro', session)
        # 校验库存是否增加
        # assert new_count == old_count + 1
        # assert_that(new_count, equal_to(old_count + 1))
>       assert_that(new_count, equal_to(old_count + 2), '实际结果与预期结果不匹配!')
E       AssertionError: 实际结果与预期结果不匹配!
E       Expected: <27>
E            but: was <26>

test_ims.py:35: AssertionError
=========================== short test summary info ==========================
```

```
FAILED test_ims.py::test_in_warehouse - AssertionError: 实际结果与预期结果不...
============================== 1 failed in 0.35s ==============================
```

使用以上代码之前，还需要添加导入语句，代码如下：

```
from hamcrest import assert_that, equal_to
```

为了简化用户使用，还可以直接使用布尔表达式替代 equal_to()函数，代码如下：

```
assert_that(new_count == old_count + 1)
```

这种用法跟直接使用 assert 语句没有区别，看似简便，但却丢失了 PyHamcrest 的直观易读的优势，因此笔者并不推荐这么使用。

匹配器是 PyHamcrest 中的重要概念，除了以上介绍的 equal_to()函数，常用的内置的预定义匹配器还有 none()、not_none()、contains_string()、starts_with()、ends_with()、matches_regexp()等，这些函数的命名都很直观，笔者不再对它们进行一一演示。

2. 自定义匹配器

PyHamcrest 的优势在于可以自定义匹配器，因为实际项目中往往需要一些针对项目本身的定制化匹配器，在这种情况下，预定义匹配器不足以支撑这些使用场景。

假设有一个超市，在每周的周二进行大规模打折，此时需要判断给定的日期是否是周二，为此笔者新增一个 is_day_of_week 匹配器，并将其放在 custom_matcher 模块中。

【例 7-6】 编写自定义 PyHamcrest 匹配器。

```
from hamcrest.core.base_matcher import BaseMatcher


class IsDayOfWeek(BaseMatcher):

    def __init__(self, day):
        self.day = day # 周一为 0、周二为 1，以此类推

    def _matches(self, item):
        if hasattr(item, 'weekday'):
            weekday = getattr(item, 'weekday')
            if callable(weekday):
                return item.weekday() == self.day
        return False

    def describe_to(self, description):
        weeks = ['周一', '周二', '周三', '周四', '周五', '周六', '周日']
        description.append_text('日历日期是').append_text(weeks[self.day])


is_day_of_week = IsDayOfWeek
```

以上代码继承了 BaseMatcher 类，并重写了其中的_matches()和 describe_to()方法。_matches()方法用于实现匹配逻辑，匹配时返回 True，否则返回 False。而 describe_to()方法用于匹配失败时提供描述信息。

新增 use_custom_matcher 模块用于使用自定义的匹配器,代码如下：

```
from datetime import date

from hamcrest import assert_that

from chapter_07.custom_matcher import is_day_of_week

assert_that(date(2021, 7, 27), is_day_of_week(1))
```

执行以上代码执行通过,因为 2021 年 7 月 21 日确实是周二。如果将日期改成 2021 年 7 月 26 日,那么执行测试代码会得到错误提示,错误提示如下：

```
Traceback (most recent call last):
  File "E:/Software_Testing/Software Development/Python/PycharmProjects/mastering - test -
automation/chapter_07/use_custom_matcher.py", line 7, in <module>
    assert_that(date(2021, 7, 26), is_day_of_week(1))
  File "E:\Software_Testing\Software Development\Python\PycharmProjects\mastering - test -
automation\venv\lib\site - packages\hamcrest\core\assert_that.py", line 58, in assert_that
    _assert_match(actual = actual, matcher = matcher, reason = reason)
  File "E:\Software_Testing\Software Development\Python\PycharmProjects\mastering - test -
automation\venv\lib\site - packages\hamcrest\core\assert_that.py", line 73, in _assert_match
    raise AssertionError(description)
AssertionError:
Expected: 日历日期是周二
     but: was <2021 - 07 - 26>
```

7.6.2　使用 assertpy 断言函数库

assertpy 是另一个著名的 Python 第三方断言函数库,其有着类似于 PyHamcrest 的流式 API。assertpy 的设计灵感来源于 AssertJ,后者是 Java 中的优秀断言函数库。

执行命令即可安装 assertpy,命令如下：

```
pip install assertpy
```

1. 基本用法

以 test_in_warehouse()测试函数为例,断言入库后库存是否增加,代码如下：

```
assert_that(new_count).is_equal_to(old_count + 1)
```

以上代码中的 assert_that()函数并非 PyHamcrest 中的,而是 assertpy 中的,只是碰巧也被命名为 assert_that 而已。因此在使用以上代码之前,需要添加导入语句,代码如下：

```
from assertpy import assert_that
```

重新执行 test_in_warehouse()测试函数,执行结果仍然为通过,说明断言通过。

与 is_equal_to()方法相对应的是 is_not_equal_to()方法,后者用于断言不相等。除了 is_equal_to()/is_not_equal_to()方法,assertpy 还包含许多其他方法,如 is_none()、is_not_ none()、is_true()、is_false()、contains()、does_not_contain()、starts_with()、ends_with()、matches()等。

2. 动态断言

动态断言是 assertpy 针对对象的属性或无参方法提供的一种简便的断言方法。

为了演示动态断言，笔者先增加一个 use_assertpy 模块，并在其中新增一个 Person 类，代码如下：

```
class Person:

    def __init__(self, id_card, name):
        self.id_card = id_card
        self.name = name

    @property
    def description(self):
        return f'身份证号 - {self.id_card},姓名 - {self.name}'

    def say_hello(self):
        return f'你好,{self.name}!'
```

如果按照常规方式，对一个 Person 对象的姓名、身份证号等可使用 is_equal_to()方法来断言，代码如下：

```
from assertpy import assert_that

person = Person('510105199612272186', '张三')
assert_that(person.name).is_equal_to('张三')
assert_that(person.description).is_equal_to('身份证号 - 510105199612272186,姓名 - 张三')
assert_that(person.say_hello()).is_equal_to('你好,张三!')
```

如果使用动态断言，那么会比以上代码更为简洁。动态断言使用了 has_* 的形式直接访问对象的属性或无参方法，针对以上三个断言语句，可以使用动态断言重构，重构后的代码如下：

```
assert_that(person).has_name('张三')
assert_that(person).has_description('身份证号 - 510105199612272186,姓名 - 张三')
assert_that(person).has_say_hello('你好,张三!')
```

另外，动态断言也适用于字典类型，示例代码如下：

```
demo_dict = {
    '510105199612272186': '张三',
    '510105199612272175': '李四'
}
assert_that(demo_dict).has_510105199612272186('张三')
assert_that(demo_dict).has_510105199612272175('李四')
```

3. 自定义断言

除了内置的断言方法，用户也可以自定义断言，但需要遵循以下规则。

（1）使用 self 作为自定义断言函数的第一个参数。
（2）使用 self. val 来获取要测试的实际值。
（3）最好先测试是否满足错误结果，如果满足，就失败。
（4）失败时使用 self. error()方法引发 AssertionError。
（5）成功时返回 self。

新增 custom_assertion 模块，并新增一个自定义断言函数 is_aliquot_of()，用于断言是否被整除。

【例 7-7】 编写自定义 assertpy 断言。

```
def is_aliquot_of(self, divisor):
    if not isinstance(self.val, int) or self.val <= 0:
        raise ValueError('被除数必须是一个正整数！')
    if not isinstance(divisor, int) or divisor <= 0:
        raise ValueError('除数必须是一个正整数！')
    _, remainder = divmod(self.val, divisor)
    if remainder != 0:
        self.error(f'期望{self.val}被{divisor}整除，但余数为{remainder}！')
    return self
```

接着新增一个 use_custom_assertion 模块用于使用 is_aliquot_of()断言函数，在使用之前需要先使用 add_extension 函数添加(或者叫注册)is_aliquot_of()，代码如下：

```
from assertpy import add_extension, assert_that

from chapter_07.custom_assertion import is_aliquot_of

add_extension(is_aliquot_of)

if __name__ == '__main__':
    assert_that(10).is_aliquot_of(2)
```

由于 10 可以被 2 整除，因此以上代码执行通过。

如果将除数 2 换成 3，那么以上代码将执行失败，抛出 AssertionError 异常，执行结果如下：

```
Traceback (most recent call last):
  File "E:/Software_Testing/Software Development/Python/PycharmProjects/mastering-test-automation/chapter_07/use_custom_assertion.py", line 9, in <module>
    assert_that(10).is_aliquot_of(3)
  File "E:\Software_Testing\Software Development\Python\PycharmProjects\mastering-test-automation\chapter_07\custom_assertion.py", line 8, in is_aliquot_of
    self.error(f'期望{self.val}被{divisor}整除，但余数为{remainder}！')
  File "E:\Software_Testing\Software Development\Python\PycharmProjects\mastering-test-automation\venv\lib\site-packages\assertpy\assertpy.py", line 433, in error
    raise AssertionError(out)
AssertionError: 期望 10 被 3 整除，但余数为 1
```

第8章

持续集成、持续交付和持续部署

8.1 持续集成、持续交付和持续部署简介

在软件开发生命周期中，经常会使用到 CI 和 CD 两个术语。

CI 指持续集成(Continuous Integration)。持续集成是开发人员频繁将本地代码提交到公共分支，并触发自动化单元测试和自动化集成测试以快速反馈代码质量的一种实践。它是持续交付和持续部署的基础，其目的在于不管如何提交代码，不会影响软件的核心功能。

CD 指持续交付(Continuous Delivery)或持续部署(Continuous Deployment)。持续交付是持续集成的扩展，它需要完成自动化系统测试和自动化验收测试，使软件处于随时可交付的状态。而持续部署又是持续交付的扩展。因为通过自动化验收测试后，持续交付是手动部署到生产环境的，而持续部署是自动部署到生产环境的。持续部署使软件处于随时可部署的状态。

持续集成、持续交付和持续部署之间的联系和区别如图 8-1 所示。

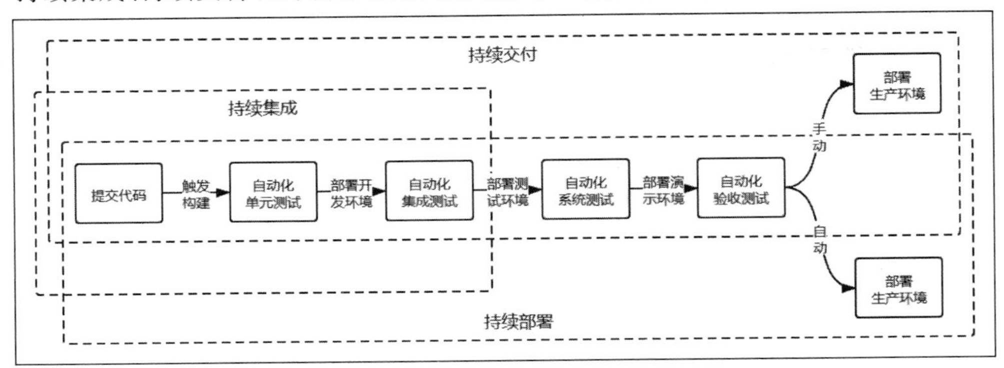

图 8-1 持续集成、持续交付和持续部署

本章以 Jenkins 为例介绍如何实现持续集成、持续交付和持续部署。关于 Jenkins 的搭建详见电子版附录 A.7 节。

8.2　使用 Jenkins 实现持续集成、持续交付和持续部署

8.2.1　Blue Ocean 简介

Blue Ocean 是 Jenkins 的新界面，其非常适合流水线项目的展示。Blue Ocean 的作用是将复杂的流水线进行可视化展示，以便用户可以快速直观地了解流水线的状态。Blue Ocean 还自带一个流水线编辑器，可方便直观地编辑简单的流水线。

在 Jenkins 的主页可以看到 Blue Ocean 的入口，如图 8-2 所示。

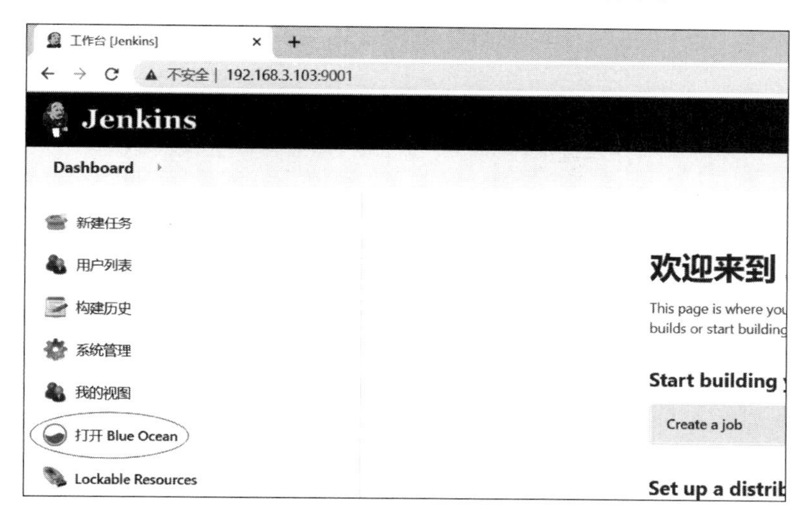

图 8-2　Blue Ocean 入口

选择打开 Blue Ocean 选项后进入 Blue Ocean 主页，如图 8-3 所示。

图 8-3　Blue Ocean 主页

8.2.2 使用流水线

无论是传统的自由风格项目，还是通过 Maven Integration 插件实现的 Maven 项目，它们对持续集成、持续交付和持续部署的支持度都不是很好，尤其是流程复杂的持续交付和持续部署中，使用它们来实现更加困难。为此 Jenkins 引入了流水线功能，以适应这种复杂的流程。

为了定义各种流程，流水线提供了自己的一套语法规范。流水线语法支持声明式和脚本式两种语法，官方推荐使用声明式语法。

鉴于 Jenkins 自带的流水线编辑器只提供了极其有限的功能，因此笔者采用直接创建 Jenkinsfile 文件的方式来定义流水线。为此在项目中新增 chapter_08 包，在包中新增 pipeline 子包，在 pipeline 子包中新增 Jenkinsfile 文件，文件内容如下：

```
pipeline {
    agent any
    stages {
        stage('构建') {
            steps {
                sh 'echo 执行构建!'
            }
        }
        stage('单元测试') {
            steps {
                sh 'echo 执行单元测试!'
            }
        }
        stage('部署开发环境') {
            steps {
                sh 'echo 部署开发环境!'
            }
        }
        stage('集成测试') {
            steps {
                sh 'echo 执行集成测试!'
            }
        }
    }
}
```

现对以上流水线语法进行解释。

(1) pipeline：定义声明式流水线。

(2) agent：定义代理，这里为全局代理。any 表示在任何可用的代理上执行流水线。

(3) stages：阶段集合，可包含多个阶段。以上内容定义了 4 个阶段，分别是构建、单元测试、部署开发环境和集成测试。

(4) stage：阶段。定义每个阶段具体要执行的操作。

(5) steps：步骤集合，可包含多个步骤。

（6）sh：执行 Linux Shell 命令。

说明

如果读者使用了 Windows 系统的计算机部署 Jenkins，那么以上内容中的 sh 应该替换为 bat，表示执行 Windows 系统批处理脚本。

在使用 Jenkins 执行该流水线之前，首先需要提交 mastering-test-automation 工程的代码到 Git 服务器。

然后新建 Jenkins 任务，选择“流水线”选项，笔者新建的任务名称为 Pipeline，读者可根据实际情况命名为其他名称。

接着在流水线的定义中选择 Pipeline script from SCM 选项，该选项表示从源码仓库获取流水线脚本（即之前定义的 Jenkinsfile 文件）。输入 Git 源码仓库的 URL，URL 如下：

```
https://admin@192.168.3.102:8082/r/mastering-test-automation.git
```

以上用户名和 Git 服务器 IP 和端口为笔者使用的，读者需根据实际情况进行替换。选择已存在的凭据（或添加凭据），如图 8-4 所示。

图 8-4　流水线配置

说明

由于安全原因，在配置 Git 源码仓库的 URL 时，可能会提示 SSL certificate problem:self signed certificate in certificate chain，此时在 Jenkins 运行的服务器上执行 git config --global http.sslVerify false 命令来关闭 Git 的安全验证功能即可。

此外，由于 Jenkinsfile 文件未在工程根目录，因此需要修改脚本路径，将 Jenkinsfile 修改为 chapter_08/pipeline/Jenkinsfile。如图 8-5 所示。

最后，单击“保存”按钮，手动触发流水线任务的构建，执行结果如图 8-6 所示。

建议选择“打开 Blue Ocean”选项切换至 Blue Ocean 界面，因为 Blue Ocean 界面更适合展示流水线执行结果，如图 8-7 所示。

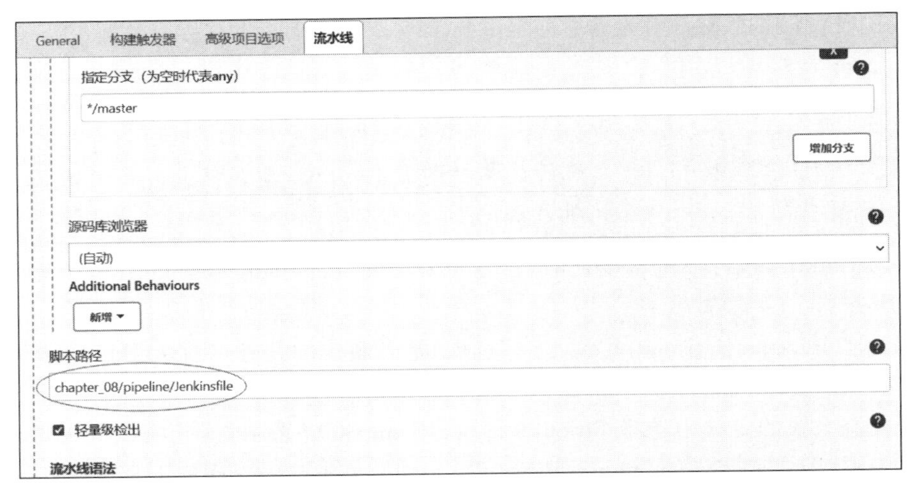

图 8-5　修改脚本路径

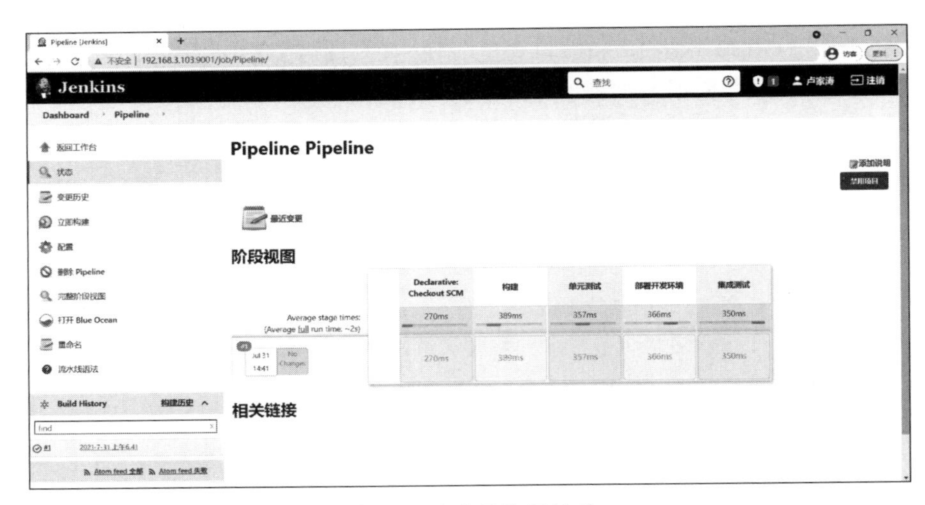

图 8-6　流水线执行结果

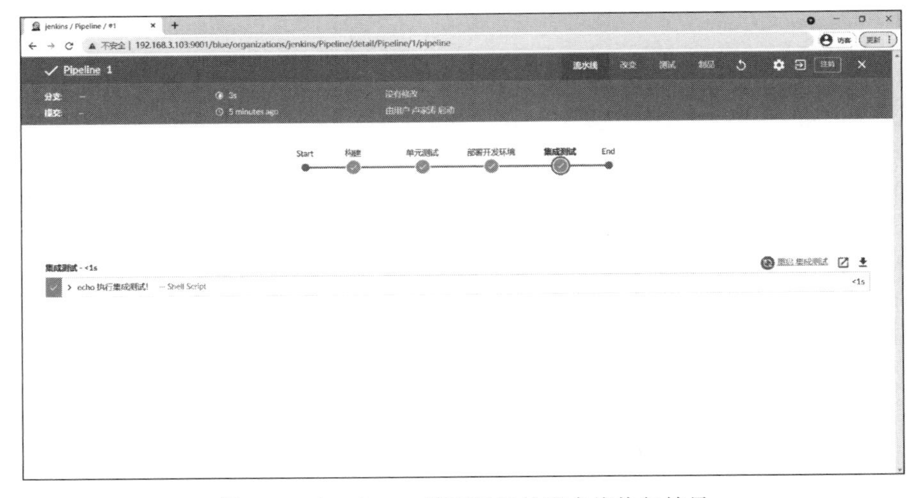

图 8-7　Blue Ocean 界面展示的流水线执行结果

在 Blue Ocean 界面可以清晰地看见流水线的各个阶段，在图 8-7 所示中所有阶段均执行成功，因此都标记为√（勾），且颜色为绿色。

为了演示执行失败的场景，修改 Jenkinsfile，将集成测试阶段的 sh 改成 bat。提交修改后的代码到 Git 服务器，重新执行流水线任务。执行结果如图 8-8 所示。

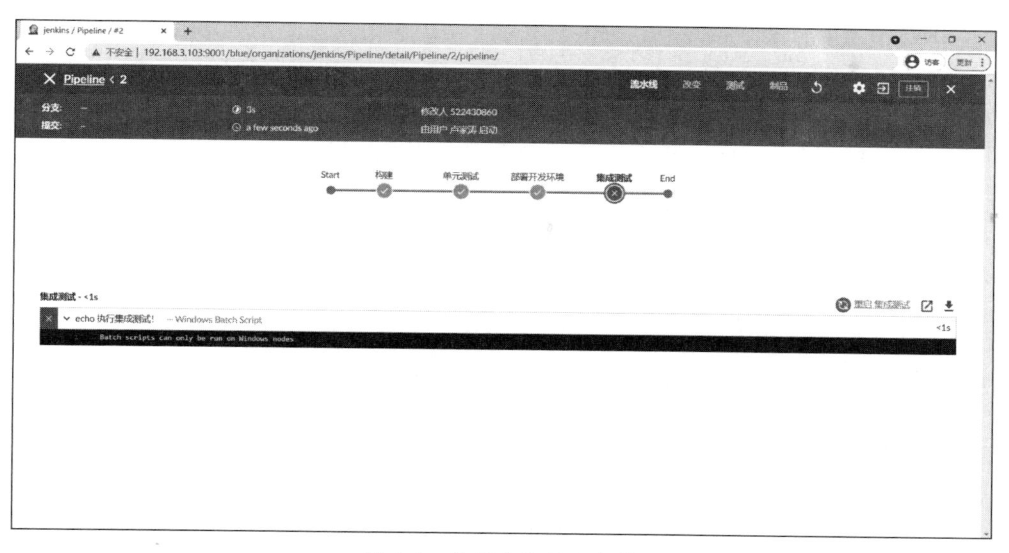

图 8-8　执行失败的流水线

由于笔者的 Jenkins 搭建在 Linux 服务器上，无法执行 Windows 系统的批处理脚本，因此集成测试阶段执行失败，此时流水线被标记为×（叉），且颜色为红色。

以上演示了持续集成的各个阶段，包括构建、单元测试、部署开发环境和集成测试。对于持续交付和持续部署，在以上 Jenkinsfile 文件中增加对应阶段即可，一个持续交付的完整示例如下：

```
pipeline {
    agent any
    stages {
        stage('构建') {
            steps {
                sh 'echo 执行构建!'
            }
        }
        stage('单元测试') {
            steps {
                sh 'echo 执行单元测试!'
            }
        }
        stage('部署开发环境') {
            steps {
                sh 'echo 部署开发环境!'
            }
        }
        stage('集成测试') {
```

```
                steps {
                    sh 'echo 执行集成测试!'
                }
            }
            stage('部署测试环境') {
                steps {
                    sh 'echo 部署测试环境!'
                }
            }
            stage('系统测试') {
                steps {
                    sh 'echo 执行系统测试!'
                }
            }
            stage('部署演示环境') {
                steps {
                    sh 'echo 部署演示环境!'
                }
            }
            stage('验收测试') {
                steps {
                    sh 'echo 执行验收测试!'
                }
            }
        }
}
```

对于持续部署，可在持续交付的基础上增加部署生产环境阶段即可，内容如下：

```
stage('部署生产环境') {
    steps {
        sh 'echo 部署生产环境!'
    }
}
```

出于简便考虑，在以上 Jenkinsfile 文件中，笔者将每个阶段要执行的操作都简单定义为打印一个字符串，在实际项目中应根据实际情况修改 Jenkinsfile 文件。例如，一个 Maven 工程，在构建阶段应该执行 Maven 命令来编译项目，而不是打印字符串。

8.2.3 使用多分支流水线

在 8.2.2 节中使用的流水线并不支持多个分支，对于多分支项目，可以使用多分支流水线。

在实际项目中，一个源码仓库通常有多个分支，如使用 dev 分支执行单元测试和集成测试、使用 test 分支执行系统测试和验收测试、使用 master 分支部署生产环境。

本节笔者将 Jenkinsfile 文件置于工程根目录（这也是实际项目中的常用方式），文件内容如下：

```
pipeline {
    agent any
    stages {
        stage('构建') {
            steps {
                sh 'echo 执行构建!'
            }
        }
        stage('单元测试') {
            when {
                branch 'dev'
            }
            steps {
                sh 'echo 执行单元测试!'
            }
        }
        stage('部署开发环境') {
            steps {
                sh 'echo 部署开发环境!'
            }
        }
        stage('集成测试') {
            when {
                branch 'dev'
            }
            steps {
                sh 'echo 执行集成测试!'
            }
        }
        stage('部署测试环境') {
            steps {
                sh 'echo 部署测试环境!'
            }
        }
        stage('系统测试') {
            when {
                branch 'test'
            }
            steps {
                sh 'echo 执行系统测试!'
            }
        }
        stage('部署演示环境') {
            steps {
                sh 'echo 部署演示环境!'
            }
        }
        stage('验收测试') {
```

```
                when {
                    branch 'test'
                }
                steps {
                    sh 'echo 执行验收测试!'
                }
            }
            stage('部署生产环境') {
                when {
                    branch 'master'
                }
                steps {
                    sh 'echo 部署生产环境!'
                }
            }
        }
    }
```

以上 Jenkinsfile 文件使用了流水线的 when 指令，该指令用于判断是否满足条件，此处结合 branch 使用可判断是否为指定分支。

提交修改后的代码到 Git 服务器，再从 master 分支创建 dev 和 test 两个分支。

在 Blue Ocean 主页单击“创建流水线”按钮，选择代码仓库 Git，在仓库的 URL 填写如下：

```
https://admin@192.168.3.102:8082/r/mastering-test-automation.git
```

以上用户名和 Git 服务器 IP 和端口为笔者使用的，读者需根据实际情况进行替换。

选择已存在的凭据（或新建凭据），单击“创建流水线”按钮。在创建成功后，流水线将自动开始执行。执行成功后可查看每个分支的执行情况，图 8-9 所示为 dev 分支的执行情况。

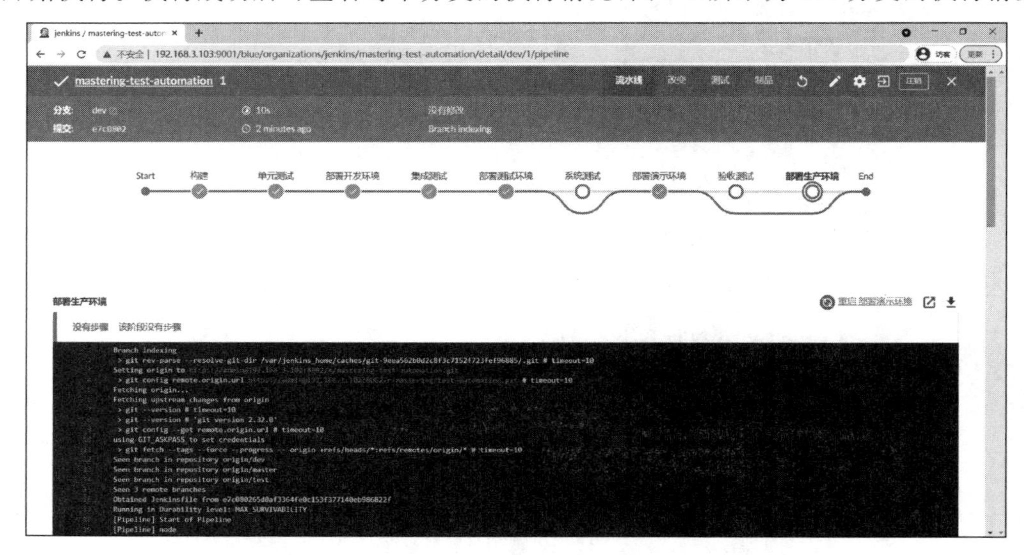

图 8-9　dev 分支的执行情况

从图 8-9 所示可以看出，dev 分支并没有执行系统测试、验收测试和部署生产环境 3 个阶段，这与 Jenkinsfile 文件中定义的一致。

鉴于流水线的语法非常强大，更多用法可参考 Jenkins 官方文档，地址详见前言二维码。

8.3　其他常用实践

在持续集成、持续交付和持续部署的实施过程中，自动化测试扮演着极其重要的角色。本节将介绍一些自动化测试在持续集成、持续交付和持续部署中的常用实践。

8.3.1　邮件通知

1. 创建示例测试代码

在 chapter_08 包中新增 email_notification 子包，在 email_notification 子包中新增 email_notification 模块，代码如下：

```
from pytest import fail


def test_func_01():
    ...


def test_func_02():
    ...


def test_func_03():
    fail()
```

以上代码包含了 3 个测试函数，其中 test_func_01()和 test_func_02()预期测试通过，而 test_func_03()预期测试失败。

提交修改后的工程代码到 Git 服务器以备后续使用。

2. 配置邮件发送服务器

笔者将使用 QQ 的 SMTP 服务器作为邮件发送服务器为例介绍 Jenkins 的邮件发送功能的配置。

进入 Jenkins 的“系统管理”→“系统配置”页面。

首先配置系统管理员邮件地址，即配置用于发送邮件的 QQ 邮箱。

然后在“Extended E-mail Notification”中配置如下所述。

(1) SMTP server：填写 smtp.qq.com。

(2) SMTP Port：填写 465。

(3) SMTP Username：填写用于发送邮件的 QQ 邮箱。

(4) SMTP Password：填写 QQ 邮箱的授权码。关于如何获取授权码，详见腾讯官方文档，地址详见前言二维码。

(5) 选中 Use SSL。

(6) 选中 Allow sending to unregistered users。

(7) Default Triggers：选中 Always。

3. 创建示例任务

新建自由风格项目(Freestyle project)，项目命名为 email-notification。

在源码管理中输入 Git 源码仓库的 URL，URL 如下：

```
https://admin@192.168.3.102:8082/r/mastering-test-automation.git
```

以上用户名和 Git 服务器 IP 和端口为笔者使用的，读者需根据实际情况进行替换。

选择已存在的凭据(或新建凭据)。

接着增加构建步骤，选择“执行 shell”选项，输入 Shell 命令如下：

```
pip install pytest -i http://mirrors.aliyun.com/pypi/simple/ --trusted-host mirrors.
aliyun.com
pytest chapter_08/email_notification/email_notification.py
```

为了加快 pip 的安装效率，笔者临时使用了阿里云的 Python 镜像仓库。

最后增加构建后的操作步骤，选择 Editable Email Notification 选项，并在 Project From 中填写发件人邮箱、Project Recipient List 中填写收件人邮箱、Default Content 中填写“构建日志：${BUILD_URL}console”。

单击“保存”按钮，手动触发构建。此时收件人的邮箱收到了邮件，如图 8-10 所示。

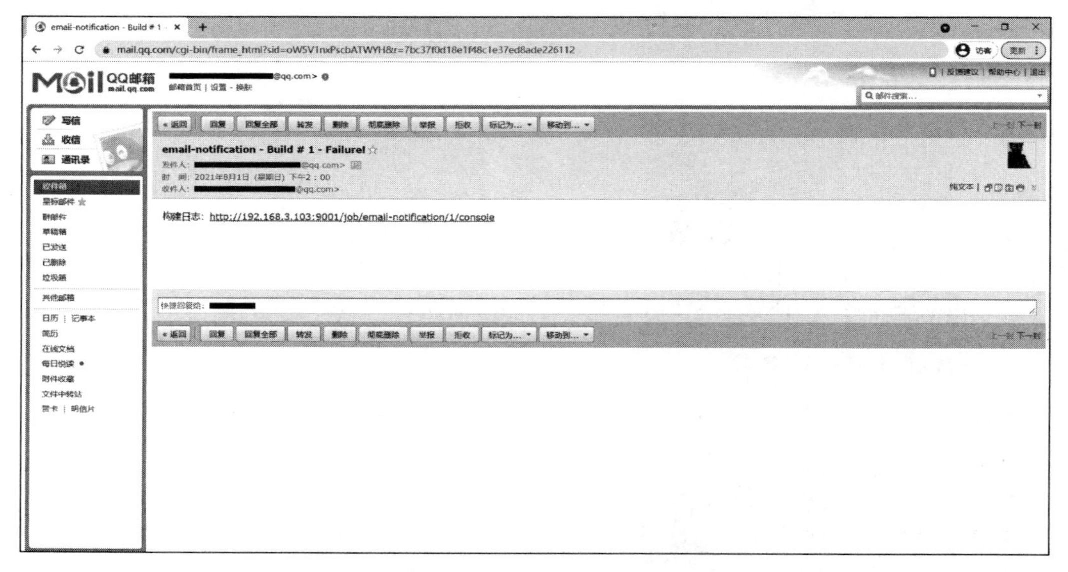

图 8-10 Jenkins 的邮箱

单击邮件中的链接可以查看构建日志。由于 email_notification 模块中的 test_func_03 预期测试失败，整个构建为失败，构建日志如图 8-11 所示。

```
+ pytest chapter_08/email_notification/email_notification.py
============================ test session starts ============================
platform linux -- Python 3.7.9, pytest-6.2.4, py-1.10.0, pluggy-0.13.1
rootdir: /var/jenkins_home/workspace/email-notification
collected 3 items

chapter_08/email_notification/email_notification.py ..F                [100%]

================================= FAILURES =================================
_______________________________ test_func_03 _______________________________

    def test_func_03():
>       fail()
E       Failed

chapter_08/email_notification/email_notification.py:13: Failed
========================== short test summary info ==========================
FAILED chapter_08/email_notification/email_notification.py::test_func_03 - Fa...
========================= 1 failed, 2 passed in 0.02s =========================
Build step 'Execute shell' marked build as failure
Email was triggered for: Always
Email was triggered for: Failure - Any
Sending email for trigger: Failure - Any
An attempt to send an e-mail to empty list of recipients, ignored.
Sending email for trigger: Always
Sending email to: ██████████@qq.com
Finished: FAILURE
```

图 8-11　构建日志

8.3.2　多节点构建

在 4.2.9 节中曾介绍了使用 Selenium Grid 进行分布式执行，但 Selenium Grid 是针对同一个工程而言的，而 Jenkins 的多节点构建功能是针对不同工程而言的。举例来说，如果工程 A 需要在 Windows 系统的计算机上构建、工程 B 需要在 macOS 系统的计算机上构建，那么不必搭建多个 Jenkins，只需要将 Windows 系统的计算机和 macOS 系统的计算机作为 Jenkins 的节点纳入同一个 Jenkins 进行管理即可。

笔者使用了以下 3 台计算机来演示 Jenkins 多节点构建功能。

(1) CentOS 7.5 系统的计算机(以下简称计算机 A)：IP 地址为 192.168.3.103，使用 Docker 容器部署的 Jenkins Master 节点，该容器基于 Alpine 3.14.0，容器中安装有 JDK(版本 1.8.0_292)、Git(版本 2.32.0)和 Python(版本 3.7.9)。

(2) Windows 10 系统的计算机(以下简称计算机 B)：IP 地址为 192.168.3.28，Jenkins Slave 节点，安装有 JDK(版本 11.0.9)、Git(版本 2.30.0)和 Python(版本 3.7.9)。

(3) macOS 11.1 系统的计算机(以下简称计算机 C)：IP 地址为 192.168.3.51，Jenkins Slave 节点，安装有 JDK(版本 11.0.9)、Git(版本 2.32.0)和 Python(版本 3.7.9)。

1. 创建示例测试代码

在 chapter_08 包中新增 windows_case 子包，在 windows_case 子包中新增 windows_case 模块，代码如下：

```
import platform
from time import sleep
```

```
import pytest


@pytest.mark.skipif(platform.system() != 'Windows', reason = '不是 Windows 平台')
def test_func():
    sleep(10)
```

在 chapter_08 包中新增 macos_case 子包，在 macos_case 子包中新增 macos_case 模块，代码如下：

```
import platform
from time import sleep

import pytest


@pytest.mark.skipif(platform.system() != 'Darwin', reason = '不是 macOS 平台')
def test_func():
    sleep(10)
```

以上 windows_case 和 macos_case 模块均使用了@pytest.mark.skipif 装饰器来判断是否跳过测试函数的执行。macos_case 模块中的 Darwin 是 Apple 开发的一个 UNIX 操作系统，它是 macOS 系统的基础。

测试代码编写完成后，将代码提交到 Git 服务器以备后续使用。

2. 配置 Jenkins Master 节点

首先需要在 Jenkins Master 节点启用 TCP 端口监听，以便 Slave 节点的接入。启用方法是进入“系统管理”→“全局安全配置”页面，在 TCP port for inbound agents 中选择“指定端口”，端口号填写 50000。如图 8-12 所示。

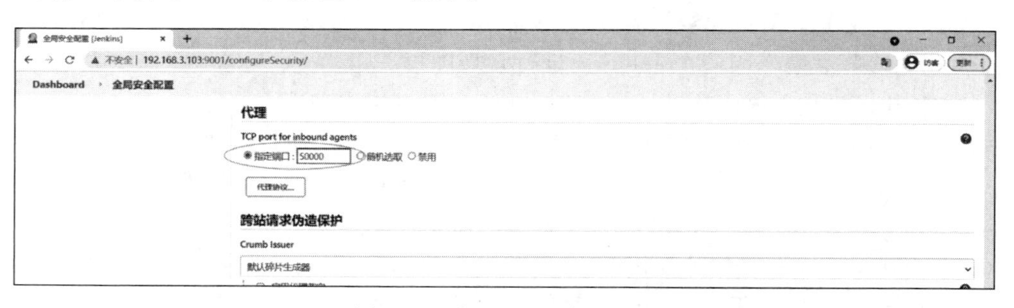

图 8-12 启用 TCP 端口监听

说明

如果使用 Docker 部署的 Jenkins，那么 TCP 监听端口映射的是一个固定值。因此不能随意修改该端口号(详见电子版附录 A.7.1 节)。

3. 配置 Jenkins Slave 节点

笔者在计算机 B 的 E 盘根目录新增 Jenkins_Slave 目录作为 Slave 节点的工作目录。

当然读者也可根据实际情况修改为其他目录。

进入 Jenkins 的“系统管理”→“节点管理”页面，选择“新建节点”选项。节点名称填写 Jenkins Slave 01，选择“固定节点”选项，单击“确定”按钮。此时 Jenkins 会自动跳转到 Jenkins Slave 01 的详细配置页面，其中远程工作目录填写 E:\Jenkins_Slave，标签填写 Windows，启动方式选择“通过 Java Web 启动代码”。最后需要在节点属性中选中“环境变量”选项，并新增 JAVA_TOOL_OPTIONS 环境变量，然后将值设置为-Dfile. encoding=UTF-8，否则 Jenkins 构建时会出现中文乱码的现象，如图 8-13 所示。

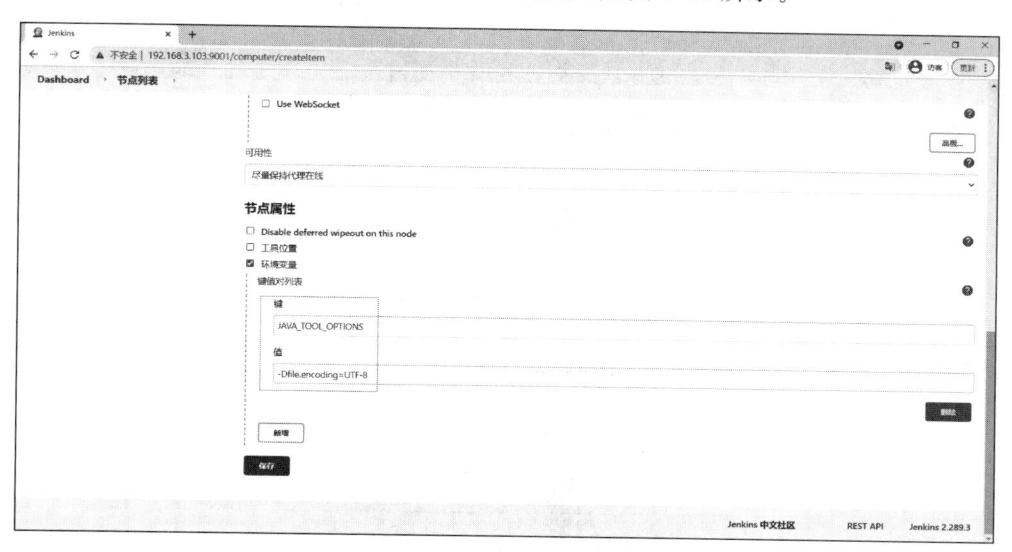

图 8-13 配置 Slave 节点环境变量

单击“保存”按钮后完成配置，但此时的 Slave 节点处于离线状态，因为 Master 节点无法与 Slave 节点通信，如图 8-14 所示。

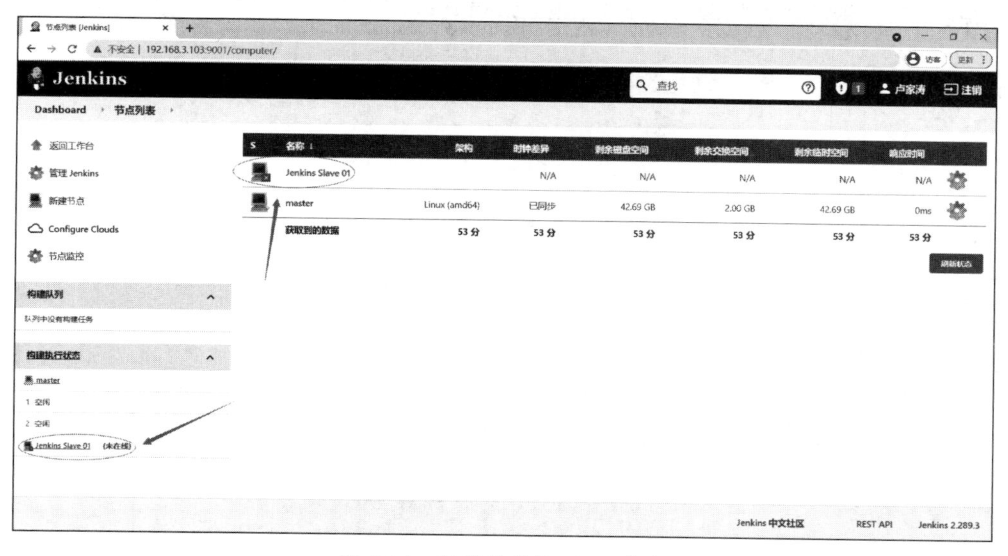

图 8-14 离线状态的 Slave 节点

接着在计算机 B 上访问下载网址（详见前言二维码），下载 agent.jar 文件到 E 盘根目录（读者也可根据实际情况选择其他放置路径），执行命令将 Slave 节点连接到 Master 节点，命令如下：

```
java -jar E:\agent.jar -jnlpUrl http://192.168.3.103:9001/computer/Jenkins%20Slave%2001/jenkins-agent.jnlp -secret 密钥 -workDir "E:\Jenkins_Slave"
```

以上命令中的密钥可单击节点名称来查看，如图 8-15 所示。

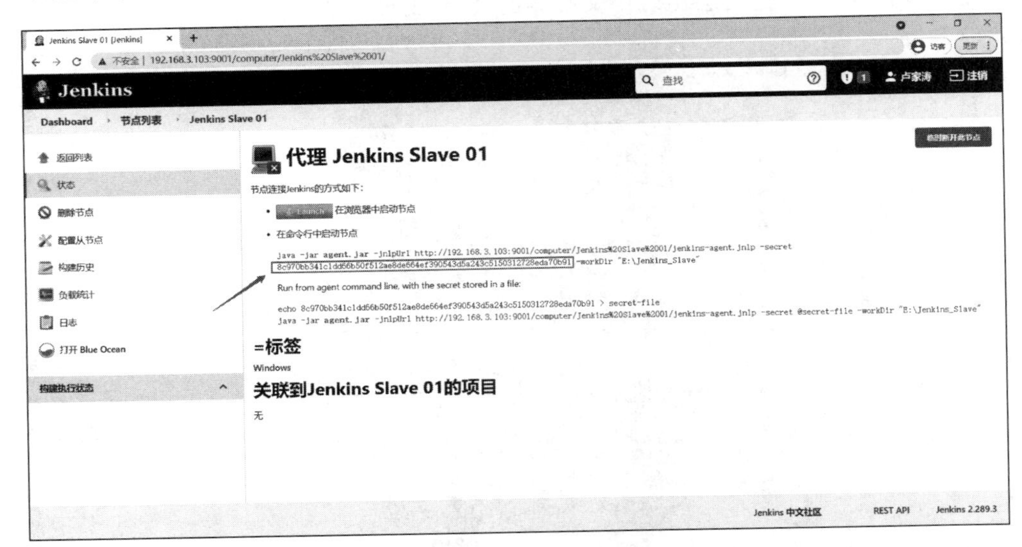

图 8-15 Slave 节点的密钥

执行后 Slave 节点处于在线状态，如图 8-16 所示。

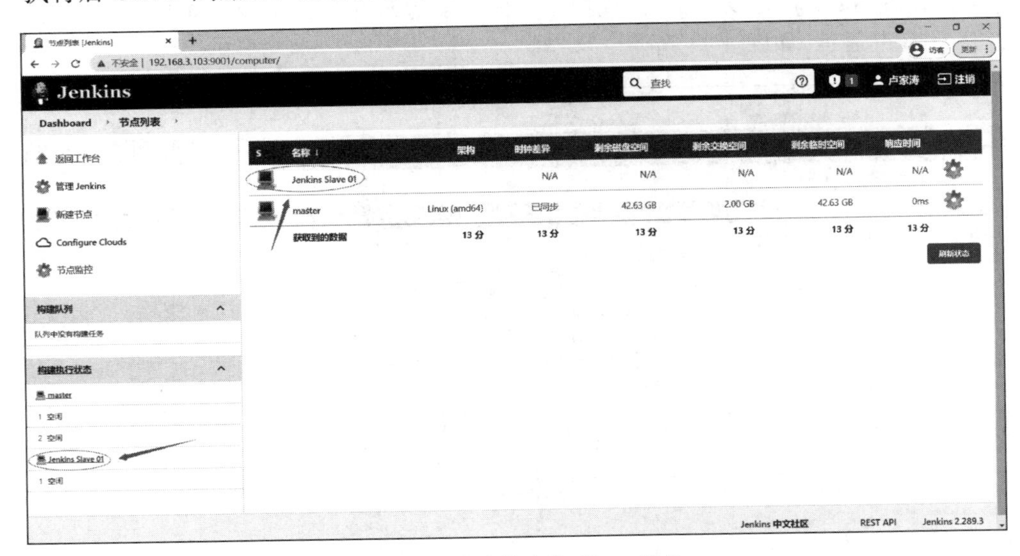

图 8-16 在线状态的 Slave 节点

计算机 C 的 Jenkins Slave 节点配置方法与计算机 B 基本一致，只有两个不同点：

（1）不需要新增环境变量。

（2）需要在节点属性中选中“工具位置”选项并将 Git 目录设置为计算机 C 上 Git 的安装路径，否则计算机 C 无法识别 Git。如图 8-17 所示。

图 8-17　配置 Slave 节点工具位置

另外，还需将计算机 C 的 Jenkins Slave 节点的标签设置为 macOS，以便后续使用。

4. 创建示例任务

新建自由风格项目（Freestyle project），项目命名为 windows-case。

在 General 中选中“限制项目的运行节点”选项，在标签表达式中填写 Windows。然后在源码管理中输入 Git 代码仓库的 URL，URL 如下：

```
https://admin@192.168.3.102:8082/r/mastering-test-automation.git
```

以上用户名和 Git 服务器的 IP 和端口为笔者使用的，读者需根据实际情况进行替换。

选择已存在的凭据（或新建凭据）。

接着增加构建步骤，选择“执行 Windows 批处理命令”选项，输入 Windows 批处理命令如下：

```
pip install pytest -i http://mirrors.aliyun.com/pypi/simple/ --trusted-host mirrors.aliyun.com
pytest chapter_08\windows_case\windows_case.py
```

按同样方式创建自由风格项目（Freestyle project）macos-case。由于该项目用于在 macOS 上执行构建，因此标签表达式中需填写 macOS，构建步骤需要选择“执行 shell”选项，命令内容如下：

```
pip3 install pytest -i http://mirrors.aliyun.com/pypi/simple/ --trusted-host mirrors.aliyun.com
pytest chapter_08/macos_case/macos_case.py
```

说明

macOS 默认安装了 Python 2，因此当在 macOS 中安装了 Python 3 后，pip 工具的默认调用命令是使用 pip3，而不是 pip。

手动触发 windows-case 和 macos-case 项目构建，可以看到它们分别在 Jenkins Slave 01 节点和 Jenkins Slave 02 节点进行构建，如图 8-18 所示。

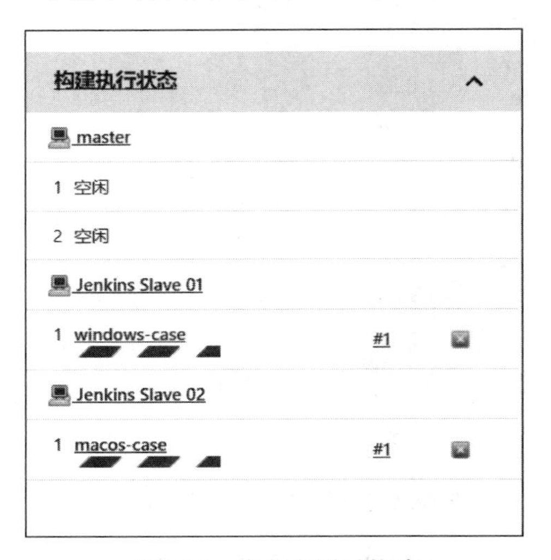

图 8-18　多节点同时构建

说明

在构建过程中，如果计算机 C 弹出安装命令行开发者工具对话框，说明未安装命令行开发者工具，单击“安装”按钮即可，如图 8-19 所示。

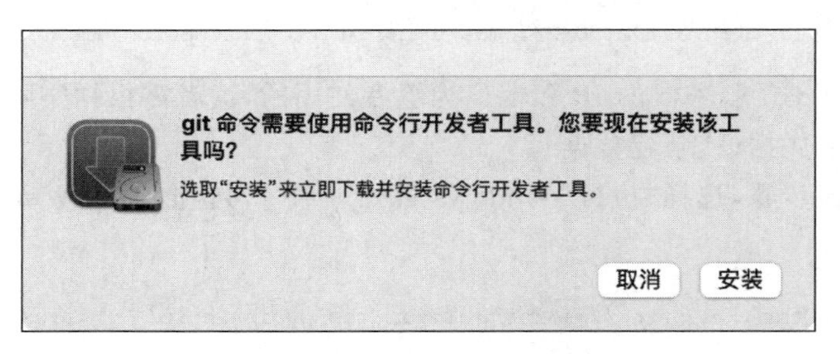

图 8-19　安装命令行开发者工具对话框

Jenkins 接入 Slave 节点有多种方式，以上演示的是使用 JNLP(Java Network Launch Protocol，Java 网络加载协议)方式，另外还支持使用命令行和 SSH(Secure Shell，安全外壳)来接入 Slave 节点，有兴趣的读者可自行研究。

8.3.3　集成第三方测试报告

Jenkins 一般通过集成第三方测试报告来提高构建结果的可读性。本节将分别介绍

Jenkins 集成 pytest-html 和 Allure 测试报告的方法。

首先创建一些测试代码。为此笔者在 chapter_08 包中新增 test_report 子包，在 test_report 子包中新增 test_report 模块，代码如下：

```
from pytest import fail


def test_func_01():
    ...


def test_func_02():
    ...


def test_func_03():
    fail()
```

将代码提交到 Git 服务器，以备后续使用。

在集成第三方测试报告之前，先进入“系统管理”→“脚本命令行”页面执行命令，命令如下：

```
System.setProperty("hudson.model.DirectoryBrowserSupport.CSP", "")
```

以上命令用于启用 CSS 样式，否则，出于安全考虑，Jenkins 默认是无法加载 CSS 样式的。

1. 集成 pytest-html 测试报告

新建自由风格项目(Freestyle project)，项目命名为 pytest-html。

在源码管理中输入 Git 代码仓库的 URL，URL 如下：

```
https://admin@192.168.3.102:8082/r/mastering-test-automation.git
```

以上用户名和 Git 服务器的 IP 和地址为笔者使用的，读者需根据实际情况进行替换。选择已存在的凭据(或新建凭据)。

接着增加构建步骤，选择“执行 shell”选项，输入 Shell 命令如下：

```
pip install pytest-html -i http://mirrors.aliyun.com/pypi/simple/ --trusted-host mirrors.aliyun.com
pytest chapter_08/test_report/test_report.py --html=report.html --self-contained-html
```

最后，增加构建后操作步骤，选择 Publish HTML reports 选项，在 Reports 中单击“新增”按钮，并在 Index page[s]中填写 report.html。

手动触发 pytest-html 项目构建，构建后可查看到测试报告，如图 8-20 所示。

2. 集成 Allure 测试报告

进入“系统管理”→“插件管理”→“可选插件”Tab 页面，搜索并安装 Allure 插件。

进入 Jenkins 容器，执行命令下载 Allure 命令行工具，命令如下：

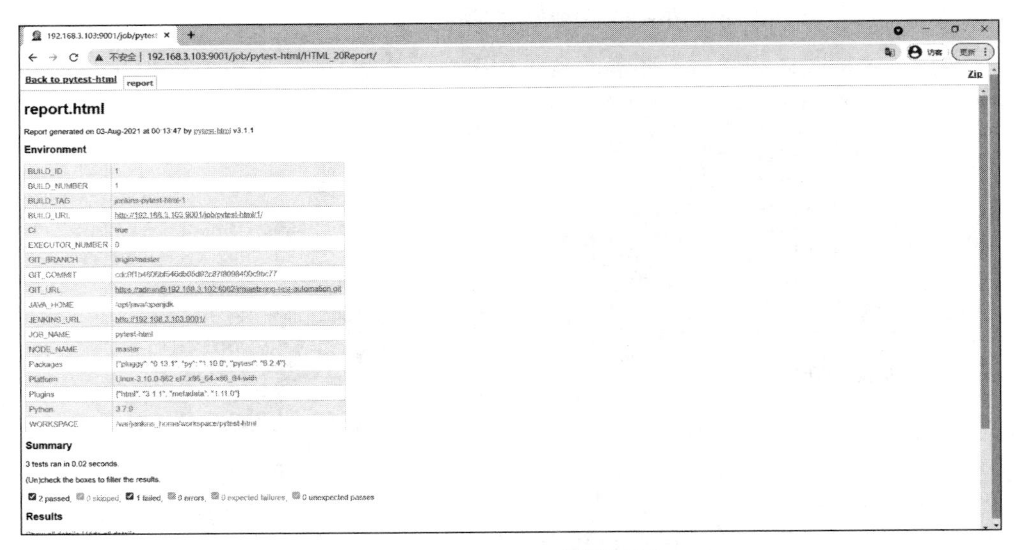

图 8-20 pytest-html 测试报告

```
wget https://repo.maven.apache.org/maven2/io/qameta/allure/allure-commandline/2.13.9/
allure-commandline-2.13.9.tgz
```

执行命令解压源码压缩包，命令如下：

```
tar -zxvf allure-commandline-2.13.9.tgz
```

执行命令将解压目录移动到/usr/local，命令如下：

```
mv allure-2.13.9 /usr/local
```

接着，进入“系统管理”→“全局工具配置”页面，在 Allure Commandline 中单击“新增 Allure Commandline”按钮，并在别名中填写 Allure 2.13.9（或其他名字），取消选中“自动安装”选项，安装目录中填写/usr/local/allure-2.13.9。如图 8-21 所示。

新建自由风格项目（Freestyle Project），项目命名为 pytest-allure。

在源码管理中输入 Git 代码仓库的 URL，URL 如下：

```
https://admin@192.168.3.102:8082/r/mastering-test-automation.git
```

以上用户名和 Git 服务器的 IP 和地址为笔者使用的，读者需根据实际情况进行替换。

选择已存在的凭据（或新建凭据）。

接着，增加构建步骤，选择“执行 shell”选项，输入 Shell 命令如下：

```
pip install allure-pytest -i http://mirrors.aliyun.com/pypi/simple/ --trusted-host
mirrors.aliyun.com
pytest chapter_08/test_report/test_report.py --alluredir=allure-results
```

最后，增加构建后的操作步骤，选择 Allure Report 选项，单击“保存”按钮。

手动触发 pytest-allure 项目构建，构建后可查看到测试报告，如图 8-22 所示。

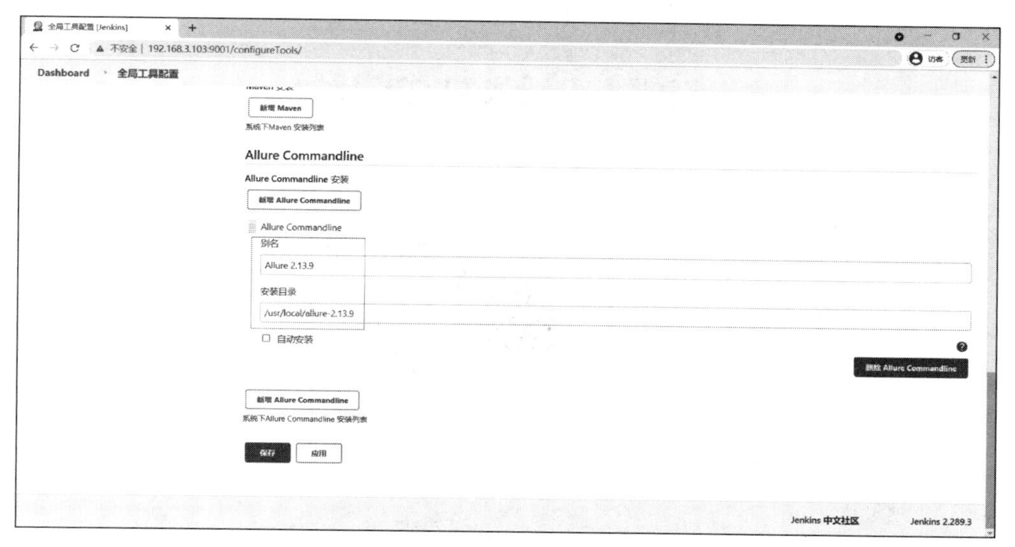

图 8-21 配置 Allure 命令行工具

图 8-22 Allure 测试报告

附录　搭建环境

搭建环境详见下方二维码。